"十四五"时期国家重点出版物出版专项规划项目
碳中和绿色建造丛书

工程项目碳经济

主　编　张静晓　洪竞科

副主编　杨　红　于竞宇

参　编　李德智　史义锋

主　审　黄　宁

机 械 工 业 出 版 社

本书依据高校相关课程教学大纲的基本要求，结合国家职业标准《建筑节能减排咨询师（2023年版）》《碳排放管理员》和建筑领域碳达峰碳中和标准体系对职业岗位的知识要求和能力要求编写而成，反映了工程建设、低碳经济的新实践、新内容和新需求。

本书梳理了工程项目全生命周期的碳排放计算基础理论与核算方法，同时介绍了工程项目碳排放核算不确定性分析、工程项目碳成本、工程项目碳资产、工程项目碳市场、工程项目全过程低碳评价、工程项目碳政策与碳监管等内容。

本书主要作为工程管理、土木工程、环境科学、能源与环境系统工程等相关专业的本科教材，也可供相关从业者学习参考。

图书在版编目（CIP）数据

工程项目碳经济 / 张静晓，洪竞科主编. -- 北京：机械工业出版社, 2025. 8. -- (碳中和绿色建造丛书).
ISBN 978-7-111-78735-8

I. TU

中国国家版本馆CIP数据核字第20253Z9P91号

机械工业出版社（北京市百万庄大街22号　邮政编码100037）

策划编辑：冷　彬　　　　　　责任编辑：冷　彬　舒　宜
责任校对：贾海霞　张昕妍　　封面设计：张　静
责任印制：张　博
北京新华印刷有限公司印刷
2025年8月第1版第1次印刷
184mm×260mm · 12.25印张 · 278千字
标准书号：ISBN 978-7-111-78735-8
定价：45.00 元

电话服务　　　　　　　　　　网络服务
客服电话：010-88361066　　机 工 官 网：www.cmpbook.com
　　　　　010-88379833　　机 工 官 博：weibo.com/cmp1952
　　　　　010-68326294　　金 书 网：www.golden-book.com
封底无防伪标均为盗版　　机工教育服务网：www.cmpedu.com

前　言

PREFACE

在低碳经济背景下，绿色低碳战略引领着建筑行业的人才需求与实践导向持续变革，工程项目碳经济领域的碳成本及碳排放核算方法、碳减排技术、碳资产管理、碳市场等内容成为时代热点。更为重要的是，工程管理人才的培养和改革面临着低碳技术及创新能力的培养、环境意识及可持续发展理念的提升。工程管理专业人才培养的根基在于校企合作、产教融合，相应的，工程管理专业教材建设应该充分吸收行业发展的前沿技术与实践经验，从通过实践总结的材料中不断充实、优化和提升本科人才培养的知识点、知识单元和课程大纲，契合人才培养理论与实践并重、交叉融合的要求。

工程项目碳经济是为了适应低碳经济和可持续发展的需要，在管理科学、系统科学、信息科学等学科的基础上形成的一门新兴课程，涉及工程学、管理学、运筹学、统计学、经济学等多门学科，具有多学科紧密关联、交叉融合的特点。本书结合国家职业标准《建筑节能减排咨询师（2023 年版）》《碳排放管理员》和建筑领域碳达峰碳中和标准体系对职业岗位的知识要求和能力要求编写而成，作为工程管理、工程造价、土木工程等相关专业涉碳管理方向的核心专业课教材，本书富有"产、学、研、用"综合并重的气息，反映工程建设、低碳经济的新实践、新内容和新需求，达到强理论、重实践、能应用的目的和效果，突出体现这门实践性强的课程注重实务操作，培养具有创新精神和实践能力的高素质人才的鲜明特色。

本书编者积极寻求教学改革与教材建设的互相促进与共同发展，充分认识教材在推进专业教学发展和提升人才培养质量等方面的重要作用，对"工程项目碳经济"课程教材的编写有明确的目标并熟悉相关编写标准。本书正是在编者团队总结国家一流专业建设和实践教学经验的基础上，充分利用所在院校强大的专业背景和专家资源编写而成的，可满足当前人才培养及专业教学对教材的迫切需求。

本书具有以下几个特点：

（1）强化"立德树人"和"以学生为中心"，注重用社会主义核心价值观引领知识传授，不损害国家、企业和个人利益，帮助学生树立职业道德和使命感，增强社会主义平等、公正、诚信、守法等观念。

（2）融合"产学研用一体化"的教材研发与编写队伍。将高校教学、研究力量与行业顶级团队相结合，在汲取以往优秀教材宝贵经验的基础上，产教融合、校企合作，有效解决传统教材内容与实际工作岗位要求脱节问题，将教育链、人才链与产业链、创新链有机衔接。

（3）研发了一套"固本创新"的教材编写大纲作为编写基础。本书采用"学习目标+思维导图+理论知识+具体实例"的思路，设计了"基础理论—核算方法—碳经济组成—低碳评价与实践"的主线，扩展了"超额碳排放成本分析、碳资产管理、碳交易市场设计"等新专业内容，并将碳金融等相关热点词汇增入普通教育和职业教育的同类教材中。

（4）充分反映行业发展与实践的新成果。本书结合行业发展的现状，介绍了"减排成本潜力分析方法、国内自愿减排项目开发流程、碳信息披露、碳市场监管现状及经验"等内容，坚持用全面、关联和发展的眼光看问题，力求提供新路径、解决新问题、促进新发展、催生新成果。

本书由张静晓（长安大学）、洪竞科（重庆大学）担任主编。具体编写分工是：张静晓、于竞宇（合肥工业大学）、李德智（东南大学）共同编写第1、3章；洪竞科编写第2、4章；张静晓和史义锋（延安市保障性住房建设有限公司）编写第5、6章；杨红（长安大学）编写第7章；洪竞科和张静晓共同编写第8、9章。全书由张静晓负责统稿，黄宁担任主审。

本书在编写过程中参考了国内外同类教材及相关资料，在此向原作者表示感谢！

由于编者水平有限，书中难免有不足之处，真诚期待各位读者提出宝贵意见。

编　者

目　录

CONTENTS

前言

第1章　工程项目碳经济概论 ……………………………………………… 1

1.1　工程项目碳经济的产生及其发展 ……………………………… 2

1.2　工程项目全生命周期 …………………………………………… 7

1.3　我国工程项目碳排放现状与政策行动 ………………………… 11

1.4　工程项目碳排放相关人才职业能力 …………………………… 14

思考题 …………………………………………………………………… 17

第2章　工程项目碳经济的基础理论 …………………………………… 18

2.1　可持续发展理论 ………………………………………………… 19

2.2　循环经济理论 …………………………………………………… 21

2.3　利益相关者理论 ………………………………………………… 24

思考题 …………………………………………………………………… 25

第3章　工程项目碳排放核算方法 ……………………………………… 26

3.1　碳排放核算基本理论 …………………………………………… 27

3.2　建筑材料生产及运输阶段碳排放核算 ………………………… 39

3.3　建筑施工建造阶段碳排放核算 ………………………………… 47

3.4　建筑运行阶段碳排放核算 ……………………………………… 50

3.5　拆除回收阶段碳排放核算 ……………………………………… 59

思考题 …………………………………………………………………… 63

第4章　工程项目碳排放核算不确定性分析 …………………………… 64

4.1　工程项目碳排放核算的不确定性来源分析 …………………… 64

4.2　工程项目碳排放不确定性评价方法 …………………………… 67

4.3 工程项目碳排放核算的不确定性分析框架 ……………………………… 75
4.4 案例分析 ……………………………………………………………… 76
思考题 …………………………………………………………………… 80

第 5 章　工程项目碳成本 ………………………………………………… 81
5.1 工程项目碳成本概述 …………………………………………………… 81
5.2 工程项目超额碳排放成本 ……………………………………………… 87
5.3 工程项目碳排放外部成本 ……………………………………………… 90
思考题 …………………………………………………………………… 91

第 6 章　工程项目碳资产 ………………………………………………… 92
6.1 碳资产总论 ……………………………………………………………… 93
6.2 国内碳资产 ……………………………………………………………… 96
6.3 工程项目碳资产综合管理 ……………………………………………… 107
思考题 …………………………………………………………………… 114

第 7 章　工程项目碳市场 ………………………………………………… 115
7.1 碳金融的含义和价值 …………………………………………………… 116
7.2 碳金融体系参与者 ……………………………………………………… 118
7.3 碳信息披露 ……………………………………………………………… 121
7.4 碳交易 …………………………………………………………………… 126
7.5 我国碳市场设计 ………………………………………………………… 142
思考题 …………………………………………………………………… 146

第 8 章　工程项目全过程低碳评价 ……………………………………… 147
8.1 低碳工程项目的意义 …………………………………………………… 147
8.2 碳排放评价体系与指标分析 …………………………………………… 149
8.3 低碳工程项目评价体系构建 …………………………………………… 153
思考题 …………………………………………………………………… 158

第 9 章　工程项目碳政策与碳监管 ……………………………………… 159
9.1 碳政策 …………………………………………………………………… 159
9.2 碳监管 …………………………………………………………………… 174
思考题 …………………………………………………………………… 188

参考文献 …………………………………………………………………… 189

第 **1** 章

工程项目碳经济概论

了解低碳经济学；认识工程项目碳经济的产生及其发展；掌握工程项目碳经济体系的必要性；掌握工程项目碳经济视角下工程项目全生命周期的各个阶段。图 1-1 为本章思维导图。

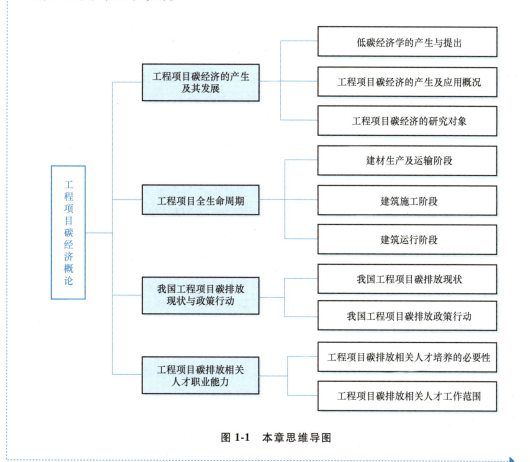

图 1-1　本章思维导图

1.1 工程项目碳经济的产生及其发展

1.1.1 低碳经济学的产生与提出

低碳经济是指在可持续发展观指导下，通过能效技术、节能减排技术、可再生能源技术、碳捕获和存储技术，提高碳生产率和碳汇，减少二氧化碳排放，最终实现经济社会发展和生态环境改善的一种新的发展理念和新兴经济模式。

1. 低碳经济概念的提出背景

21 世纪初期，英国政府首次提出了低碳经济的概念，并于 2003 年在其能源白皮书《我们能源的未来：创建低碳经济》中具体解释了低碳经济的概念。为培养人们的低碳消费意识，美国在很多产品上都贴了"碳标签"，标注产品生命周期的碳排放。为破解经济增长停滞困境，欧盟多次强调要实施"绿色经济复苏"计划，这将给碳市场提供极大支撑。哥本哈根气候变化会议上，我国政府宣布到 2020 年单位国内生产总值（GDP）二氧化碳排放比 2005 年下降 40%~45%。经初步核算，2018 年我国单位 GDP 二氧化碳排放比 2005 年累计下降 45.8%，基本扭转了二氧化碳排放快速增长的局面。2014 年，中美共同发表《中美气候变化联合声明》，我国计划 2030 年左右二氧化碳排放达到峰值且将努力早日达峰，并计划到 2030 年非化石能源占一次能源消费比重提高到 20% 左右。2020 年 9 月 22 日，国家主席习近平在第七十五届联合国大会一般性辩论上发表重要讲话指出，中国将提高国家自主贡献力度，采取更加有力的政策和措施，二氧化碳排放力争于 2030 年前达到峰值，努力争取 2060 年前实现碳中和。

在此背景下，以减碳为指向的低碳经济学应运而生，大量学者跨越多种学科，从低碳经济的定义、低碳增长模型、计量方法、测量指标、低碳国际贸易、碳关税、低碳能源、低碳发展战略与政策设计等多方面，较系统地探讨低碳经济学的理论和方法。尤其在诺贝尔经济学奖得主威廉·诺德豪斯系统梳理了低碳经济学的理论起源、发展历史和重要主张，并提出低碳经济转型面临着一系列挑战，找到有前景的技术能够促进低碳经济发展后，低碳经济学进入了高速发展阶段。目前国内外已经针对低碳经济学这个新兴学科进行了大量研究，具体集中在以下几个方面：

1）低碳经济学基本理论。低碳经济学主要基本理论研究有三个方面：一是包括马克思主义政治经济学、新古典经济学、凯恩斯主义经济学、新制度经济学在内主流经济理论对环境与经济发展关系分析的相关内容；二是对经济与环境相互关系的分析方法和测评理论，著名的内容包括脱钩理论体系、Kaya 分解公式和环境库兹涅茨曲线（EKC）等；三是关于社会再生产中碳排放和碳吸收具体的核算方法。

2）低碳经济发展的具体路径和内容。从社会再生产维度、社会生产关系维度、区域经济发展维度分别对能源低碳化、产业低碳化、消费低碳化、碳汇产业发展、碳金融发展、低碳农村发展等具体问题进行总体的介绍和分析。

3）低碳经济发展的国际经验和政策设计。对世界上其他国家的低碳经济发展成功模式进行介绍，结合我国基本国情，应用经济理论在具体分析的基础上对我国低碳经济发展政策进行设计。

2. 低碳经济学的研究对象和学科定位

（1）低碳经济学的研究对象

低碳经济学的研究对象有多种，总体来说可分为三类：一是研究社会再生产过程中碳排放下降的实现路径；二是研究碳排放与经济发展之间的关系，即在保证经济发展的前提下实现碳排放的减少，或在经济增长过程中实现经济增长与碳排放增长的脱钩；三是研究如何发展能够给本国经济带来新的发展动力并形成全球竞争力的低碳产业。以上三类途径反映的是经济体处于经济发展不同阶段、不同国际地位下对环境系统和经济系统权衡取舍的不同结果，反映的是对低碳经济的三种不同认知。

第一类认知主要存在于发展中国家，工业化是这些国家经济发展的主要阶段，摆脱贫困和实现经济发展是这些国家的首要目标，实现经济增长与碳排放的脱钩是基于现实的必然选择。与发达国家加工型企业的日渐衰落不同，工业是发展中国家经济的主导，是经济增长的主要动力，产业低碳化是第一重低碳经济含义对低碳经济学所设定的首要研究对象。

第二类认知主要存在于发达国家，经济上需求拉动和以第三产业为主导的经济发展是这些国家的基本特点，经济快速增长不是这些国家的主要目标。消费低碳化是低碳经济第二重含义对低碳经济学所设定的必然研究对象。

第三类认知是通过推行低碳技术、明晰低碳产权，实现对全球经济领导权的长期掌控，实现这一意图的首要前提就是建立包含低碳标准的国际经济新秩序。低碳国际配额、低碳国际贸易制度和低碳金融是低碳经济第三重含义对低碳经济学所设定的必然研究对象。

低碳经济三类研究对象在确定空间的结合即是低碳区域的构建。尽管不同国家和地区所处的经济发展阶段不同，所持低碳经济的观点也并不相同，但作为整体的碳排放测评和原因分析仍有意义，它对评价区域碳排放和发现减碳着力点具有重要意义。

（2）低碳经济学的学科定位

从低碳经济学的形成、发展、研究对象和内容及其理论基础可知，低碳经济学是经济学和资源环境科学的交叉学科，其目标较资源环境经济学有所不同，它的唯一指向是减碳，是以碳为中心的能源节约和环境保护，是以减碳为约束的经济增长。资源环境科学和经济学都是综合性学科，低碳经济学既是经济学的分支学科，又是资源环境科学的分支学科。低碳经济学具有以下显著性质。

1）交叉性。低碳经济问题研究要涉及自然、经济、技术、管理等各方面因素，不仅与经济学、资源环境科学有直接关系，而且与地学、生物学、技术科学、管理科学，甚至法学等许多学科在内容和研究领域上有很大的交叉。由于这样的性质，在研究低碳经济问题时，既要重视经济规律的作用，又要受到自然规律的制约，还要强调历史文化和国际关系在其中的重要影响。

2）应用性。低碳经济学主要运用经济学和资源环境科学的理论和方法，研究正确协调经济发展、资源消耗和环境保护之间的关系，为制定科学的社会经济发展政策、资源利用政策和环境保护政策提供依据，为各种经济低碳化问题提供技术、方案和依据。所以说，低碳经济学是一门应用性、实践性都很强的学科。

3）整体性。低碳经济学的整体性是由资源环境经济系统的整体性决定的。资源环境经济系统是资源系统、环境系统与经济系统相结合的统一整体，低碳经济学就是从这个统一整体，即资源环境经济系统的整体性出发，从资源、环境与经济的全局出发，揭示资源、环境与经济问题的本质，寻求解决资源环境和经济对立统一问题的有效途径。

3. 我国低碳经济学相关研究的历史使命

目前，发展低碳经济已经成为世界各国的共识，很多国家，尤其是发达国家把低碳经济作为培育新的国家竞争优势的制高点，竞相发展低碳技术与低碳产业。对我国而言，发展低碳经济不仅是承担应对全球气候变化责任的需要，也是经济发展和转型升级的方向。过去，我国经济增长方式比较粗放，高投入、高消耗、高污染引发资源过度消耗、生态环境恶化、资源配置效率低下等诸多问题。因此，转变经济发展方式，培育新的国家竞争优势，必须积极发展低耗能、低污染、低排放的低碳经济。

低碳经济持续健康发展离不开经济学理论的指导。发展低碳经济成为世界各国的重要需求，并将成为未来世界经济的主流，因此学者们对于低碳经济的研究趋于活跃。目前对于我国的低碳经济发展，人们容易运用国外已有的理论见解来分析。但是，我国有自己的具体国情，寻找适合我国的低碳经济发展模式，必须构建适合我国国情的低碳经济学，即"中国低碳经济学"。

建立适合我国国情的低碳经济理论用以指导我国低碳经济发展，是中国低碳经济学的历史使命。

1.1.2 工程项目碳经济的产生及应用概况

工程项目碳经济是根据现代科学技术和社会经济与自然环境协同可持续发展的需要，适应现代化低碳可持续生产和投资决策科学化的客观要求而产生的一门研究工程项目碳排放核算、碳成本、碳资产、碳金融、碳评价、碳政策原理与方法的新学科。工程项目碳经济的发展可以指导建筑业未来的发展方向，是社会可持续发展的重要参考。

1. 低碳经济对建筑行业提出更高要求

随着低碳经济的出现，低碳建筑这一概念也应运而生，低碳建筑是指在建筑材料与设备制造、施工建造和建筑物使用的整个生命周期内，减少化石能源的使用，提高能效，降低二氧化碳排放量。低碳建筑逐渐成为国际建筑界的主流趋势，在这种趋势下，低碳建筑势必将成为我国建筑行业的主流之一。低碳建筑的实现主要有两条路径：一条是低碳材料，另一条是低碳建筑技术。低碳建筑的基本内涵是在整个工程项目的始终，都要坚持高效利用材料、设备和能源，最大限度地减少二氧化碳的排放。

2. 工程项目碳经济体系的必要性

低碳不等于延缓社会经济发展的进程，要科学理解"双碳"目标的内涵。建筑业在实现碳达峰的进程中，在当前阶段最重要的就是要通过绿色建造、智慧建造和建筑工业化等新型建造方式，以提高资源能源利用效率为关键点，改变大拆大建、资源浪费的粗放发展方式，通过利用可再生绿色建材、降低废弃物排放等方式推动循环经济发展，在保持较大的产业规模推动工程建设的同时，逐步降低资源消耗和环境排放，实现发展与低碳的总体平衡。此外，伴随科技进步，很多低碳建造技术已不再意味着成本提高；低碳建造短期成本的提高往往能够带来全生命周期综合成本的降低。真正需要解决的是低碳建造责任承担主体和受益主体错位的问题，为此必须要探索低碳建造的全面创新，通过引入更科学合理的管理方法、实行更精准有效的政策措施，激发推动城乡建设低碳发展的内生动力。从工程项目碳经济体系的角度，可以获得以下主要认识：

1）碳经济体系的建立有利于推进国家碳排放方面的法律法规、政策、标准和其他要求的实施，为工程项目节能减排、循环经济提供指导，以促进工程项目在全生命周期内提高能源利用率，降低能耗，减少温室气体与污染物的排放，实现保护环境与气候稳定的目标。

2）碳经济体系的建立有利于工程项目做好能耗介质平衡、应急措施、能耗控制等工作。通过系统地建立科学、合理且具有可操作的能源分析管理体系，可以大大减少工作中的随意性，进而提高节能工作的整体效果和效率。

3）碳经济体系的建立有利于进一步梳理碳排放行为管理工作的职责和接口，为建立和完善相互联系、相互制约和相互促进的碳管理组织结构提供保障，通过识别施工上游阶段的低碳排放潜力及低碳管理工作中存在的问题，坚持持续改进，不断降低化石能源消耗，减少温室气体的排放，从而实现工程项目碳管理的减排目标。

3. 低碳经济在工程项目中的应用

低碳经济在当今的工程建设中的应用主要体现在建筑设计、建筑施工技术、工程项目管理等方面。

（1）低碳经济在建筑设计中的应用

在低碳经济时代，建筑行业若想得到长期稳定的发展，就必须要开拓创新、不断进取，改变传统的设计流程和观念，以低碳理念、低碳技术进行控制，建立科学、完善的低碳建筑设计指标，从而形成一个建筑与设计交融的框架体系，积极采用各种先进的科学手段对建筑设计流程进行完善与优化，进而探索出一套高效、智能、完善的设计流程。建筑业作为世界能耗最大的行业，做好低碳节能设计对于充分发挥能源优势有着重要意义，它是实现可持续发展战略的首要途径。一般来说，在城市设计工作中，通常都是以循序渐进的方式，以建筑设计为核心进行充分的探索，从规划开始就贯穿低碳理念，利用自然环境因素来进行设计。提高土地的利用率和减少对周围环境的破坏和冲击，为可持续发展战略打下坚实的基础。

（2）低碳经济在建筑施工技术中的应用

我国低碳住宅建筑技术从 20 世纪 80 年代开始发展，各类新材料、新技术、新工艺不断涌现，低碳住宅技术科研成果显著，获国家科学技术进步奖 10 多项，获建设部科技进步奖

69项，包括建筑住宅适用技术研究与带饰面聚苯板内保温、供热管网水力平衡技术、块墙体采暖居住建筑节能设计原则与方法、加气混凝土墙体房屋等。低碳住宅技术可划分为三大部分，分别为建筑物本体低碳技术、建筑系统低碳技术、建筑环境低碳技术。同时，低碳建筑的推进，要有初步低碳目标，并确定其项目实施的可行性；招标投标阶段要将低碳建筑目标以合同的形式细分给项目各参与方，低碳管理方（如建设单位）将根据低碳目标选取合适的施工承包方。

（3）低碳经济在工程项目管理中的应用

工程项目管理是建筑工程的一个重要部分，工程项目管理的水平不仅对于工程的质量和安全能够起到重要的作用，在一定程度上也能够有利于低碳经济的发展和应用。例如，在具体的工程项目管理中，加强对于电力使用和原材料使用的监管就能够起到有效的节约作用。此外，加强施工的标准化管理也能够有效地减少工程的重复施工，提高低碳经济的应用程度。施工是可持续理念的具体化，也是低碳设计在实际中的反映。低碳经济在工程项目管理中的应用表现在通过现代科学管理方法和技术进步，实现减碳、节能、节材和环境保护的目的。工程项目管理进行低碳技术经济分析，尊重建设基地的环境，结合生态和气候，确定最佳的绿色施工方法。

1.1.3 工程项目碳经济的研究对象

工程项目活动是指确认、描述和完成工程项目目标所需要进行的所有具体活动，它把项目的组成要素细分为可管理的更小部分，以便更好地管理和控制。换言之，工程项目活动就是把科学研究、生产实践、经验积累中所得到的科学知识有选择地、创造性地应用到经济活动和社会活动中，以最有效地利用自然资源、人力资源和其他资源来满足人们需要的过程。针对工程低碳经济的研究领域而言，工程项目活动是指以低能耗、低污染、低排放为基础的管理模式，组织在经营过程中通过专业手段实现二氧化碳排放量的最小化，同时尽量提供低碳型产品和服务的新型管理过程。

工程项目碳经济是把建设工程活动与低碳经济有机地结合为一体，研究建设工程活动各种低碳方案经济效果的一门学科，是低碳经济学与工程经济学的结合。每门学科都有自己特有的研究对象，工程项目碳经济也不例外。当前人类社会的进步和发展与有目的、有组织的建设工程活动密不可分，而建设工程活动不可避免地需要消耗资源和能源，并向大气环境中排放二氧化碳等温室气体。如何最大限度地节约资源和能源同时减少二氧化碳等温室气体的排放，使建设工程活动的效果满足人们的经济发展需要同时保障生态环境的可持续，就显得尤为重要。工程项目碳经济正是这样一门研究建设工程活动的碳排放代价及目标实现的程度，并在此基础上分析寻求实现经济、社会与环境目标的最有效途径，设计和选择最佳实施方案的学科。因此，建设工程项目碳经济的研究对象，广义上讲是建设工程活动中技术、经济、社会等系统要素、结构、运行、功能对碳排放的影响规律；狭义上讲是如何组织技术、经济、社会、管理等要素在保证工程项目目标实现的基础上以最低的成本实现碳减排。

　　综上所述，工程项目碳经济是应用低碳经济学和工程经济学基本原理，研究建设工程活动领域碳排放问题，剖析技术、经济、社会、碳排放之间相互关系的科学，是研究建设工程活动领域内资源的最佳配置，寻找技术、经济、社会、碳排放的最佳结合以求可持续发展的科学。

1.2　工程项目全生命周期

　　工程项目碳经济视角下工程项目周期的划分应围绕建设工程项目的全生命周期进行分解，包含四个阶段，分别为建材生产及运输阶段、建筑施工阶段、建筑运行阶段及建筑拆除阶段。从碳排放流向来看（图 1-2），建材生产及运输阶段、建筑运行阶段是建筑碳排放量的主要贡献者，分别为 $2.82\times10^9\,tCO_2$、$2.16\times10^9\,tCO_2$，约占建筑全生命周期碳排放总量的 98%；建筑施工阶段和建筑拆除阶段的碳排放量仅占 2%。建材生产及运输阶段的碳排放主要源自水泥、钢铁等建材，约占全部建材生产碳排放总量的 96%；在建筑运行阶段，公共建筑、城镇居住建筑和农村居住建筑的碳排放量较高，占比分别为 38%、42% 和 20%。

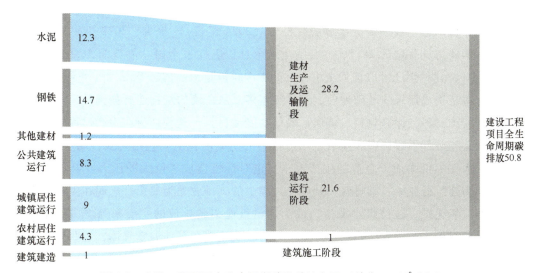

图 1-2　建设工程项目全生命周期碳排放流向图（单位：$\times10^8\,tCO_2$）

　　分阶段看，建材生产及运输阶段的能耗及碳排放量最高，原因为建材生产及运输阶段涵盖了我国几大高耗能行业：钢铁、水泥、玻璃制造等。因此，钢铁、水泥等建材生产行业的节能降碳，也即代表着建筑工程项目全生命周期的节能降碳。建筑运行阶段能耗及碳排放量占比均居第二位，此阶段的碳排放占比与建材生产及运输阶段仅相差 6.6 个百分点。该阶段碳排放主要包括建筑各设施设备如照明、空调、采暖、水泵等用电产生的间接排放，燃气灶消耗天然气产生排放，以及北方采暖涉及热力消耗产生的间接排放等。建设工程项目运行阶段时间长，这导致了高占比的能耗及碳排放。相比于前两个阶段，建筑施工阶段因持续时间短，能耗及碳排放占比最小，但总量仍不容忽视。要实现建筑全面脱碳，需要在建设工程项目全生命周期中的每个阶段推进。

目前，我国建筑业碳排放仍呈增长态势，但增速持续放缓。据测算，建筑业的碳排放量由 2005 年的 2.23×10^9tCO_2 增加至 2024 年的 5.10×10^9tCO_2，年均增速为 5.3%，其中"十一五""十二五"和"十三五"时期的年均增速分别为 7.8%、6.8% 和 2.3%，建筑业碳排放增速放缓。从建设工程项目全生命周期的不同阶段来看，建材生产阶段受钢铁、水泥等消耗量增速缓慢影响，碳排放增速明显下降；建筑施工阶段通过提高施工管理的精细化和绿色化要求，碳排放增速持续减缓；建筑运行阶段得益于建筑能源结构优化及电气化应用的提升，直接碳排放在 2016 年后呈现下降趋势。

对于建材生产阶段，脱碳路径包括建材生产及运输过程低碳技术应用、低碳建材推广应用、绿色建材产品认证等；对于建筑运行阶段，脱碳路径包括建筑低碳设计、能源替代、电气化推进、能效提升等；对于建筑施工阶段，脱碳路径包括施工过程"四节一环保"（节能、节地、节水、节材和环境保护）、现场绿化、数字技术的应用等；对于建筑拆除阶段，脱碳路径包括拆除方式优化、建材回收利用，以及低碳拆除设计[⊖]。

1.2.1 建材生产及运输阶段

根据《中国城乡建设领域碳排放研究报告（2024 年版）》报告，2022 年建材生产阶段碳排放占全国碳排放总量的 28.2%，房屋建筑全过程能耗占全国总能耗的 36.6%，碳排放占比达 39.1%，建材生产阶段仍为全生命周期中碳排放量最高的环节。

建筑材料是构成建筑的基础硬件，其种类繁多，从传统的结构建材如钢铁、水泥、混凝土，到各种装饰材料、保温材料、玻璃幕墙等功能性材料，这些建材在生产过程中消耗的能源和产生的碳排放都不容忽视。建材生产过程中的能源消耗主要包括焦炭、煤炭、电力等，这些能源的消耗不仅增加了企业的生产成本，也对环境造成了巨大的压力。以水泥生产为例，水泥作为建筑行业的基础材料，其生产过程中的碳排放尤为突出。水泥在生产过程中会产生大量的二氧化碳，这使得水泥生产成为建材行业中碳排放的主要来源之一。此外，钢铁、玻璃等建材的生产过程中同样会产生大量的二氧化碳和其他温室气体，这些排放不仅加剧了全球气候变暖的趋势，也对人类的生存环境造成了严重的影响。

要实现建材生产阶段的脱碳目标，需要采取一系列的策略和措施。首先，能源供给端的清洁化、低碳化是脱碳的关键。通过推广使用清洁能源、提高能源利用效率、发展循环经济等方式，降低建材生产过程中的能源消耗和碳排放。例如，可以鼓励企业使用太阳能、风能等可再生能源进行生产活动，推广使用高效节能的生产设备和技术，加强废弃物的回收和利用等。

其次，在建材各行业推广低碳原料及低碳技术是脱碳的重要途径。通过研发和应用新型环保材料、优化生产工艺、提高产品质量等方式，降低建材生产过程中的碳排放。例如，可

⊖ 以上内容来自《中国建筑行业碳达峰碳中和研究报告（2022）》。

以研发和推广使用低碳水泥、高强度钢材等新型建材，优化混凝土的生产工艺和配合比设计，推广使用节能玻璃、保温材料等节能环保产品等。

此外，加强政策引导和支持也是推动建材生产阶段脱碳的重要手段。政府可以通过制定相关法规和标准、提供财政补贴和税收优惠等方式，鼓励企业积极开展脱碳工作。同时，加强行业协会和企业的合作与交流，共同推动建材行业的绿色转型和低碳发展。

建筑材料生产阶段的能耗和碳排放问题已经成为制约建筑行业可持续发展的瓶颈之一。面对这一挑战，应当从能源供给端、建材行业内部及政策引导等多个方面入手，采取一系列的策略和措施来推动建材生产阶段的脱碳工作。实现建筑行业的绿色转型和低碳发展，为应对全球气候变化和可持续发展做出贡献。

1.2.2　建筑施工阶段

根据中国建筑节能协会发布的《2023 中国建筑与城市基础设施碳排放研究报告》，2021年，我国房屋建筑工程项目全过程（不含基础设施建造）能耗总量为 19.1 亿 tce，占全国能源消费的 36.3%；我国房屋建筑工程项目全过程碳排放总量为 40.7 亿 tCO_2，占全国能源相关碳排放的比重为 38.2%。其中，建材生产及运输阶段碳排放为 17.0 亿 tCO_2，占全国能源相关碳排放的比重为 16.0%，占全国房屋建设工程项目全过程碳排放的 41.8%；建筑施工阶段碳排放 0.6 亿 tCO_2，占全国能源相关碳排放的比重为 0.6%，占全国房屋建设工程项目全过程碳排放的 1.6%；建筑运行阶段碳排放 23.0 亿 tCO_2，占全国能源相关碳排放的比重为 21.6%，占全国房屋建设工程项目全过程碳排放的 56.6%（图 1-3）。当考虑基础设施时，我国工程项目全过程碳排放总量为 50.1 亿 tCO_2，占全国能源相关碳排放的比重为 47.1%。从数据统计上看，建筑施工能耗及碳排放量占比较小，但总量仍然庞大，随着我国城市化进程的推进，建筑施工及拆除量将随之增加，因此若要实现工程项目全生命周期的碳中和，必须考虑建筑施工环节的节能降碳，通过引进绿色、低碳施工技术及管理手段，减少或抵消施工过程产生的二氧化碳。

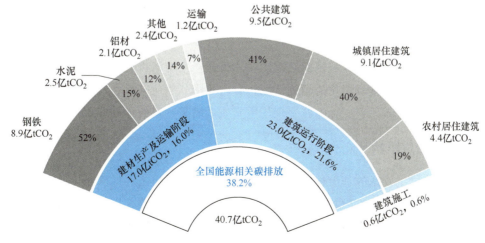

图 1-3　2021 年我国房屋建设工程项目全过程碳排放

工程项目施工阶段的碳排放计算边界与范围包含以下六个原则：①材料和机械进入施工现场至离开施工现场或完成建造过程所产生的碳排放；②预制构件施工的碳排放、现浇结构的碳排放、措施项目的碳排放及碳抵消量；③工业化建筑现场施工阶段人员活动产生的碳排放不计入；④现场建筑施工阶段全过程的机械能源消耗量均应计入；⑤现场建筑施工阶段使用的材料隐含碳排放应计入在内，现场建筑施工阶段使用的材料是指除预制构件外的其他建筑材料及施工辅助材料，当辅助材料可进行周转利用时（如模板、支撑件等），按照行业平均周转次数进行折算材料隐含碳排放量；⑥当采用建筑垃圾再利用技术时，再生过程产生的碳排放应计入。

在工程项目施工过程中，要注重施工工艺的选择，要将低碳技术贯穿于施工生产的始终，这是低碳施工的关键所在。应通过不断改善管理和技术进步，提高资源综合利用率，减少污染物的排放。此外，对排放的少量污染物进行高效、无二次污染的处理和处置，做到变废为宝，从而最大限度地节约资源和能源，减少环境污染，有利于人类生存。"双碳"背景下，低碳施工能够解决建设工程施工面临的能源利用率低、环境污染大的问题。因此，该阶段影响建筑物日后碳排放量的主要因素有以下几点：

1）建筑材料的隐含碳排放。建筑材料本身的隐含碳比较高，在施工过程中周转利用会被物化到过程项目中；一些建筑材料可能要在现场二次加工生成，如水泥基类材料，在加工过程会发生相关反应而产生一些二氧化碳和污染物，对周围的空气和土壤造成一定的污染，因此应尽量选择节能环保型材料，有条件时考虑废旧建材的二次利用。

2）施工组织。施工过程是受多种因素影响的复杂动态过程，开挖回填、土方运输、材料加工、施工建造、监督管理等全过程的机械能源消耗量都会给施工过程带来影响，合理高效的施工组织能有效减少施工浪费，从而降低碳排放。

3）施工工艺与方法。施工工艺与方法的选择直接关系到施工过程中的能源消耗和碳排放量。传统的施工工艺往往伴随着较高的能耗和排放，而采用先进的低碳施工工艺与方法可以有效降低碳排放。例如，采用预制装配式建筑技术，可以减少现场湿作业，降低材料浪费和能源消耗；使用环保型模板和支撑体系，可以减少木材的使用，降低森林砍伐带来的碳排放；采用绿色施工技术，如使用节能灯具、雨水收集利用等，也可以进一步降低能耗和碳排放。

在施工过程中，管理人员一定要对施工各环节所产生的碳排放进行有效控制，准确掌握二氧化碳被周边生态环境所转化的相关情况，有效减少二氧化碳给大气层带来的破坏，促进地区温室效应得到有效改善，保障施工现场空气质量满足一定的标准和要求。

1.2.3 建筑运行阶段

建筑运行阶段主要指的是工程项目从竣工交付到投入使用之后的阶段，也称为运维阶段或运营管理阶段。在这个阶段，工程项目需要维护、管理和运营，以确保项目的可靠性、安全性和高效性。因此，在低碳目标的指引下，更需要关注能源审查和能源效益评估，了解能源使用情况和存在的问题，然后制定能源管理计划，通过提高能源利用效率、改进设备和工艺、设置合理的运营策略等方式，降低能源消耗和碳排放；同时，建立监测和报告机制，跟踪和记录项目运行阶段的碳排放情况。这有助于及时发现问题和风险，并采取相应的减排措施。同时，还可以对碳排放数据进行分析和评估，为未来的低碳决策提供依据。

对于一般的住宅建筑物，其使用寿命大约有 50 年，在使用阶段是有效控制碳排放的关键所在。此阶段的碳排放主要有两个方面，一是正常的居住消耗的水、电及生活垃圾所产生的碳排放，二是维修过程中涉及的碳排放。在该阶段降低建筑碳排放的途径主要有以下几点：

1）提升居民碳排放意识。目前很多居民对于碳排放还没有形成具体概念，不知道哪些行为会产生碳排放。因此，在此阶段，小区物业应该帮助提升居民的减碳意识。例如，通过号召居民将垃圾分类、组织绿化小区等活动，提升居民的环保意识。

2）节约维修材料。在维修过程中，不可避免地会涉及材料的更换等。在此阶段，需要有意识地节约材料，在不影响质量的情况下可以使用回收材料、绿色材料。

3）提升智能化水平。小区提升智能化水平可以有效降低能耗，例如在小区公共空间，可以选择声控灯、光控灯，小区路灯可以选择太阳能路灯。

4）废旧建材的回收利用。工程项目是指按总体设计和管理进行建设的一个或几个单项工程的总体，废旧建材的回收利用和处理都会带来碳排放的增加。在其他建设项目中选择废旧建材再生利用的制成品，或在景观铺地等做法中直接利用废旧砖石等材料，对于减少碳排放十分有利。

由此可见，建设工程项目最终实现的经济效果和环境效果，很大程度上是由设计工作决定的，而设计工作又是体现和贯彻项目决策意图的。如果项目决策失误，将使整个工程项目产生重大失误；决策工作没问题了，还要在设计阶段把好设计关。决策工作上的失误以及设计方案上的失误，是建筑施工阶段无法弥补的；相反，在项目决策和设计上的节约是重大的节约。为此，必须重视和加强工程项目的决策和设计工作，这对于提高工程项目投资的经济效益起着极其重要的作用。此外，为了缩短项目周期，尽早发挥工程项目投资的经济效益和减排效益，应该着眼于缩短工程项目各阶段所需的时间和提高工程项目各阶段工作的质量。

1.3　我国工程项目碳排放现状与政策行动

1.3.1　我国工程项目碳排放现状

2022 年以来，我国继续将积极应对气候变化作为实现自身可持续发展的内在要求和推动构建人类命运共同体的责任担当，做出一系列部署和要求。党的二十大报告将应对气候变化作为促进人与自然和谐共生的重要内容，要求统筹产业结构调整、污染治理、生态保护、应对气候变化，协同推进降碳、减污、扩绿、增长，推进生态优先、节约集约、绿色低碳发展。2023 年 7 月召开的全国生态环境保护大会，要求处理好高质量发展和高水平保护、重点攻坚和协同治理、自然恢复和人工修复、外部约束和内生动力、"双碳"承诺和自主行动的关系，积极稳妥推进碳达峰碳中和。

2010—2019 年，我国的能源强度年平均变化率为负值，2019—2022 年的能源强度年平均变化率有所放缓，到 2023 年，能源强度升高为正值，甚至出现了恶化（图1-4）。这一趋势的一个关键驱动因素是经济增长结构。在我国，投资和净出口在 GDP 增长中所占的份额（两者的能源密集型程度都高于家庭消费）从 2015—2019 年的略高于 40% 上升到 2019—2023 年的 45%。对基础设施、制造能力和房地产的持续投资一直是我国经济增长的主要推动力，因此逐渐推高了能源强度。

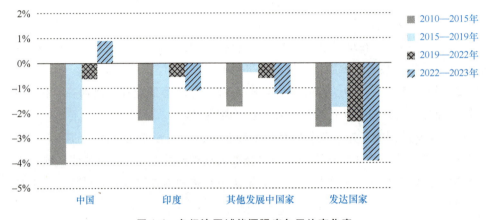

图 1-4　各经济区域能源强度年平均变化率

数据来源：国际能源署（IEA）发布的《2023 年全球碳排放报告》。

我国 GDP 增长一直由能源密集型行业拉动。2015—2019 年，服务业增加值占 GDP 增长的 2/3；2019—2023 年，这一比例降至一半左右。2023 年，基础设施和制造业固定资产投资平均增长 7.1% 和 6.4%，高于国内生产总值增速；尽管新房地产项目的投资有所下降，但由于开发商努力清理大量已开工项目的积压，2023 年的建筑活动高于 2022 年。根据国家统计局的数据，2023 年竣工总建筑面积比 2019 年高 4%，比 2022 年高 16%。

建筑领域在碳排放方面尤为突出。建设工程项目全过程的能耗与碳排放占据了全国总能耗和碳排放的很大比重。建材生产、建筑施工以及建筑运行阶段产生了大量的碳排放。特别是当前大部分城乡建筑以及新建建筑仍属于高耗能建筑，显示出建筑领域在节能减排方面仍有很大的提升空间。此外，尽管我国近年来在推动低碳发展和应对气候变化方面取得了积极进展，如推广可再生能源、优化能源结构等，但在工程项目碳排放方面仍面临诸多挑战。例如，技术创新和推广应用不够广泛，新材料、新产品的应用仍然面临困难，导致工程项目的碳排放难以有效减少。

我国政府已经开始采取一系列措施来应对工程项目碳排放问题。例如，加强碳市场的建设，推动碳排放权交易，以及出台相关政策鼓励低碳技术和产品的研发与应用。这些措施正在逐步降低工程项目的碳排放水平。

1.3.2　我国工程项目碳排放政策行动

2021 年 9 月，中共中央、国务院印发《关于完整准确全面贯彻新发展理念做好碳达峰碳中和工作的意见》（以下简称《意见》），2021 年 10 月，国务院发布《关于印发 2030 年前碳达峰行动方案的通知》（以下简称《碳达峰行动方案》），《意见》和《碳达峰行动方案》共同作为碳达峰阶段的顶层设计文件，碳达峰碳中和"1+N"政策体系逐步构建，未来重点领域和行业碳达峰实施方案和一系列支撑保障措施也将陆续发布。

《意见》和《碳达峰行动方案》设定了到 2025 年、2030 年、2060 年的主要目标，并首次提到 2060 年非化石能源消费比重目标要达到 80% 以上。其中，《意见》从 11 大方面提出了 37 项重点任务，在"双碳"政策体系中起到统领全局的作用；《碳达峰行动方案》确定了碳达峰 10 大行动，明确了双碳目标的路线图（表 1-1）。

表 1-1　我国工程项目相关碳排放政策重点内容

政策名称	重点内容	
《关于完整准确全面贯彻新发展理念做好碳达峰碳中和工作的意见》	11 大方面	推进经济社会发展全面绿色转型
		深度调整产业结构
		加快构建清洁低碳安全高效能源体系
		加快推进低碳交通运输体系建设
		提升城乡建设绿色低碳发展质量
		加强绿色低碳重大科技攻关和推广应用
		持续巩固提升碳汇能力
		提高对外开放绿色低碳发展水平
		健全法律法规标准和统计监测体系
		完善政策机制
		切实加强组织实施
《关于印发 2030 年前碳达峰行动方案的通知》	10 大行动	能源绿色低碳转型行动
		节能降碳增效行动
		工业领域碳达峰行动
		城乡建设碳达峰行动
		交通运输绿色低碳行动
		循环经济助力降碳行动
		绿色低碳科技创新行动
		碳汇能力巩固提升行动
		绿色低碳全民行动
		各地区梯次有序碳达峰行动

2021 年，住房和城乡建设部发布《建筑节能与可再生能源利用通用规范》（2022 年 4 月 1 日起实施）作为工程建设领域的强制性规范，它是与建筑节能减排相关的现行国家标

准。该规范从新建建筑节能设计，既有建筑节能设计改造，可再生能源建筑应用系统设计，施工、调试及验收，运行管理五个方面对绿色节能建筑提出了具体要求。

该规范要求新建建筑安装光伏系统，且光伏系统的使用寿命应高于 15 年。同时，太阳能光伏发电系统中的光伏组件设计使用寿命应高于 25 年。在碳排放方面，该规范要求新建居住建筑和公共建筑碳排放强度分别在 2016 年执行的节能设计标准的基础上平均降低 40%，碳排放强度平均降低 $7kgCO_2/(m^2 \cdot a)$ 以上。在能耗水平方面，该规范要求新建居住建筑和公共建筑平均设计能耗水平进一步降低，在 2016 年执行的节能设计标准的基础上降低 30% 和 20%，其中，严寒和寒冷地区居住建筑平均节能率应为 75%，其他气候区平均节能率应为 65%，公共建筑平均节能率为 72%。

2022 年 1 月 19 日，住房和城乡建设部印发《"十四五"建筑业发展规划》。2022 年 3 月 1 日，住房和城乡建设部印发《"十四五"建筑节能与绿色建筑发展规划》。2022 年 6 月 30 日，住房和城乡建设部、国家发展和改革委员会印发《城乡建设领域碳达峰实施方案的通知》，提出建设绿色低碳城市，推动组团式发展。每个组团面积不超过 $50km^2$，组团内平均人口密度原则上不超过 1 万人/km^2，个别地段最高不超过 1.5 万人/km^2。加强生态廊道、景观视廊、通风廊道、滨水空间和城市绿道统筹布局。2030 年前严寒、寒冷地区新建居住建筑本体达到 83% 节能要求，夏热冬冷、夏热冬暖、温和地区新建居住建筑本体达到 75% 节能要求，新建公共建筑本体达到 78% 节能要求。推动低碳建筑规模化发展，鼓励建设零碳建筑和近零能耗建筑。

2023 年 4 月，国家标准化管理委员会等部门印发《碳达峰碳中和标准体系建设指南》，提出主要目标：围绕基础通用标准，以及碳减排、碳清除、碳市场等发展需求，基本建成碳达峰碳中和标准体系。到 2025 年，制定修订不少于 1000 项国家标准和行业标准（包括外文版本），与国际标准一致性程度显著提高，主要行业碳核算核查实现标准全覆盖，重点行业和产品能耗能效标准指标稳步提升。实质性参与绿色低碳相关国际标准不少于 30 项，绿色低碳国际标准化水平明显提升。

2024 年，国家发展和改革委员会、住房和城乡建设部发布《加快推动建筑领域节能降碳工作方案》，提出提升城镇新建建筑节能降碳水平、推进城镇既有建筑改造升级，强化建筑运行节能降碳管理、推动建筑用能低碳转型、提高预制构件和部品部件通用性，推广标准化、少规格、多组合设计；严格建筑施工安全管理，确保建筑工程质量安全；积极推广装配化装修，加快建设绿色低碳住宅。

1.4 工程项目碳排放相关人才职业能力

1.4.1 工程项目碳排放相关人才培养的必要性

在传统建设工程项目迈向碳中和的过程中，激励是基础，技术是保障。没有运用管理手段形成激励作用，碳排放主体就不会参与到碳中和中来；没有技术的保障和支持，即便有强烈的热情参与碳中和，也难以保证目标的实现。在碳经济时代，工程项目需要更加注重环境保护和资源利用，通过技术创新和制度创新来实现经济、社会和环境的协调发展。具备碳经济分析能力的人才能够更好地理解和应对这一变革，为工程项目的可持续发展提供有力支持。

最后，从人才培养的角度来看，培养工程项目碳排放相关人才有助于提升整个行业的专业水平和竞争力。现有高校主要侧重于对低碳技术专业人才的培养，忽视了对低碳管理人才的培养，这非常不利于我国建设工程项目的低碳转型、国家低碳经济发展和"双碳"目标的实现。因此，对未来的建设工程专业的执业者，不仅必须精通专业技术，具有较强的解决技术问题的实际能力，还要有强烈的建设工程项目经济意识、环境意识和解决实际生产问题的本领，能够进行碳经济分析。

1.4.2　工程项目碳排放相关人才工作范围

目前，人力资源和社会保障部对碳排放管理员、碳汇计量评估师、建筑节能减排咨询师等相关职业进行了定义，并明确了其主要工作任务及相关职业晋升等级。建设工程项目碳排放相关人才包括发电、石化、建材、钢铁、有色、航空等重点排放行业能源管理人员，从事温室气体排放核算核查的咨询服务机构、第三方审核机构、节能服务公司相关人员，国家低碳试点省市、园区、社区及政府与应对气候变化相关的管理人员以及其他关注中国碳市场发展、有志参与碳排放、碳交易、碳核算的人员。

1. 碳排放管理员

碳排放管理员是《中华人民共和国职业分类大典》中的第四批新职业，意味着国家对碳排放这一领域职业化发展的认可。碳排放管理是一个技术性、综合性较强的工作，需要掌握相关碳排放技术。碳排放管理员这个新职业将在碳排放资产管理、交易等活动中发挥积极作用，有效推动温室气体减排，在降碳工作中发挥积极作用。

定义：在企业和事业单位中从事二氧化碳等温室气体排放监测、统计核算、核查、交易和咨询等工作的人员。

主要工作任务：

1）监测企业、事业单位碳排放现状。

2）统计核算企业、事业单位碳排放数据。

3）核查企业、事业单位碳排放情况。

4）购买、出售、抵押企业、事业单位碳排放权。

5）提供企业、事业单位碳排放咨询服务。

该职业包含但不限于下列工种：民航碳排放管理员、碳排放监测员、碳排放核算员、碳排放核查员、碳排放交易员、碳排放咨询员。

职业技能等级：

碳排放监测员、碳排放核算员、碳排放核查员、碳排放交易员、民航碳排放管理员等五个工种共设五个等级，分别为五级/初级工、四级/中级工、三级/高级工、二级/技师、一级/高级技师。其中，五级/初级工不分工种，统称碳排放管理员五级/初级工。

碳排放咨询员共设三个等级，分别为三级/高级工、二级/技师、一级/高级技师。

2. 碳汇计量评估师

定义：运用碳计量方法学，从事森林、草原等生态系统碳汇计量、审核、评估的人员。

主要工作任务如下：

1）审定碳汇项目设计文件，并出具审定报告。

2）现场核查碳汇项目设计文件，并出具核证报告。

3）对碳汇项目进行碳计量，并编写项目设计文件。

4）对碳汇项目进行碳监测，并编写项目监测报告。

5）对碳中和活动进行技术评估，编制碳中和评估文件。

3. 建筑节能减排咨询师

在碳达峰、碳中和发展目标的背景下，建筑节能减排咨询师顺应了时代发展的趋势。随着碳交易市场不断完善，对绿色职业的需求量定会不断增加。

定义：应用节能减排技术，从事建筑及其环境、附属设备测评、调试、改造、运维等工作的咨询服务人员。

主要工作任务如下：

1）受建筑业主、投资主体委托或指派，收集项目建筑使用功能、能源资源需求、环境质量需求等工程资料。

2）运用建筑能源与环境仿真模拟软件和检测设备，测评传统建筑、新能源和可再生能源建筑设计方案实施的能效和排放（含碳排放）情况，编写测评报告。

3）编制建筑节能减排优化运行方案，验证方案效果，并提出调整、改进意见。

4）检查、测试、验证建筑竣工验收和运行阶段的设备、系统运行效果，测评建筑能效，出具测评报告，提出建筑与系统调试、改进方案。

5）为建筑设计、施工、运营、质检、设备生产与制造等单位提供建筑节能减排等咨询服务。

6）采集、整理、分析项目资料和效果，调整相关软件和模型，优化建筑、系统和设备运行管理方式。

现阶段，碳排放管理人才缺口巨大，碳排放管理领域将迎来供不应求的就业前景。碳排放管理主要的服务对象是政府部门和电力、水泥、钢铁、造纸、化工、石化、有色金属、航空等八大控制排放行业。碳排放领域管理的专业性较强，工作内容较为广泛，涉及碳资产管理、碳达峰与碳中和规划编制、碳标签、碳足迹和低碳产品认证、碳排放监测、统计核算、核查、交易等相关服务。随着国家政策法规的不断细化和碳排放管理专业技术人才培育力度的加大，绿色低碳行业在未来 10~15 年内会处于上升阶段。碳排放管理相关岗位专业性强，实践需求广。强化碳排放相关人才建设在碳排放管理行业有助于我国实现"双碳"目标，将持续得到政策支持和行业的认可和重视。

📝 **思考题**

1. 低碳经济学的定义是什么？
2. 工程项目碳经济的研究对象有哪些？
3. 工程项目周期是按照什么方式划分的？分别为哪些阶段？
4. 我国工程项目碳排放面临什么问题？
5. 作为工程项目碳经济相关专业的人才，需要掌握哪些知识？

第 2 章

工程项目碳经济的基础理论

　　了解可持续发展理论；掌握循环经济理论的内涵与原则；了解循环经济的框架；认识我国工程项目循环经济的实施；了解利益相关者理论；系统地认识上述理论及在工程项目碳经济中的运用。图 2-1 为本章思维导图。

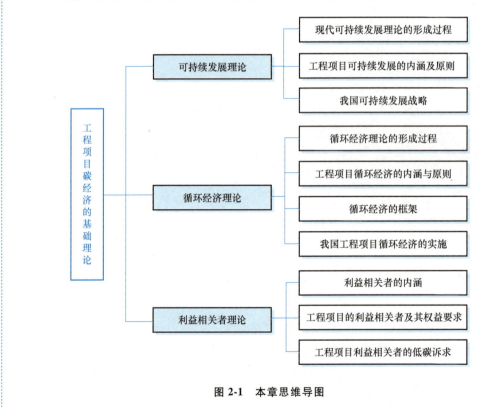

图 2-1　本章思维导图

　　工程项目在我国经济发展中有着重要地位，它具有建设周期长、投资巨大、社会效益显著等特点，其建设与社会经济发展、自然环境、资源能源利用等有着密切联系，并会产生重大影响。低碳经济通过发展绿色环保能源和制定低碳经济措施，达到经济发展的低污染、低排放、低消耗，进而最终实现生态环境和社会经济可持续发展。近年来，在工程项目有效带动经济增长的同时，由于较少从低碳经济角度考虑建设工程项目的项目技术管理措施，也造成如投资效益不理想、质量不高、资源能源浪费和利用率低、环境污染等问题，这些问题都与低碳经济的发展原则和发展要求严重不符。在这一背景下，将工程项目与低碳经济理论相结合成为必然趋势。

2.1 可持续发展理论

2.1.1 现代可持续发展理论的形成过程

现代可持续发展的思想源于人们对环境问题的逐步认识和热切关注。其产生背景是人类赖以生存和发展的环境和资源遭到越来越严重的破坏，人类已不同程度地尝到了环境破坏的苦果。当今世界面临人口激增、环境污染、粮食短缺、能源紧张、资源破坏五大问题，它们互相影响，直接影响到社会经济发展。

可持续发展是一种进程，它"既满足人类发展目标，又维持自然系统继续提供人类经济与社会赖以存在的自然资源与生态服务的能力"。可持续发展理论从全球性视角出发，着力强调一个基本原则：人类要永远生存和发展，不能为当代人的利益而牺牲子孙后代的利益，不能为局部的利益牺牲社会整体的利益，不能为区域利益牺牲全球的利益；否则，一损俱损，最终会危及整个人类。

可持续发展同上述其他几项构想相比，具有更确切的内涵和更完整的结构。这一思想包含了当代与后代的需求、国家主权、国际公平、自然资源、生态承载力、环境和发展相结合等重要内容。1992 年，联合国环境与发展大会通过的《21 世纪议程》。2015 年 9 月 25 日，联合国可持续发展峰会在纽约总部召开，联合国在峰会上正式通过 17 个可持续发展目标。可持续发展目标旨在指导 2015—2030 年社会、经济和环境三个维度的发展问题，转向可持续发展道路，更是凝聚了当代人对可持续发展理论认识深化的结晶。2025 年可持续发展理论要求低碳社会经济实现系统性重构，构建"净零排放且韧性包容"的文明新形态。

2.1.2 工程项目可持续发展的内涵及原则

可持续发展是一种现代的发展观念，指导工程活动的各个环节。任何工程活动都不能随意破坏资源，更不能过度消耗资源。工程活动的实施不能超过自然环境承载能力的限制，而且要有利于生态平衡及环境保护。可持续性发展论要求人类在各项活动，尤其是工程活动中，充分发挥尊重自然、保护自然，避免给自然环境，尤其是生物环境带来不利影响。这一点，已经为世界各国工程领域普遍接受与执行。

从工程活动与自然环境的关系来说，可持续发展体现了正确认识工程活动与自然的关系。工程活动不是人类对自然资源的占有，而应当保持人与自然和谐共生的互利关系。也就是说，在工程活动实施过程中应当使自然资源和有毒材料的使用量最少，进而使生产出的服务人类的产品或工程项目在其生命周期中产生的污染物最少，对环境的污染最小。可持续发展既要求实现资源的循环再生使用，实现最优化效益，又要求达到环境污染程度和废弃物排放程度最小。工程活动对自然资源的消费不能超过生态环境承载力限制，始终以利于自然环境保护和维护生态平衡为宗旨。

从工程活动与社会环境的角度来说，可持续发展突显了消费的公平性。公平是工程活动、社会资源与环境三者之间和谐相处的重要基础。生存和发展是每个人的基本权利，是社会的使命。消费以个体生存与社会的发展为最终目标，这是工程活动的设计实施都应遵循的目标，因此，当代工程活动的消费不能损害未来工程活动的消费能力，应该转变工程项目规制实施的方式，实现工程活动与社会环境的和谐。

2.1.3 我国可持续发展战略

我国政府做出《21世纪议程》承诺后，于1994年由国家计划委员会和国家科学技术委员会主导52个部门与机构制定了世界首部国家级可持续发展战略《中国21世纪议程——中国21世纪人口、环境与发展白皮书》（以下简称《中国21世纪议程》），由中国21世纪议程管理中心负责实施和管理。有关可持续发展战略概括如下：

1）可持续发展的前提是发展。这是正确认识和理解可持续发展的关键所在。我国是发展中国家，这决定了"发展是硬道理"，经济发展中出现的人口、资源、环境问题必须在发展中解决，用停滞、限制发展的消极观点来谋求可持续发展不符合我国国情。

2）可持续发展的主体是社会发展系统，其目标是实现社会发展系统的可持续性，实现当前发展、未来发展，以及当代人利益、后代人利益的均衡协调发展。我国实现可持续发展战略的实质是要开创一种新的发展模式，代替传统落后的发展模式，使国民经济和社会发展逐步走上良性循环的道路。

3）可持续发展的重要标志是资源的永续利用和生态环境的改善。可持续发展战略的实施将会引起一系列社会行为、形态的变化，保护好人类赖以生存与发展的生命保障系统要素——大气、淡水、海洋、土地、森林、矿产等自然资源与环境，防治资源污染和生态恶化。

4）可持续发展的关键是处理好经济建设与人口、资源、环境的关系，这是实施可持续发展战略的关键，即在经济增长的同时，有效控制人口增长，减少资源消耗，提高资源利用率，减少环境污染。

5）实施可持续发展战略必须转变思想观念和行动规范，正确认识和处理人与自然的关系，用可持续发展的新思想、新观点、新知识、新技术，从根本上变革人们传统的不可持续的生产方式、消费方式、思维方式，建立经济、社会、环境相协调统一的价值观和行为规范。

6）可持续发展必须重视能力建设，要从国家战略的层面上整体把握：能力建设的"支撑性"因素是指构建可持续发展平台的支柱性能力建设，如国家的生存安全能力建设和生态环境能力建设，它起到基础作用；能力建设的"带动性"因素是指引导可持续发展加速的引擎式能力建设，如国家的人力资源能力建设和发展水平能力建设，它起到核心作用；能力建设的"保证性"因素是指实现可持续发展目标的整合性、规范性能力建设，如国家的社会有序能力建设和政府服务能力建设，它起到关键作用。实施可持续发展战略从开始就应十分重视能力建设，不能为追求暂时的发展而忽视甚至削弱能力建设。

　　根据 2030 可持续发展目标，可将我国的可持续发展战略目标分解至经济、社会、生态环境三大可持续发展领域。经济可持续发展领域强调创新、绿色、高质量的经济增长方式，我国对应出台了《国家创新驱动发展战略纲要》《国家新型城镇化规划（2014—2020 年）》等；社会可持续发展领域强调公共服务均等化，我国对应出台了《中共中央 国务院关于打赢脱贫攻坚战的决定》《"健康中国 2030"规划纲要》等；生态环境可持续发展主要依托生态文明建设，我国对应出台了《全国主体功能区规划》《中国生物多样性保护战略与行动计划（2011—2030 年）》《2030 年前碳达峰行动方案》等。我国可持续发展进程如图 2-2 所示。

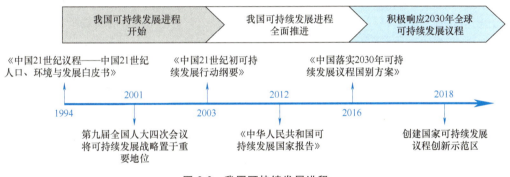

图 2-2　我国可持续发展进程

2.2　循环经济理论

2.2.1　循环经济理论的形成过程

　　从理论渊源上看，马克思最早系统地分析了生产过程中废弃物循环利用。通过分析资本循环与利润率的变化，生产废料可再转化为同一个产业部门或另一个产业部门的新的投入要素，也就是生产排泄物再次回到生产从而消费的循环中，是生产条件节约的一个重要的途径。马克思当时并未使用"循环经济"一词，但从他的分析中可以得到如下启示：第一，规模经济废弃物的循环利用应作为循环利用的基础；第二，废弃物的循环利用是资本循环过程中生产条件的节约；第三，可以将废弃物的循环利用作为一种资本逐利的方式。很明显，当时马克思并没有把循环利用废弃物与现今环境保护和减少污染联系起来，而是从节约资源进而节约资本和提高利润率的角度来认识资源和废弃物循环利用的。经济学家将这种以节约为目的的资源与废弃物循环利用定义为古典循环经济。

古典循环经济是指生产力落后、资源开发能力低下致使资源开发和供给不足，被迫利用废弃物；现代循环经济则是指生产力高度发达，导致资源开发和消耗过度，远远超过了自然环境的承受能力，才被迫以从源头减少资源消耗和废弃物排放为目标循环利用废弃物。

循环经济是由市场经济转向生态经济的环境革命之一。国际社会对此很早就做出了积极反应，发达国家更是走在循环经济的前列。西方发达国家正在把发展循环经济、建立循环型社会看作实施可持续发展战略的重要途径和实现形式。

2.2.2 工程项目循环经济的内涵与原则

建设工程项目循环经济是一种强调资源高效利用和环境保护的经济增长模式。在建设工程项目的规划、设计、施工、运营及拆除等全生命周期的各阶段中，要求遵循资源节约和循环利用的原则，将经济活动组织成一个"资源-产品-再生资源"的反馈式流程。这一模式旨在提高资源的使用效率，减少资源浪费，同时降低对环境的污染和破坏。通过优化设计、采用先进技术和管理手段，建设工程项目循环经济能够在保障工程质量的前提下，实现经济效益与生态效益的双赢。

建设工程项目循环经济的核心原则包括减量化原则、再使用原则和再循环原则。减量化原则要求在建设工程项目的各个阶段尽量减少资源的消耗和废弃物的产生；再使用原则强调延长产品和材料的使用寿命，提高使用效率，通过维护、修复、翻新等手段减少新资源的投入；再循环原则将建设工程项目中产生的废弃物进行分类、处理和资源化利用，转化为新的资源或产品。这些原则共同构成了建设工程项目循环经济的基础框架，为建设工程项目的可持续发展提供了有力保障。通过实践这些原则，建设工程项目循环经济不仅有助于推动相关产业的发展和升级，还能提高企业的经济效益和竞争力，为实现可持续发展目标做出重要贡献。

2.2.3 循环经济的框架

总结世界各国开展循环经济的做法，可发现循环经济具体体现在经济活动的三个重要层面上，分别通过运用"3R"原则实现三个层面的物质闭环流动。

1. 企业层面

根据生态效率的理念推行清洁生产，减少产品和服务中物料与能源的使用量，实现污染物排放量的最小化。要求企业做到：①减少产品和服务的物料使用量；②减少产品和服务的能源使用量；③减少有毒物质的排放；④提高物质的循环使用能力；⑤最大限度、可持续地利用可再生资源；⑥提高产品的耐用性。

2. 区域层面

按照工业生态学的原理，通过企业间的物质集成、能量集成和信息集成，形成企业间的工业代谢和共生关系，建立生态工业园区。

3. 社会层面

从解决消费领域的废弃物问题切入，逐步向生产领域延伸，以求在每个产业链网的节点上最大限度地提高资源利用率，密切结合生态保护和区域环境综合治理，通过第一、二、三产业间物质和能量的流动及产业间废弃物的循环，实现资源的最优化配置，实现生产、流通、消费前和消费后物质与能量的循环，建立循环型社会。

2.2.4　我国工程项目循环经济的实施

发展循环经济是我国经济社会发展的一项重大战略。2021 年，国家发展和改革委员会印发《"十四五"循环经济发展规划》，提出三大领域"十四五"循环经济发展的主要任务，包括园区循环化发展等五大重点工程和汽车使用全生命周期管理等六大重点行动。大力发展循环经济，推进资源节约集约利用，构建资源循环型产业体系和废旧物资循环利用体系，对保障国家资源安全，推动实现碳达峰碳中和，促进生态文明建设具有重大意义。

循环经济是我国经济发展面临资源和环境压力的形势下，按照"3R"原则，依靠政策法规、科学技术和市场机制调控生产和最少的污染排放，实现经济、环境和社会效益相统一的一种经济发展模式。具体到工程项目循环经济而言，目前我国的建筑垃圾资源化利用率低于发达国家，且建筑垃圾的主要处理方式为填埋与堆放。若仅靠填埋与堆放，不对建筑垃圾进行分类，无疑加重了建筑垃圾后期资源化利用的成本及难度，更不用提治理这种粗犷处理方式所带来的生态环境问题而造成的成本了。

我国建筑垃圾无法形成产业化还有一个原因：建筑垃圾资源化利用是指将建筑废弃物转化为可再利用的材料、能源或其他有价值的资源。虽然资源化利用可以减少建筑废弃物对环境的负面影响，但在一些小规模作业中，很难获得较为可观的经济收益。资源化利用建筑垃圾通常需要先进行分类、清理、处理等工序，再进行重新加工或再利用。工序的复杂性以及现有的技术和设备要求，导致在小规模的作业下，能达到的垃圾处理速度和效率有限，难以实现可观的经济效益。建筑垃圾与废金属等废弃物的资源化利用不同。废金属等资源化利用的回报能让参与者切实感受到，所以较为容易自发形成产业链，而在建筑垃圾经过了"一拆二捡"的处理后，且在天然砂石资源不紧张和价格低廉的情况下，建筑垃圾处置企业已没有太多的利润空间。所以，强调"谁生产谁负责"，有助于降低建筑企业对其建筑垃圾资源化处理的技术风险，同时减少转移成本，促进建筑垃圾资源化利用产业链的形成。

推进建筑垃圾资源化利用，可以从以下几方面入手：

1）法律方面，《中华人民共和国循环经济促进法》的发布与实施，为实现循环经济发展提供了法律依据。该法的延伸及细则，还有待优化。例如，建筑垃圾处理负责人、对产生建筑垃圾的建筑企业加收税率、对使用建筑垃圾资源化利用再生产品的企业减少税率、提供技术支持等，都有待进一步明确。

2）再生产品质量方面，建筑垃圾资源化利用产品质量标准体系有待健全与完善，使用建筑垃圾资源化再生产品的建筑工程，也无相应的验收规范来进行保障，有待完善。

3）技术方面，我国建筑垃圾资源化利用技术还不成熟，整体偏重理论，缺乏实践，且研究内容分散、重复、不系统，缺乏全面主导性的应用研究。国内建筑垃圾分选装备的生产与研发较少。

4）相关政策支持方面，在明确建筑垃圾产生企业的责任与义务的同时，应该为建筑垃圾资源化利用的企业、使用建筑垃圾资源化利用再生产品的企业提供政策支持，促进建筑垃圾资源化利用产业化、规模化的发展。

2.3 利益相关者理论

2.3.1 利益相关者的内涵

不同类型的利益相关者对企业决策的影响和被企业活动影响的程度因企业个体不同而各异，利益相关者的支持对企业的生存和发展起着至关重要的作用，并随时间和空间动态变化，企业管理者要对不同类型利益相关者采取各不相同的管理方式，并根据获得的信息不断有目的地调整管理方式，从而能最大限度地提高各利益相关者对企业的满意度。这已成为确保企业持续健康快速发展的关键所在。

2.3.2 工程项目的利益相关者及其权益要求

现在，越来越多的管理者意识到，项目管理必须满足所有利益相关者的需求。利益相关者是在商业组织的背景下提出的，一般是指在项目中有既定利益的任何人员和组织。利益相关者或者积极参与项目，或者其利益在项目实施过程中或完成后受到积极或消极影响。

从工程项目的管理组织角度分析，项目涉及的利益相关者主要包括政府主管部门、投资人、工程建设方、项目主要管理者、融资机构、咨询单位、监理方、承包方、分包方、供应商、经营管理公司、客户、保险公司、竞争者、相关企业、社区和用户等，这些工程项目的利益相关者因为各自的利益需要与项目资源联系，分层围绕在项目的周围。

2.3.3 工程项目利益相关者的低碳诉求

在低碳经济的背景下，工程项目利益相关者的权益除了上述权益外，还有对项目绩效满足低碳经济的具体要求。因为低碳经济涉及项目管理的方方面面，主要包含项目投入低碳影响、项目过程低碳影响、项目产出低碳影响。

在项目投入阶段，相关利益者主要是供应商、政府、企业。作为供应商，必须要保证工程项目的建设材料达到环保低碳的国家标准和要求。作为政府，必须要保证工程项目的评审标准、可行性研究报告，以及项目批复全面关注和重点考查低碳绩效的影响。作为企业，必须保证在获取项目盈利的前提下提升工程项目的低碳环保诉求，使得工程项目的低碳绩效和效益绩效达到平衡。

在项目过程阶段，利益相关者主要是工程建设方、监理方、项目主要管理者。作为工程建设方，必须保证工程项目的建设和施工达到国家低碳环保经济的要求和标准，使用低碳环保材料，做到减少污染，节约能源，科学施工，低碳高效。作为监理方，必须把关项目绩效的低碳，重点是项目的施工工艺和技术必须达到国家现行的低碳环保要求，项目的管理技术和管理理念必须实行低碳环保的要求，项目管理人员必须积极推行环保低碳的措施和技术流程，做到重点环节低碳环保，具体细节低碳高效。作为工程项目的主要管理者，必须自上而下地推行低碳环保的新理念，从日常的工作和管理中自觉地推行低碳标准，做到低碳施工不污染、低碳合作增效益、低碳工艺创新高，使得工程项目的施工过程成为政府低碳经济和低碳绩效的示范工程，成为推动社会低碳工艺的新起点。

在项目产出阶段，利益相关者主要是政府主管部门、相关企业、社区和用户。工程项目的产出阶段也就是项目的运行阶段，主要是靠政府主管部门进行监管。因此，主管部门对产品的质量和服务也需要进行低碳效益的考量，应尽可能低能耗、无污染。相关企业也是工程项目的利益相关者，工程项目必须为上游企业和下游企业提供低碳环保的公共产品和服务，真正成为推动企业实行低碳环保经济的践行者和倡导者。社区和用户也是工程项目的重要利益相关者，社区的生态低碳诉求和广大用户的公共利益的低碳诉求必须在工程项目的产出和运行阶段得到保障，确保社区的环境环保、环境低碳、环境和谐，确保每一个用户和居民对工程项目的产出和运行满意。只有项目产出阶段的低碳环保诉求得到执行和保证，才能使广大用户的切身利益得到保护，才能使工程项目的低碳绩效评价得到满意的答案。

📝 思考题

1. 可持续发展理论在工程项目中涉及哪些方面？
2. 循环经济理论的形成过程是什么？请用自己的语言描述。
3. 工程项目循环经济的框架是什么？
4. 工程项目利益相关者的低碳诉求有哪些？

第 **3** 章
工程项目碳排放核算方法

了解碳排放核算的基本方法；了解碳排放的核算边界、范围、方法及内容；掌握建筑材料生产、建筑材料运输、掌握建筑施工建造阶段、建筑运行阶段碳排放核算；了解拆除回收阶段碳排放核算。图 3-1 为本章思维导图。

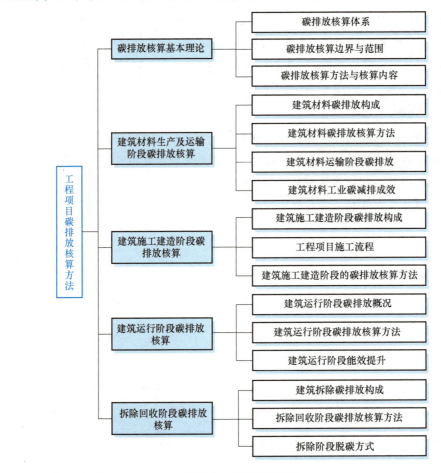

图 3-1　本章思维导图

3.1　碳排放核算基本理论

3.1.1　碳排放核算体系

1. 国内外碳排放核算体系框架分析

由于工程项目的温室气体排放主要表现为二氧化碳排放，涉及少量的甲烷以及氮氧化物，因此本章的温室气体排放核算体系也称为碳排放核算体系，这里的"碳"并不是指实物的二氧化碳，而是二氧化碳当量（CO_2e）。碳排放核算体系的构建，应先构建核算体系框架。该框架构建的基础是国外具有代表性的温室气体核算方法理论，结合较为成熟的温室气体核算体系中对国内情况具有针对性的主要内容。依据国内外温室气体排放核算体系的初步分析，归纳出国内外不同标准体系的温室气体核算方法理论的框架，作为碳排放核算体系的理论基础，见表 3-1 和表 3-2。

表 3-1　国外碳排放核算体系框架对比分析

名称	体系框架	主要内容
《2019 年 IPCC 国家温室气体清单指南》	方法选择	确定温室气体计算方法
	碳排放因子选择	指导针对不同的计算方法选择不同的碳排放因子
	活动数据的选择	指导活动数据的选择和收集
	不确定性评估	为估算和报告与年排放量、清除量估算、排放量和清除量随时间变化的趋势有关的不确定性提供指导
	时间序列一致性	为确保时间序列一致性提供指导
	质量保证、质量控制和验证	指导制定并执行质量保证、质量控制和验证系统
	报告指南及表格	为完整、一致和透明的国家温室气体清单提供报告指南
ISO 14064：2006	温室气体量化与报告原则	温室气体量化与报告应遵守的原则
	温室气体清单设计和编制	确定温室气体清单的组织边界和运行边界，量化温室气体的排放和清除
	温室气体清单组成	指导形成清单文件的主要内容
	温室气体清单质量管理	温室气体信息管理、文件和记录保管
	温室气体报告	指导形成完整符合要求的温室气体报告
ISO 14067：2007	产品碳足迹量化范围	产品碳足迹量化与交流基于全生命周期评价
	产品碳足迹量化原则	产品碳足迹量化与报告的原则
	产品碳足迹量化方法	产品碳足迹研究应包括四个内容：目标与范围的确定、生命周期清单编制、生命周期影响评价、生命周期解释

（续）

名称	体系框架	主要内容
ISO 14067：2007	产品碳足迹研究报告	指导将量化结果形成文件
	产品碳足迹交流	为组织进行产品碳足迹交流提供要求与指南
BS PAS 2050：2011《商品和服务在生命周期内碳足迹评价规范》	碳足迹范围	用于评估产品生命周期温室气体排放
	碳足迹评价原则	碳足迹评估是应遵守的原则
	排放源、抵消和分析单位	划定温室气体排放范围、评价期、碳排放源，确定碳足迹分析单位
	系统边界	为设定不同产品的系统边界提供依据
	数据获取	确定数据质量规则和数据类型、数据采样等
	排放分配	特殊过程的排放量计算分配
	产品温室气体排放计算	产品温室气体排放计算步骤
	符合性声明	指导在文件或产品包装上公布符合该规范声明

表 3-2　国内温室气体核算体系框架对比分析

名称	体系框架	主要内容
《省级温室气体清单编制指南（试行）》	排放源界定	指导界定不同部门中不同活动的排放源
	温室气体清单编制方法	排放量计算方法，计算步骤
	活动水平数据及其来源	确定数据的分类以及来源
	碳排放因子数据及其确定方法	指导确定计算所需的碳排放因子，部分给出碳排放因子的参考值
	清单报告格式	统一规范清单报告格式
	不确定性分析	帮助确定降低未来清单不确定工作优先顺序
	质量保证与质量控制	评估和保证温室气体清单质量
《中国行业企业温室气体排放核算方法与报告指南（试行）》	适用范围	说明各个行业指南的适用范围
	核算边界	报告主体、排放源和气体种类
	核算方法	核算方法及核算步骤
	质量保证和文件存档	质量保证工作内容
	温室气体报告	不同行业温室气体排放报告的内容
《中国工程建设协会标准建筑碳排放计量标准》（CECS 374—2014）	一般规定	对于采用标准中的计量方法的一般规定
	数据采集	规范不同阶段活动水平数据应包括的内容及计算方法
	数据核算	不同阶段碳排放量计算方法
	数据发布	规范以碳排放计量报告的形式内容
《建筑碳排放计算标准》（GB/T 51366—2019）	运行阶段碳排放计算	不同建筑系统的碳排放计算方法
	建造及拆除阶段碳排放计算	建筑建造及拆除阶段的碳排放计算方法
	建材生产及运输阶段碳排放计算	建材生产和运输阶段的碳排放计算方法

可见，对于一个产品或者一个企业的碳排放情况进行报告或评价，量化只是其中的一步。通过以上对比分析，归纳出碳核算过程关键的是确定核算边界、确定碳排放源、量化方法选择、确定核算数据、报告碳排放情况。因此，碳排放核算体系借鉴国内外核算体系的框架内容，将体系框架内容归纳为三大部分：确定核算范围、确定核算方法，以及碳排放报告和质量控制。

2. 核算流程设计

设计碳排放核算流程，明确各流程工作内容，能够正确引导核算工作，从核算工作上保证碳排放核算结果的完整性。运用该核算体系进行碳排放核算工作，应包括但不限于如图 3-2 所示的内容。组建碳排放核算团队是进行碳排放核算工作的第一步，核算团队依据碳排放管理目标需求，制订碳排放核算目标。核算原则在施工碳排放核算体系中已基本确定，但核算方可按照具体核算报告的要求制订新的核算原则。以上属于碳排放核算前期工作，从确定碳排放核算边界开始正式进入碳排放计量核心工作。工作内容包括确定碳排放核算边界、确定碳排放源、采集活动数据、选择碳排放因子及核算碳排放量。最后，核算方依据核算目标以及碳排放管理需求，编制碳排放核算报告。此外，碳排放质量

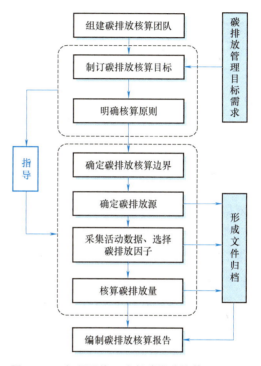

图 3-2　工程项目施工阶段碳排放核算工作流程

控制工作需要贯穿于整个碳排放核算各阶段工作中，保证核算过程的准确性、精确性、完整性和一致性。

（1）组建碳排放核算团队

碳排放核算团队是为适应各部分施工碳排放核算工作的有效实施而建立的团队。该团队组织结构、人员构成、人数配备及各成员的具体职责等由碳排放核算工作复杂程度、项目规模大小、项目性质而定。碳排放核算团队主要负责计划、组织、管理碳排放核算工作。碳排放核算团队可以是项目管理组织的一个分支，也可以是独立于项目管理组织的团队。因此，碳排放核算负责人可以是项目经理，也可以是具备碳排放管理知识、经验的管理者。

（2）制订碳排放核算目标，明确核算原则

核算方应在开展具体碳排放核算工作前，依据工程项目低碳管理目标需求，制订具体的碳排放核算目标。碳排放核算目标是指工程项目参与方核算碳排放总量的需求，可理解为应用工程碳排放量进行项目管理的需求。一般按照国家、地方或行业政策、项目性

质、项目规模、核算方需求等因素制订碳排放核算目标。碳排放核算原则一般是固定的，在工程项目碳排放核算体系中已列出必须遵循的原则，核算方可依据具体的核算目标的要求增加碳排放核算原则。碳排放核算目标与碳排放核算原则在碳排放核算工作的全程起到指导的作用。

（3）确定碳排放核算范围

确定碳排放核算范围包括确定碳排放核算边界及确定碳排放源两项核算工作内容。碳排放核算边界时应明确属于工程项目的碳排放，而确定碳排放源是确定属于产生工程项目碳排放的源头，如施工所消耗的各种资源、特定的施工工序等。确定碳排放核算范围是核算碳排放量的基础工作。

（4）采集活动数据、选择碳排放因子

活动数据和碳排放因子是核算碳排放量的数据基础，核算方应依据核算的需求、计量精度、计量方法的要求确定数据类型、数据精度、数据采集方法及与活动数据对应的碳排放因子。核算过程中的一切数据来源都需要形成文件并归档管理，以便审查。

（5）核算碳排放量

依据活动数据的类型及碳排放因子的情况选择合适的核算方法，一般为碳排放因子法。特殊碳排放情况可采用直接测量法获得碳排放量。碳排放核算团队必须将计算过程或直接测量结果形成文件进行归档，以便碳排放质量控制阶段进行审查。

（6）编制碳排放核算报告

碳排放核算报告是核算工作的汇报阶段工作。面向不同项目低碳管理需求及核算目标，碳排放核算报告能够反映出对碳排放量结果的评价，以指导工程项目各项低碳管理工作的进行。

3.1.2 碳排放核算边界与范围

1. 碳排放清单核算范围

（1）电力、水间接碳排放清单

根据建筑所在地电力、水的生产技术流程，核算电力、水的碳排放系数，可直接参考政府或企业提供的数据。例如，国家发展和改革委员会公布了各电网基准的碳排放因子，生态环境部 2023 年发表全国统一碳排放因子为 $0.5703kgCO_2e/(MW \cdot h)$，北京、天津两地外来电采用华北电网碳排放因子 $0.8843kgCO_2e/(MW \cdot h)$，上海市外来电计算采用华东电网碳排放因子 $0.548kgCO_2e/(MW \cdot h)$。电力的二氧化碳清单根据获取的来源不同，核算的方式也不同。例如，火电、核电、水电、风电等生产方式和技术流程各不相同。即使采用相同的能源生产电力，发电设备的技术和效率也会不同。在核算电力碳排放清单时，需根据电力供应企业的生产流程进行，生产过程中消耗的资源强度不同，单位电能的产出造成二氧化碳的排放量也不同。工程项目全生命周期中碳排放采用的电力、水的碳排放清单需采用该建筑使用的供电企业或所在地区的电力碳排放因子。其中，自来水碳排放因子为 $0.168kgCO_2/t$。电力、水的碳排放清单还需考虑其时效性，即随着企业生产技术流程的发展，碳排放因子可能在未来产生变化，需要定期进行更新。

（2）建筑材料、构件、设备的碳排放清单

包括我国在内的世界上很多国家还未形成本土化的建筑材料、构件、设备等产品的碳排放清单。本章中对于产品碳排放清单概念界定为：从建筑材料、构件、设备的原材料开采、运输，到工厂生产、运输，直到建筑工地产生的二氧化碳排放，即"摇篮到现场"（Cradle to Site）的过程，形成物化二氧化碳（Embodied CO_2）清单。

应被纳入建筑材料、构件、设备碳排放清单的核算内容包括：①原材料开采、生产流程中的物理、化学变化产生的碳；②原材料开采、生产流程中使用机械消耗化石能源、电力、水产生的碳；③运输原材料至建筑材料、构件、设备工厂产生的碳，可能途经若干仓库；④生产建筑材料、构件、设备流程中的物理、化学变化产生的碳；⑤生产建筑材料、构件、设备流程中消耗化石能源、电力、水产生的碳；⑥运输建筑材料、构件、设备至建筑工地产生的碳，可能途经若干仓库；⑦建筑材料、构件、设备从原材料开采、运输至生产、运输至建筑工地过程中人员办公、工作消耗化石能源、电力、水产生的碳。

需要注意的是，在建筑材料、构件、设备生产过程中，可能存在回收废弃材料并重新加工形成新产品的过程，即制造建筑材料、构件、设备的原材料可能是循环利用的材料。这一过程与直接从自然界中开采建筑材料、构件、设备的原材料并进行生产的过程并不相同，产生碳的量也不相同，需要核算废弃材料回收和重新加工过程中因化学变化产生的碳及使用机械消耗化石能源、电力产生的碳。这意味着建筑材料、构件、设备碳排放清单的核算内容第①、②、③项的排放源不同（图3-3）。在核算某种材料、构件、设备的碳排放清单时，需要根据其采用原材料的来源比例计算核算内容的第①、②、③项。

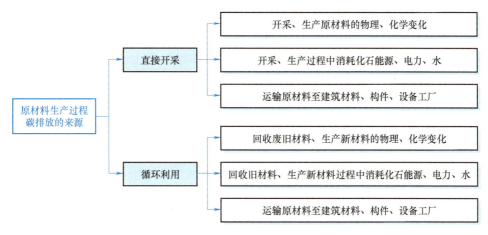

图 3-3　原材料生产过程中碳排放的来源

在进行建筑的维护和改造过程中取用材料、构件、设备的碳排放因子时，也需要考虑其碳排放清单的时效性，即随着时间的推进，生产技术发展更新会导致生产过程中的碳排放量产生变化，能耗的碳排放因子也会产生变化，从而导致材料、构件、设备碳排放清单发生变化。

2. 工程项目生命周期二氧化碳核算范围

根据工程项目生命周期碳核算原则，确定工程项目生命周期中各阶段的碳排放核算范围。将建筑作为一个产品，建设工程项目的生命周期从生产形成到拆除销毁包括以下阶段：

（1）建筑材料生产及施工建造阶段

碳排放的核算包括：①机械、工具消耗化石能源、电力产生的碳；②施工过程消耗水产生的碳；③运输废土、废料至其他场地消耗化石能源产生的碳；④现场人员办公设施消耗化石能源、电力、水产生的碳；⑤使用的建筑材料、构件包含的物化二氧化碳，根据对应的碳排放清单计算；⑥安装的各种设备所包含的物化二氧化碳，例如公共通风、取暖、制冷、热水、照明、电梯设备，太阳能光电系统、风能系统、地热系统、生物能系统（沼气池）等各类可再生能源设备及各种管道、线路敷设等；⑦置换原有土地植被造成吸收碳的减少量。

建筑现场需要核算所有进入施工场地的材料、构件，包括直接用于建筑组成的材料、构件和用于施工辅助的材料、构件。在施工现场使用完成其生命周期的辅助材料、构件需要将其物化二氧化碳纳入核算体系，例如木模板、木支撑等；在施工现场未完成其生命周期，可用于其他项目的辅助材料、构件，根据其周转次数，通过折算将其物化二氧化碳纳入核算体系，例如钢脚手架、活动房墙板等。

（2）建筑运行阶段

碳排放的核算包括：①公共区域设备消耗化石能源、电力、水产生的碳，例如公共通风、取暖、制冷、热水、照明、电梯设备等；②用户设备消耗化石能源、电力、水产生的碳，例如空调、电热器、热水器、照明设备等；③公共区域设备使用过程中直接释放排出的碳，例如氟利昂类制冷剂的蒸发消散等；④用户设备使用过程中直接释放排出的碳；⑤太阳能光电系统、风能系统、地热系统、生物能系统（沼气池）等各类可再生能源设备生产的可再生能源抵消的碳排放，用负值计算；⑥置换原有土地植被造成吸收碳的减少量。

在建筑运行阶段中，公共区域设备与用户设备的界限根据建筑类型不同（如商用、民用等）会有所不同，例如通风、取暖、制冷、照明设备等，既可能属于建筑的公共区域，也可能属于个人用户区域。设备归属界限的主要区分原则是：设备的购置、管理、使用如果由统一的物业部门承担，则属于公共区域的范围；如果由用户承担，则属于用户的范围。例如，如果建筑的取暖设备是物业部门统一安装并运行，住户无法调节或关闭设备（如暖气片、地暖等），则属于公共区域的范围；如果建筑的取暖设备是用户自行购置、安装并运行（如空调、电暖气等），则属于用户的范围。

建筑配备的可再生能源设备，如太阳能光伏板或风力发电机，能够生产可再生能源（如电力）。这些设备生产的能源量有可能超过建筑本身所需的能源量。当建筑产生的可再生能源多于其自身消耗时，多余的能源便可以通过一定的技术手段，如电力上网，供给社会其他用户（例如家庭）使用（图3-4）。社会再通过购买、补贴等方式，对建筑用户进行经济补偿。

为了更清晰地分析和评估可再生能源设备对二氧化碳减排所做出的贡献，采用负值计算的方式，将可再生能源设备生产并对外输出的可再生能源所抵消的二氧化碳排放进行量化。

这种核算方式能够直观地反映出可再生能源设备在减少碳排放方面的实际效果，并有可能进一步推动"零排放"建筑乃至"负排放"建筑的形成。通过这种方式，不仅可以更准确地评估可再生能源设备的环保效益，还能为建筑的可持续发展提供有力支持。

图 3-4　住宅太阳能光电设备电力上网示意

（3）建筑拆除、废物处理阶段

该阶段碳排放的核算包括：①机械、工具消耗化石能源、电力产生的碳；②建筑的拆除、废物处理过程消耗水产生的碳；③运输废物废料至其他场地消耗化石能源产生的碳；④废物废料处理消耗化石能源、电力、水产生的碳；⑤人员办公设施消耗化石能源、电力、水产生的碳；⑥废物、废料填埋处理毁坏原有土地植被造成吸收碳的减少量。

废物、废料处理阶段中，仅核算废物、废料进行填埋、降解等最终处理过程中产生的碳。如果废物、废料进行重新利用产生新的产品，则这一过程中产生的碳不予核算，避免与建筑材料、构件、设备的二氧化碳清单中的二氧化碳的核算发生重复。

工程项目全生命周期中碳排放的核算范围见表 3-3。公共区域的大型设备通常在建筑施工阶段或维护改造阶段进行安装或更新，而用户设备在建筑运行阶段随时可能进行安装或更新，故将公共区域设备包含的物化二氧化碳排放纳入建筑施工建造阶段和维护改造阶段，将用户设备包含的物化二氧化碳排放纳入建筑运行阶段。

表 3-3　工程项目生命周期中碳排放的核算范围

碳排放核算项目	生产及施工阶段	运行/维护阶段	拆除处理阶段
建筑材料、构件、公共区域设备包含的物化二氧化碳排放	√	√	
机械、设备、运输等工具消耗化石能源、电力、水产生的碳排放	√	√	√
人员办公设施消耗化石能源、电力、水产生的碳排放	√	√	√
公共区域设备及用户设备消耗化石能源、电力、水产生的碳排放		√	
公共区域设备及用户设备使用中直接释放的碳		√	

（续）

碳排放核算项目	生产及施工阶段	运行/维护阶段	拆除处理阶段
可再生能源设备生产的可再生能源抵消的碳排放（负值）		√	
置换土地植被造成吸收碳排放的减少量	√	√	√
废物废料处理消耗化石能源、电力、水产生的碳排放			√

3.1.3 碳排放核算方法与核算内容

1. 碳排放核算方法

根据核算尺度的不同，可以将碳排放核算方法分为三类（图 3-5），分别为碳排放因子法、质量平衡法和实测法。

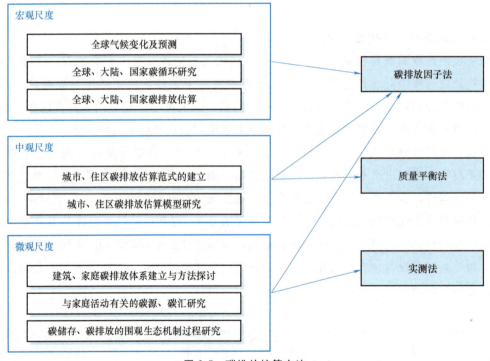

图 3-5 碳排放核算方法

碳排放因子法（Emission-Factor Approach）作为 IPCC 推荐的主要碳排放核算方法之一，应用广泛且实用性强。该方法的核心在于利用活动数据与排放因子的乘积来估算碳排放量。活动数据通常来源于国家层面的统计数据、详细的碳排放源普查或调查资料，以及特定碳排放源的监测数据。这些数据反映了某一时期内特定活动或过程的规模和强度，是碳排放核算的基础。

碳排放因子代表了单位活动或过程中产生的碳排放量。IPCC 报告中提供了大量的缺省排放因子值，这些值基于全球平均水平或特定区域的平均情况得出，为各国在进行碳排放核算提供了参考。然而，由于不同国家和地区的能源结构、技术水平、排放控制政策等因素存在差异，直接使用缺省值可能会导致估算结果不准确。因此，在实际应用中，各国可以根据本国实际情况自行构造碳排放因子，以提高估算的准确性。

质量平衡法是一种基于物质守恒原理的碳排放核算方法。该方法通过分析每年用于国家生产生活的新化学物质和设备，计算为满足新设备能力或替换去除气体而消耗的新化学物质份额，从而间接推算出碳排放量。该方法的优势在于能够反映碳排放发生地的实际排放量，并且能够区分不同设施和设备之间的差异。在设备更新换代频繁的情境下，质量平衡法能够更简便地估算碳排放量。

实测法是通过直接对碳排放源进行现场实测来获取基础数据，进而计算碳排放量的碳排放核算方法。这种方法中间环节少，结果准确可靠，是碳排放核算方法中最直接的方法之一。然而，实测法对数据获取的要求较高，需要投入大量的人力、物力和财力进行现场测量和采样。此外，由于实测过程受到多种因素的影响，如环境条件、测量设备的精度和稳定性等，因此在实际应用中可能存在一定的误差。

2. 碳排放核算内容

（1）《省级温室气体清单编制指南（试行）》的温室气体核算步骤

1）活动水平数据收集。该指南中对不同部门的活动水平数据都有相关的要求，例如能源部门的活动水平数据获取来源主要为《中国能源统计年鉴》，或各种行业统计资料，如《中国海关统计年鉴》《中国农村能源年鉴》《中国化学工业统计年鉴》，以及省/市统计年鉴及相关企业的统计资料。活动水平数据具有一定的优先次序，按照统计部门数据、行业部门数据、文献发表数据、专家咨询数据的顺序排列。该指南中为各活动领域的活动水平数据采集提供了相应的表格。

2）碳排放因子确定。该指南中对碳排放因子选取或者确定的方法有详细的要求。碳排放因子可通过实测获得，或者通过指南给出的碳排放因子计算步骤和计算参考数值计算得出，还可以直接使用指南给出的碳排放因子，或者参考《IPCC 国家温室气体清单指南》推荐的缺省碳排放因子或 IPCC 推荐的公式进行计算得到碳排放因子。对于不同活动领域的碳排放核算，该指南都给出了清晰的碳排放因子选取方法。

3）排放量估算方法。该指南中提出，碳排放核算方法主要参考 IPCC 所提出的方法 1 和方法 2，根据实际收集数据的情况进行改进。不同活动领域的碳排放核算方法见表 3-4。

表 3-4　不同活动领域的碳排放核算方法

领域	活动	碳排放核算方法
能源活动	化石燃料燃烧活动	拟采用以详细技术为基础的部门方法（IPCC 方法 2）或采用参考方法（IPCC 方法 1）进行检验
	生物质燃烧活动	设备法（IPCC 方法 2）
	煤炭开采和矿后活动甲烷逃逸排放	首选采用基于煤矿的估算方法（IPCC 方法 3）
	石油和天然气系统逃逸排放	采用 IPCC 方法 2 计算指定的数据

（续）

领域	活动	碳排放核算方法
工业生产过程	水泥生产过程	《2006 年 IPCC 国家温室气体清单指南》方法 1 和方法 2 结合
	石灰生产过程	
	钢铁生产过程	
	电石生产过程	
	己二酸生产过程	
	硝酸生产过程	
	一氯二氟甲烷生产过程	
农业	稻田甲烷排放	参照 1996 年、2000 年、2006 年不同版本《IPCC 国家温室气体清单指南》和《中华人民共和国气候变化初始国家信息通报》中有关农业温室气体清单编制方法
	省级农用地氧化亚氮排放	
	动物肠道发酵甲烷排放	
	动物粪便甲烷和氧化亚氮排放	
土地利用变化和林业	森林和其他木质生物质生物量碳贮量变化	参考《1996 年 IPCC 国家温室气体清单指南》
	森林转化温室气体排放	
废弃物处理	固体废弃物处理	质量平衡法和《省级温室气体清单编制指南》提供的方法
	废水处理	

（2）《企业温室气体排放核算与报告指南》的温室气体核算步骤

该指南旨在指导报告主体在量化温室气体排放量时，选择相应的温室气体排放量计算公式，再依据选定公式确定活动水平数据和碳排放因子，通过公式计算不同排放源的温室气体排放量再汇总成企业温室气体排放总量。不同行业的排放源温室气体排放量计算的方法主要是碳排放因子法或者质量平衡法，报告企业可按照所在行业指南中提供的计算公式计算及汇总行业的温室气体排放量。而对于碳排放因子的选择，各行业的指南中都给出对应不同公式的因子的参考值，包括通过对典型企业调研后获得的数据，或者是其他温室气体核算指南的碳排放因子，如使用区域电网的平均碳排放因子、《IPCC 国家温室气体清单指南》或者是《水泥行业二氧化碳减排议定书》中的碳排放因子。必要时，行业指南还给出碳排放因子的计算公式及相应的计算所需的数据推荐值。在活动水平数据的选取上，行业指南建议所有数据获取方式首选实测法，也可以参考行业指南中提供的计算公式得出，或者直接采用指南中推荐使用的数据来源中的行业数据。

（3）《建筑碳排放计量标准》（CECS 374：2014）的温室气体核算步骤

1）活动水平数据收集与碳排放因子选择。活动水平数据的收集应当与碳排放单元过程⊖内容相对应，必须能反映能源、资源和材料消耗特征。活动水平数据收集过程中需要对数据的时间跨度、地域范围、代表性、完整性、数据源、数据精度进行详细记录。核算方可以通过仪表监测、资料查询和分析测算的方法收集活动水平数据，优先采用仪表监测法，其次可查询相关技术资料，由于特定因素使得前两种方法无法使用时，才选择使用公式分析测算的方法。该标准中详细列出了工程项目全生命周期活动水平数据类型及推荐数据来源（表3-5），以及数据收集表格模板。

表 3-5　工程项目全生命周期活动水平数据类型以及推荐数据来源

阶段名称	活动水平数据类型	推荐数据来源
材料生产阶段	建筑主体结构、围护结构和填充体使用的材料、构件、部品、设备种类及数量	决算清单
		施工图
		采购清单
施工建造阶段	材料、构件、部品、设备运输的耗能量	能源缴费账单
	施工机具运行的耗能量、耗水量	工程建设财务报表
	施工现场办公的耗能量	施工现场监测仪
运行维护阶段	建筑运行的耗能量、耗水量	《民用建筑能耗数据采集标准》
		《建筑给水排水设计标准》
	可再生能源的种类及使用量	可再生能源系统监测系统
	维护更替活动的材料消耗量	建筑冷水量总表
	维护更替活动的耗能量	维护更替方案
拆解阶段	拆解机具运行的耗能量	能源缴费清单
	拆解废弃物运输的耗能量	建筑拆解方案
回收阶段	建筑主体结构、围护结构和填充体中回收的建材、构件、部品及设备的种类及回收量	建筑设计材料设备清单

碳排放因子与活动水平数据相对应，可在权威机构文献、经认证的研究报告、统计年鉴和报表、数据手册、内部工艺信息及标准中提供的部分碳排放因子中选择。

2）碳排放计量方法。该标准以全生命周期计量的方法为基础，提出清单统计法和信息模型法两种方法。其中，清单统计法指的是划分建筑碳排放单元过程，以单元过程实际活动

⊖　碳排放单元过程是指在人类活动过程中，导致二氧化碳（CO_2）及其他温室气体排放到大气中的具体环节或步骤。这些温室气体主要来源于化石燃料的燃烧（如煤、石油和天然气），用于发电、交通、工业生产、建筑运转等多个方面。

水平数据为基础，使用碳排放因子法，将单元过程活动水平数据与相应的碳排放因子相乘，得到建筑碳足迹。其中，施工建造阶段碳排放量是由耗电量、耗油量、耗煤量、耗燃气量、耗水量及其他消耗量乘以相对应的碳排放因子再相加获得。

信息模型法是指通过建筑信息模型（BIM）等信息技术工具得到活动水平数据，进而计算建筑碳足迹，并通过这些模型来管理建筑全生命周期各阶段的能耗、材料消耗等数据。在整个建筑碳排放计量中，一些标准会考虑将建筑范围内被绿化、植被吸收并存储的二氧化碳量作为碳汇扣除。

3）《建筑碳排放计算标准》（GB/T 51366—2019）核算步骤。

① 活动水平数据收集与碳排放因子选择。在这一环节中，需要收集建筑物及其相关活动的各项数据，包括能源消耗、材料使用、输送与运输等。这些数据可以通过调查问卷、能源计量表、企业报告等方式获取。同时，需要针对每个活动关联的碳排放因子进行选择。碳排放因子是指单位活动所产生的碳排放量，通常由国家、地区或行业的统计数据提供。选择合适的碳排放因子对于准确计算建筑物的碳排放量至关重要。

② 碳排放计算方法。根据收集到的活动水平数据和选择的碳排放因子，计算建筑物的碳排放量。该标准常用的计量方法包括传统的分项计算法和生命周期分析法。分项计算法通过分项计算建筑物的各个活动的碳排放量，然后将其汇总得出总碳排放量；生命周期分析法是考虑建筑物在整个生命周期内的各个阶段的碳排放量，包括从原材料获取到废弃物处理的过程。此外，《建筑碳排放计算标准》还提到了一些辅助的计量方法，如建筑物的功能单位（例如每单位面积、每人座位等）法和企业范围的碳排放计算方法。这些方法能够更精确地计量建筑物的碳排放量和效率，为节能减排工作提供决策依据和指导。

因此，通过以上的分析，可归纳出工程项目碳排放核算体系核算方法确定的主要基础依据，如图3-6所示。

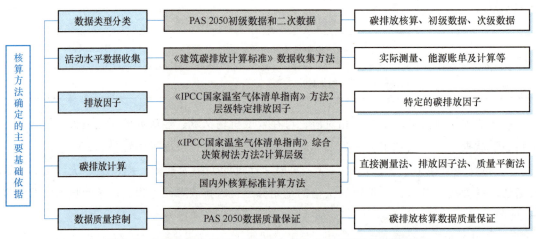

图 3-6　工程项目碳排放核算体系核算方法确定的主要基础依据

3.2　建筑材料生产及运输阶段碳排放核算

建筑材料是建筑行业的基础，是建筑物重要的组成部分，建筑物是通过建筑材料实现的。建筑全生命周期碳排放涵盖了建筑物从建材生产、运输、建造、运行到拆除的各个阶段的碳排放。其中，建筑材料生产阶段是一个重要的碳排放阶段。

建筑材料生产阶段的碳核算主要是指对生产过程中消耗的能源、产生的排放进行量化分析。这涉及原材料开采、加工制造、产品运输等多个环节。统计资料显示，我国仅由水泥生产产生的二氧化碳排放量就占全国二氧化碳排放总量的 16%～24%。所以，如何减少与建筑材料相关的资源和能源浪费、减少碳排放是重要的研究课题。

根据中国建筑材料联合会发布的《中国建筑材料工业碳排放报告（2020 年度）》，我国建筑材料工业 2020 年二氧化碳排放 14.8 亿 t，比 2019 年上升 2.7%。建筑材料工业万元工业增加值二氧化碳排放比 2019 年上升 0.02%，比 2005 年下降 73.8%。此外，建筑材料工业的电力消耗约可间接折算为 1.7 亿 t 二氧化碳当量。

3.2.1　建筑材料碳排放构成

1. 工程项目全生命周期活动与材料的相关性

工程项目生命周期活动的设计、施工、运行、拆除等几个主要阶段，分别是对材料的选定、使用、维护和拆解过程。设计阶段是建筑构成确定的主要阶段，由专业按照功能需求进行设计，完成"虚拟建造"的过程，用设计图表达建筑对象，基本确定建材的类别，例如现代大跨度建筑常用钢结构楼盖或屋盖，单层工业厂房也常用钢结构形式，民用建筑主要结构形式为钢筋混凝土结构或组合结构，因此钢和混凝土是主要的建筑材料。建材消耗量可根据设计图进行预算。

从时间上来看，建材生产阶段的碳排放发生在原材料的采集和材料、构件、制品的生产过程，工程项目全生命周期中使用材料的活动是在建造阶段。由施工部门进行材料采购、运输及现场组合，构筑建筑实体，形成建筑空间，才将建材生产和运输阶段的碳排放纳入工程项目全生命周期碳排放之中。

建筑材料在建筑运行阶段处于相对稳定的状态，由于材料折损或建筑使用的改变会需要对建筑构件、部品等进行维护更新。建筑运行阶段需要替换的部分以装饰装修材料和设备使用终端为主。例如，铝合金门窗的使用年限一般为 15～20 年，LED 照明灯具的使用年限为 10～20 年。与建造阶段相似，建筑运行阶段构件和部品的更换将使建材的碳排放纳入建筑全生命周期碳排放总量之中。

建筑材料在使用过程中也有可能会有碳排放产生或者碳吸收。研究表明，在建筑建成后，混凝土中的水泥长期存在缓慢的碳化过程，空气中的二氧化碳会被水泥吸收。由于目前建材的碳汇效应较弱，尚未计入建筑全生命周期碳排放总量，未来随着新型建材碳汇能力的提升，也应当加以计算，降低建材碳排放因子的数值。

建筑拆除活动是建造活动的逆向过程，拆除后部分建材可以回收利用。对于可回收再利用的建筑材料，可以减少新的材料在制造过程中的碳排放，在计算建材生产阶段的碳排放时应可以扣减。建筑拆除阶段通过材料的回收利用减少了建筑全生命周期碳排放总量。

2. 建材碳排放量的影响因素

（1）建材碳排放因子的影响因素

从材料生产企业的角度及材料的碳排放构成来看，建筑材料碳排放因子的影响因素直接体现为生产过程能源的消耗和生产过程直接碳排放。

建筑材料的低碳发展，需要研发应用以减量、减排、高效为特征的减污降碳新工艺、新技术、新产品，以提高燃料替代率并具有经济性为要求的原料改善及废弃物利用、建筑材料产品循环利用等技术，以及碳吸附、碳捕捉、碳贮存等功能型技术。例如，近年来受石灰产品结构、技术结构等变化影响，石灰行业生产技术水平不断提升，石灰单位能耗不断降低，建筑材料工业使用替代燃料具备巨大潜力。目前，我国建筑材料工业可再生能源和废弃物利用量在全行业能耗总量中的占比仅为 0.7%，主要包括煤矸石、工业废料、城市垃圾等。受可再生能源和废弃物的产出量、区域分布及其他行业应用等限制，目前建筑材料工业的替代燃料在产业结构、区域布局、技术利用路线、配备政策等方面还有待提升。

（2）工程项目建材使用量的影响因素

从工程项目构成的建筑物的角度研究，碳排放的影响因素除了材料自身的碳排放属性外，还有一个重要的因素是材料的消耗量。从建筑全生命周期活动中建筑材料的使用过程来看，建筑材料消耗量可以分为建造期材料消耗量和运行期材料消耗量，分别与建筑建造技术和建筑材料的耐久性相关。

结合材料减排，在建筑设计和建造过程中更多地使用绿色建材，可促进材料行业低碳技术的开发和使用，减少建筑材料内含碳排放，研发基于建筑固体废弃物（简称固废）和工业固废等开发再生混凝土、碱激发剂、橡胶混凝土等低碳材料及其在预制构件和3D打印中的应用技术；开发低碳绿色高强度、高延性水泥材料及其应用技术；开发绿色复合竹木材料、纤维增强复合材料和新型功能性材料及其应用技术。例如，玄武岩纤维（Continuous Basalt Fiber，CBF）具有高强度、高模量、耐高（低）温、耐腐蚀等优异性能，玄武岩纤维的生产工艺决定了产生的废弃物少，对环境污染小，且产品废弃后可直接在环境中降解，无任何危害，因此是一种名副其实的绿色、环保材料。用玄武岩纤维制成新型的建筑材料可代替部分钢筋，用于土木工程中。

3. 碳排放计算过程中建材的分类方法

建设工程项目是指按总体设计和管理进行建设的一个或几个单项工程的总体。例如某中学新建校区是一个建设工程项目。该建设项目由教学楼、实验楼、食堂等多个单项工程组成。每一个单项工程具有独立的设计文件，建设中可独立管理，竣工后也可以独立投入使用。该工程项目建材碳排放计算应当对每一个单项工程的碳排放构成进行计算分析。

通过查询设计图、采购清单等建设工程相关技术资料，可获得建筑的工程量清单、材料清单等，以及建筑建造所需要的各种建材的用量。《建筑碳排放计算标准》（GB/T 51366—2019）第 6.1.3 条对于建材计算范围的限定为建筑主体结构材料、建筑围护结构材料、建筑构件和部品等，没有明确提及水电设备和管道等相关材料。在实际建筑建造和使用中，相关设备已成为建筑必不可少的组成部分，因此，本书将建筑设备主要材料纳入建筑碳排放计算范围，参照设计及工程量计算，按照专业性质对建筑材料构成进行分类。

以某建设工程项目为例。将建材用量分别乘以其对应的碳排放因子，即可得到建材生产阶段的碳排放量（见表 3-6）。表 3-6 按照建筑材料单项碳排放量由大到小的排序，取前 15 位列入表中，最后合计数据为该项目所有建筑部分建材生产所产生的碳排放量总和。

表 3-6　某建设工程项目建筑材料单项碳排放量（前 15 位）

材料名称	规格型号	单位	数量	碳排放因子/（kgCO$_2$e/单位数量）	碳排放量/kgCO$_2$e
矩形梁	C30 混凝土	m	4327.82	295	1276706.90
现浇构件钢筋	HRB400 级钢，直径为 8mm	t	537.403	2340	1257523.02
现浇构件钢筋	HRB400 级钢，直径为 25mm	t	484.901	2340	1134668.34
有梁板	C30 混凝土	m	3448.72	295	1017372.40
玻璃幕墙	铝合金、玻璃	m^2	4593.3	194.0	891042.00
现浇构件钢筋	HRB400 级钢，直径为 22mm	t	366.091	2340	856652.94
钢梁	材质 Q355B	t	307.47	2400	737928.00
现浇构件钢筋	HRB400 级钢，直径为 10mm	t	305.769	2340	715499.46
直形墙	C45 混凝土	m	1665.51	363	604580.13
矩形柱	C45 混凝土	m	1393.64	363	505891.32
玻璃隔断	铝合金、玻璃	m^2	3687.00	121	446127.00
现浇构件钢筋	HRB400 级钢，直径为 12mm	t	168.566	2340	394444.44
现浇构件钢筋	HRB400 级钢，直径为 14mm	t	159.746	2340	373805.64
直形墙	C50 混凝土	m	960.27	385	369703.95
现浇构件钢筋	HRB400 级钢，直径为 20mm	t	155.627	2340	364167.18
……	……	……	……	……	……
合计					57850359.53

3.2.2　建筑材料碳排放核算方法

建筑材料碳排放应包含建材生产及运输阶段的碳排放，本书以建筑物为研究对象，从工程项目全生命周期活动构成的角度，采用碳排放因子法计算建筑材料在生产及运输阶段的碳排放。建筑材料生产及运输阶段的碳排放应为

$$C_{jc} = C_{sc} + C_{ys} \tag{3-1}$$

式中 C_{jc}——建材生产及运输阶段单位建筑面积的碳排放量（$kgCO_2e/m^2$）；

C_{sc}——建筑材料生产阶段碳排放量（$kgCO_2e$）；

C_{ys}——建筑材料运输阶段碳排放量（$kgCO_2e$）。

建筑材料生产阶段的碳排放主要是指主体结构、围护结构和填充体使用的材料、构件、部品、设备的获取、生产过程中由于消耗能源而产生的碳排放。

建筑材料生产阶段碳排放按下式计算：

$$C_{sc} = \sum_{i=1}^{n} M_i F_i \tag{3-2}$$

式中 C_{sc}——建材生产阶段的碳排放量（$kgCO_2e$）；

M_i——第 i 种主要建筑材料的消耗量；

F_i——第 i 种主要建筑材料的碳排放因子（$kgCO_2e/$单位建材数量）。

1）建筑的主要建筑材料消耗量（M_i）通过查询设计图、采购清单等工程建设相关技术资料确定。

2）建筑材料生产阶段的碳排放因子（F_i）包括下列内容：

① 建筑材料生产涉及原材料的开采、生产过程的碳排放。

② 建筑材料生产涉及能源的开采、生产过程的碳排放。

③ 建筑材料生产涉及原材料、能源的运输过程的碳排放。

④ 建筑材料生产过程的直接碳排放。

3）建筑材料生产阶段的碳排放因子按《建筑碳排放计算标准》（GB/T 51366—2019）附录 A 执行。

4）建筑材料生产时，当使用低价值废料作为原料时，可忽略其上游过程的碳过程。当使用其他再生原料时，按其所替代的初生原料的碳排放的 50% 计算；建筑建造和拆除阶段产生的可再生建筑废料，可按其可替代的初生原料的碳排放的 50% 计算，并从建筑碳排放中扣除。

建筑材料运输阶段的碳排放是指建筑材料从生产地到施工现场的运输过程的直接碳排放和运输过程所耗能源的生产过程的碳排放。

建筑材料运输阶段碳排放按下式计算：

$$C_{ys} = \sum_{i=1}^{n} M_i D_i T_i \tag{3-3}$$

式中 C_{ys}——建筑材料运输过程的碳排放（$kgCO_2e$）；

M_i——第 i 种主要建筑材料的消耗量（t）；

D_i——第 i 种建筑材料平均运输距离（km）；

T_i——第 i 种建筑材料的运输方式下，单位质量运输距离的碳排放因子 [$kgCO_2e/(t \cdot km)$]。

1）主要建筑材料的运输距离优先采用实际的建筑材料运输距离。当建筑材料实际运输距离未知时，可按《建筑碳排放计算标准》（GB/T 51366—2019）附录 B 中的默认值取值。

2）建筑材料运输阶段的碳排放因子（T_i）包含建材从生产地到施工现场的运输过程的直接碳排放和运输过程所耗能源的生产过程的碳排放。建材运输阶段的碳排放因子（T_i）按《建筑碳排放计算标准》（GB/T 51366—2019）附录 B 的缺省值取值。

3.2.3　建筑材料运输阶段碳排放

1. 不同运输工具碳排放因子

建筑材料的运输工具主要有货运火车、货运汽车、货运轮船和飞机四种。其中在土木工程行业较少使用飞机运输建筑材料，可以不考虑。在运输过程中，主要因为化石能源的消耗而产生碳排放。其中，货运火车、货运轮船的动力来源主要是柴油发动机，货运汽车的动力来源主要是汽油、柴油为燃烧物质的发动机，当然近期出现的以电力为主要能源的新能源汽车也在逐渐增加。但是，产生 15kW·h 电需消耗约 4500g 煤粉计算，将产生 14400g（0.0144t）二氧化碳。通过对比发现，燃油车每百公里二氧化碳的排放量为 0.0542t，而新能源车每百公里二氧化碳排放量为 0.0144t，因此，燃油车碳排放量更大，而新能源车更具碳排放的环保属性。因此，在不同运输工具下能源的消耗数量不尽相同，导致使用不同的运输工具的单位碳排放量也就不同，但它们使用的化石燃料类型主要以汽油、柴油为主，这极大地方便了运输过程中的碳排放核算。

2. 确定建筑材料的运输距离

根据不同的施工地点、建筑物的结构类型以及各施工运输单位的能力，建筑材料的运输距离是不一样的。一般本项工作要通过实地考察来完成。各种建筑材料的运输距离是根据不同的运量、运距，采用平均法或加权平均法计算的。计算运距时，建筑材料运距的起点即为各种建筑材料的供应地点；建筑材料运距的终点应为工地的堆料场或仓库。

建设单位根据运输方式及运输距离的实际情况确定计算数据，设计阶段计算不能确定时，可采用《建筑碳排放计算标准》（GB/T 51366—2019）所规定的混凝土的默认运输距离值 40km，其他建筑材料的默认运输距离值为 500km，运输方式可预设为公路运输。

在施工组织设计阶段，应对建筑进行调查，初步确定供货范围，估算运输距离，进行计算。建造过程中对采购材料的数量、来源距离以及所采用的运输方式，应进行详细记录，以实际运输的质量及距离计算建筑材料运输阶段的碳排放。

3. 建筑材料运输阶段碳排放计算

（1）混凝土等重型材料运输阶段碳排放计算

各类运输方式的碳排放因子常用单位为"$kgCO_2e/(t \cdot km)$"，以运输货物质量计算，质量越大的货车，其能源使用效率越高，碳排放因子相对较低。水泥、钢材等密度较大的材料，所占体积小，车辆为满载运输状态，可直接按照运输车辆的碳排放因子计入：

$$C_{ys} = \sum_{i=1}^{n} M_i D_i F_i \tag{3-4}$$

式中　C_{ys}——建筑材料运输过程的碳排放（$kgCO_2e$）；

M_i——第 i 种主要建筑材料的消耗量（t）；

D_i——第 i 种建筑材料的平均运输距离（km）；

F_i——第 i 种运输方式下，单位质量、单位运输距离的碳排放因子 $[kgCO_2e/(t \cdot km)]$。

建筑材料的运输量，按照建筑材料的消耗量计算，采用主要建筑材料的估算值或预算值。《建筑碳排放计算标准》（GB/T 51366—2019）提供了汽油货车、柴油货车、铁路和水路运输等各类运输方式的碳排放因子。根据建筑材料就近取材的原则，从产品到工地，大多采用公路运输，设计计算时可选用8t中型汽油货车运输或8t重型柴油货车运输的方式进行估计。施工计算时则根据建筑材料厂家的位置选择合适的运输方式，按照实际情况进行计算。各种运输方式的碳排放因子见表3-7。

表 3-7　各种运输方式的碳排放因子

运输方式	碳排放因子
轻型汽油货车运输（满载质量 2t）	0.334
中型汽油货车运输（满载质量 8t）	0.115
重型汽油货车运输（满载质量 10t）	0.104
重型汽油货车运输（满载质量 18t）	0.104
轻型柴油货车运输（满载质量 2t）	0.286
中型柴油货车运输（满载质量 8t）	0.179
重型柴油货车运输（满载质量 10t）	0.162
重型柴油货车运输（满载质量 18t）	0.129
重型柴油货车运输（满载质量 30t）	0.078
重型柴油货车运输（满载质量 46t）	0.057
铁路运输（我国市场平均）	0.010
液货船运输（满载质量 2000t）	0.019
干散货船运输（满载质量 2500t）	0.015

（2）保温板等轻质建筑材料运输阶段碳排放计算

保温板等轻质建筑材料的体积较大，在车辆满载的状态下，运载质量偏低，仅按货物的质量计算，建筑运输阶段的碳排放低于车辆实际产生的碳排放。对于这部分材料运输阶段的碳排放，其计算公式如下：

$$K = \frac{M}{V\rho} \tag{3-5}$$

式中　K——轻质建筑材料运输过程碳排放因子的修正系数，不小于 1；

M——车辆满载质量（t）；

V——车辆满载容积（m^3）；

ρ——运输建筑材料密度（t/m^3）。

例如，某挤塑聚苯板密度为 0.03t/m³，采用汽油货车运输，该汽油货车满载质量为 2t，容积为 12m³，按照容积满载时挤塑板的质量为 360kg，修正系数应为 5.56，表示当采用该运输车辆运输挤塑板时，其单位质量的碳排放因子约为运送单位质量钢材的 5.56 倍。

该轻质建筑材料的碳排放计算需要同时考虑车辆的满载质量和满载容积，采用修正后的碳排放因子计算，计算公式如下：

$$C_{ys} = \sum_{i=1}^{n} M_i D_i K_i F_{ic} \tag{3-6}$$

式中　C_{ys}——建筑材料运输过程的碳排放（$kgCO_2e$）；

　　　M_i——第 i 种主要建筑材料的消耗量（t）；

　　　D_i——第 i 种建筑材料的平均运输距离（km）；

　　　K_i——第 i 种建筑材料的运输过程碳排放因子修正系数，不小于 1；

　　　F_{ic}——第 i 种运输方式下，单位质量、单位运输距离的碳排放因子 $[kgCO_2e/(t \cdot km)]$。

（3）按照体积计算建筑材料运输阶段的碳排放

在进行建筑工程材料消耗数量计算时，某些工程材料以体积计算，可以直接按照建筑体积计算碳排放，因此需要将运输方式的碳排放因子折算为单位体积的碳排放因子，其折算公式如下：

$$F_V = \frac{M}{V} F_{ic} \tag{3-7}$$

式中　F_V——建筑材料运输单位体积碳排放因子 $[kgCO_2e/(m^3 \cdot km)]$；

　　　F_{ic}——建筑材料运输方式单位质量、单位运输距离碳排放因子 $[kgCO_2e/(t \cdot km)]$；

　　　M——车辆满载质量（t）；

　　　V——车辆满载容积（m³）。

对几种主要的公路运输方式进行计算后，得到各类运输方式的碳排放因子见表 3-8。

表 3-8　各类运输方式的碳排放因子

运输方式	车辆参考满载容积/m³	碳排放因子 $[kgCO_2e/(m^3 \cdot km)]$
轻型汽油货车运输（满载质量 2t）	12	0.056
中型汽油货车运输（满载质量 8t）	40	0.023
重型汽油货车运输（满载质量 10t）	50	0.021
轻型柴油货车运输（满载质量 2t）	12	0.048
中型柴油货车运输（满载质量 8t）	40	0.036
重型柴油货车运输（满载质量 18t）	60	0.039
重型柴油货车运输（满载质量 30t）	90	0.026
重型柴油货车运输（满载质量 46t）	110	0.024

3.2.4 建筑材料工业碳减排成效

截至 2024 年，我国建筑竣工总面积已突破 680 亿 m²。为满足炊事、生活热水等需求，使用燃煤、燃气等化石能源而导致的直接碳排放共约 5.8 亿 t；使用电力、热力导致的间接碳排放量分别高达 11.5 亿 t、4.5 亿 t 左右。

1. 技术进步

以水泥行业为例，2014 年我国水泥产量达到 24.9 亿 t 的历史最高点，之后未曾超过 24.2 亿 t。2023 年水泥产量降至 20.2 亿 t（较 2014 年峰值下降 19%），新型干法水泥技术普及率超 99%，单位熟料煤耗降至 104kgce/t（较 2005 年下降 28%）随着新型干法水泥技术的普及，落后生产能力基本淘汰，行业持续推进技术创新研发，生产技术装备水平不断提升，单位生产能耗持续下降。2005—2014 年水泥产量增长 133%，煤炭消耗仅上升 46%，年均减少二氧化碳排放量近 2000 万 t。技术进步成为碳减排的重要途径。

2. 产业结构调整

以墙体材料行业为例，墙体材料行业曾经是建筑材料工业中仅次于水泥的第二耗能行业和碳排放源。2015 年以后墙体材料行业产业结构调整步伐加快，砖瓦企业锐减，砖产量只有高峰时期的 60%，使碳排放明显下降。目前墙材行业能耗、煤耗、二氧化碳排放只是高峰时期的 21%、8%、9%，通过产业结构调整，使墙材行业二氧化碳排放量从最高峰的 1.5 亿 t 已减少到目前的 1322 万 t，这正是产品产量减少、免烧结墙体材料发展等因素对产业结构的影响结果。

3. 能源结构优化

建筑材料工业第一大燃料是煤炭。建筑行业煤炭消耗高峰时期达到 3.4 亿 t/a，占建筑材料工业能耗总量 70% 以上。目前建筑行业年煤炭消耗在建筑材料工业能耗结构中的比重已下降到 56.0%，实现二氧化碳减排近 1 亿 t。

天然气作为建筑材料工业第二大燃料，年用量已超过 120 亿 m³，占建筑材料工业能源结构 5.0%。天然气已成为玻璃、玻纤行业的第一燃料，陶瓷行业的主要燃料，以上行业的天然气消耗占建筑材料工业天然气消耗总量的 80%。

伴随砂石、石材、混凝土等行业的工业化、规模化进程，以及建筑材料深加工制品和窑炉工业环保用电的增加，全行业目前年用电量已经接近 3500 亿 kW·h，占建筑材料工业能源结构的 29.9%。

4. 为社会做贡献

目前建筑材料工业余热余压利用折合标准煤已经达到 1500 万 t/a，在全行业能源结构中位于第四位，在煤、电、天然气之后，占建筑材料工业能耗总量的 4.8%。全行业年余热发电量超过 400 亿 kW·h。按各年火电发电标准煤耗计算，相当于每年为全社会减少二氧化碳排放 3000 万 t 以上。

水泥工业年消纳电石渣等工业废渣 4500 万 t，替代石灰石消耗，减少二氧化碳排放 1800 万 t。

5. 支撑清洁能源发展

2020 年，我国建筑材料工业提供了 13 亿 m² 超白光伏玻璃原片，用于生产太阳能电池，占当年全国平板玻璃产量近四分之一，并为风力发电机组提供复合材料组件。此外，为建筑节能提供低辐射节能玻璃、绿色节能建筑材料。

3.3　建筑施工建造阶段碳排放核算

3.3.1　建筑施工建造阶段碳排放构成

从建筑产品的角度分析，建造阶段的碳排放源自建筑施工活动，包括新建、改建及拆除处置过程中各种机械设备和人员相关活动产生的碳排放。从建造活动来看，一方面现场施工机械设备消耗能源产生碳排放，包括燃料燃烧直接排放和外购电力的间接排放；另一方面来源于各项措施项目实施过程产生的碳排放，包括建造过程中的施工辅助设施如脚手架、模板拆解活动能耗以及现场临时办公和居住活动用房的照明、空调设备等产生的碳排放。一般工程项目施工阶段的办公、宿舍和库房等临时房屋通常采用夹心彩钢板活动板房、集装箱房屋，安装和拆除简便，使材料和耗能较少，在计算建筑建造阶段碳排放时可不计入。

1. 建筑施工建造阶段碳排放的主要活动

随着社会经济的发展和建筑技术的进步，现代建筑产品的施工生产已成为一项多人员、多工种、多专业、多设备、高技术、现代化的综合而复杂的系统工程。建筑建造阶段碳排放来源于完成分部分项工程施工活动和各项措施项目的实施过程。

（1）建造过程主要施工机械活动

场地处理是建造活动的第一步，包括场地开挖和平整、地基和边坡处理，基础较深或场地受限时还需进行基坑支护。挖方机械有推土机、铲运机、单斗挖土机、多斗挖土机和装载机及运送土石方的车辆等，而在房屋建筑工程施工中，以推土机、铲运机和单斗挖土机应用最广，以柴油作为各种机械发动机的主要燃料。常见地基处理的方法有换土垫层法、挤密法、堆载预压法、深层搅拌法，在施工中，常采用振冲器、深层搅拌机等工程机械。

建筑高度增加或表层土壤承载力较弱时，一般采用深基础，桩基已成为现代建筑常用的一种基础形式，需要安装桩架。起重机、桩机是打桩的常用机械，所采用的能源为油或者电力。

物料的运输是建造过程中的重要能耗，包括用于水平运输车辆、起重机、卷扬机、施工电梯、物料提升机、外用吊篮等。混凝土主要采用混凝土地泵、布料杆及汽车泵浇筑，用振动器振捣，塔式起重机进行配合。此外，还有一些小型机具及建筑各分部工程的专用机具，如点焊机、对焊机、木工刨床、木工压刨床、圆盘锯、钢筋调直机、钢筋切断机、钢筋弯曲机等。随着信息化和人工智能的发展，伴随建筑机械升级，建造机器人将成为一种新的机械设备，消耗较少的电力，属于高效、节能、减排的建造机械。

建筑物所使用的混凝土在拌制的过程中需要消耗大量的水资源，随着预拌混凝土应用的全面推广，这部分水资源的消耗可计入建筑材料的碳排量。施工现场建筑活动中水资源主要用于混凝土的养护及水泥砂浆等需要用水的现场材料的制备。建造施工场地的污水在使用后必须要净化处理后才能回归自然或重复利用。污水和废水在收集及处理过程中也会因动力消耗产生碳排放，当前水处理行业常用的是生化处理工艺，处理过程中会因相关的分解转化产生碳排放。根据工程计价中的分类，水资源消耗为措施项目材料类别，因此将用水量乘以碳排放因子的结果计入建材碳排放，另将洒水车等机械使用碳排放计入建造阶段碳排放。

（2）建造过程临时设施能耗

临时设施是指施工企业为保证施工和管理的进行而建造的各种简易设施，包括现场临时作业棚、机具棚、材料库、办公室、休息室、厕所、化粪池、储水池等设施，以及临时道路，临时给水排水、供电、供热等管线，宿舍、食堂、浴室。临时设施一般消耗电力满足照明、采暖或空调通风系统的运行，条件许可时食堂、浴室等会使用燃气，寒冷地区采暖可以使用外购热力。

2. 建筑施工建造阶段碳排放影响因素

由于统计口径、数据来源不同等原因，各方学者和机构都普遍认同建筑全生命周期碳排放主要源于建筑运行和建材生产，但对各阶段碳排放的具体占比共识率不高，认为施工建造阶段碳排放占全国碳排放比例为 $1\% \sim 5\%$，占建筑全生命周期的 $2\% \sim 10\%$。由于建筑业碳排放基数庞大，基于国家、地域和企业当前面临的实际情况，且考虑到建造阶段承包企业对于部分建材选型和后期的运维管理具有较大影响力，深入进行工程建造阶段对建筑全生命周期碳排放的影响分析，可为相关决策者和研究者提供参考。影响施工机械碳排放的因素主要是机械设备的能耗，它与设备的能源消耗量和能源类型直接相关；间接影响因素主要有建筑形式和建造或拆除的施工方式。

提高建筑的预制装配率可以减少建造阶段的碳排放。实现建材加工工厂化，统一工厂化加工能在保证产品质量的前提下，最大限度地削减材料损失率，减少浪费，提高工厂加工范围，减少现场人员、机械工作量，加快施工进度，降低社会影响和污染排放。

3.3.2 工程项目施工流程

1. 工程前期

首先建设单位预先做好市场调查，随后编制可行性研究报告，规划蓝图，办理土地使用证、城市规划许可证。地质勘探单位进行勘探，设计单位招标，确立设计单位。设计单位根据地质勘探报告及甲方的规划蓝图开始设计施工图，施工图审批，去消防部门备案，去所在地建委备案，去当地建筑工程质量监督站备案，办理施工许可证。进行施工单位及监理单位的招标工作，确立施工单位及监理单位，然后进入施工阶段。

2. 施工阶段

首先由规划部门给出该建筑的施工红线范围、坐标、高程，施工单位先做好场地的平整，再根据规划给出的坐标点及高程进行工程定位测量放线，报监理单位验收，验收合格后由监理单位报甲方，甲方报规划审批。

审批合格后，施工单位进行如下工作：基槽开挖—基槽验收（甲方、设计、勘探、施工、质检站、监理六方验收）—基槽放线—基础垫层—基础结构施工—基础验收—基础回填（地基与基础分部工程验收）—主体结构施工—主体结构分部验收—建筑装饰装修—水暖系统、电气系统、通风与空调系统、消防报警系统安装与调试—单位工程竣工验收—施工资料移交—甲方备案、消防验收—投入使用。

3.3.3　建筑施工建造阶段的碳排放核算方法

建筑建造阶段的碳排放应包括完成各分部分项工程施工产生的碳排放和各项措施项目实施过程中产生的碳排放。

建筑建造阶段的碳排放量按下式计算：

$$C_{jz} = \sum_{i=1}^{n} E_{jz,i} \mathrm{EF}_i \qquad (3-8)$$

式中　C_{jz}——建筑建造阶段的碳排放量（$kgCO_2e$）；

　　　$E_{jz,i}$——建筑建造阶段第 i 种能源总用量（$kW \cdot h$ 或 kg）；

　　　EF_i——第 i 类能源的碳排放因子，按《建筑碳排放计算标准》（GB/T 51366—2019）附录 C 确定。

建筑建造阶段的能源总用量 E_{jz} 采用施工工序能耗估算法计算，见下式：

$$E_{jz} = E_{fx} + E_{cs} \qquad (3-9)$$

式中　E_{jz}——建筑建造阶段能源总用量（$kW \cdot h$ 或 kg）；

　　　E_{fx}——分部分项工程能源总用量（$kW \cdot h$ 或 kg）；

　　　E_{cs}——措施项目能源总用量（$kW \cdot h$ 或 kg）。

分部分项工程能源总用量 E_{fx} 按下列公式计算：

$$E_{fx} = \sum_{i=1}^{n} Q_{fx,i} f_{fx,i} \qquad (3-10)$$

$$f_{fx,i} = \sum_{j=1}^{m} T_{i,j} R_j + E_{jj,i} \qquad (3-11)$$

式中　$Q_{fx,i}$——分部分项工程中第 i 个项目的工程量；

　　　$f_{fx,i}$——分部分项工程中第 i 个项目的能源系数（$kW \cdot h$/工程量计量单位）；

　　　$T_{i,j}$——第 i 个项目单位工程量第 j 种施工机械台班消耗量（台班）；

　　　R_j——第 i 个项目第 j 种施工机械单位台班的能源用量（$kW \cdot h$/台班），按《建筑碳排放计算标准》（GB/T 51366—2019）附录 C 确定；

　　　$E_{jj,i}$——第 i 个项目中，小型施工机具不列入机械台班消耗量，但其消耗的能源列入材料的部分能源用量（$kW \cdot h$）；

　　　i——分部分项目工程中项目序号；

　　　j——施工机械序号。

脚手架、模板及支架、垂直运输、建筑物超高等可计算工程量的措施项目的能耗 E_{cs} 按下列公式计算：

$$E_{cs} = \sum_{i=1}^{n} Q_{cs,i} f_{cs,i} \qquad (3-12)$$

$$f_{cs,i} = \sum_{j=1}^{m} T_{A-i,j} R_j \qquad (3-13)$$

式中　$Q_{cs,i}$——措施项目中第 i 个项目的工程量；

　　　$f_{cs,i}$——措施项目中第 i 个项目的能耗系数（kW·h 工程量计量单位）；

　　　$T_{A-i,j}$——第 i 个措施项目单位工程量第 j 种施工机械台班消耗量（台班）；

　　　R_j——第 i 个项目第 j 种施工机械单位台班的能源用量（kW·h/台班），按《建筑碳排放计算标准》（GB/T 51366—2019）附录 C 对应的机械类别确定；

　　　i——措施项目序号；

　　　j——施工机械序号。

注：
1）施工降排水包括成井和使用两个阶段，其能源消耗根据项目降排水专项方案计算。
2）施工临时设施消耗的能源根据施工企业编制的临时设施布置方案和工期计算确定。

3.4　建筑运行阶段碳排放核算

3.4.1　建筑运行阶段碳排放概况

根据 IPCC 体系的定义，4 个主要碳排放部门为工业、建筑、交通、电力。其中，建筑部门的碳排放主要是指其运行时产生的碳排放，可分为直接碳排放和间接碳排放。直接碳排放是在建筑行业发生的化石燃料燃烧过程中导致的二氧化碳排放，包括直接供暖、炊事、生活热水、医院或酒店蒸汽等导致的碳排放；间接碳排放是外界输入建筑的电力、热力包含的碳排放，其中热力部分又包括热电联产及区域锅炉送入建筑的热量；此外，还有非二氧化碳温室气体的排放，如制冷剂的逸散等。

根据《中国建筑能耗研究报告（2022）》，建材运行阶段能耗占全国总能耗的 21.2%，二氧化碳排放占全国总排放的 21.6%，在建筑全生命周期中均仅次于建材生产阶段。运行阶段碳排放主要为建筑内各设施设备运行产生，如照明、空调、采暖、水泵用电产生的间接碳排放，燃气灶消耗天然气产生的碳排放，北方采暖涉及热力消耗产生的间接碳排放等。因建筑运行期年限长，而建筑存量在逐步上升，导致该阶段二氧化碳排放量在近年来呈现线性上升趋势，增大了建筑运行阶段脱碳压力。

3.4.2　建筑运行阶段碳排放核算方法

建筑物运行阶段碳排放计算通常采用碳排放因子法，即将建筑在运行阶段各用能系统消耗的电能、燃油、燃煤、燃气等各种终端能耗进行综合汇总，并匹配相应的碳排放因子进行计算，进而获得建筑运行阶段总的碳排放量。对于制冷剂等特殊物质释放产生的碳排放量，根据其全球变暖潜值转换为二氧化碳当量。建筑运行阶段的碳排放计算需求根据使用目的通常分为两部分，分别为设计阶段对建筑运行碳排放的计算（目的为设计更加节能减碳的建筑）与运维阶段建筑运行碳排放的核算（目的为指导建筑优化运行）。

其中，建筑运行碳排放计算是通过模拟仿真的方法，对暖通空调、生活热水、照明等系统能源消耗产生的碳排放量，以及可再生能源系统产能的减碳量、建筑碳汇的减碳量进行计算。在建筑碳排放边界内将不同的能量消耗换算为建筑物的碳排放量，并进行汇总，最终获得建筑的碳排放量。变配电、建筑内家用电器、办公电器、炊事等受使用方式影响较大的建筑碳排放不确定性大，这部分碳排放量在总碳排放量中占比不高，不影响对设计阶段建筑方案碳排放强度优劣的判断，故参照国际上的通用做法，不纳入建筑碳排放量。建筑碳汇主要来源于建筑红线范围内的绿化植被对二氧化碳的吸收，其减碳效果应该在碳排放计算结果中扣减。

建筑运行碳排放核算目前主要采用的方法包括实测法、物料平衡法、碳排放因子法。其中，实测法主要是通过测量仪器计量建筑物温室气体的流量与浓度，以此来获得建筑温室气体的总排放量；物料平衡法主要全面分析建筑物运行过程中的投入物与产出物，分析建筑物的碳排放量；碳排放因子法主要通过监测建筑在运行过程所消耗的各种能源，如电能、燃油、燃煤、燃气等，联合各种能源的碳排放因子，计算出建筑物的实际碳排放量。尽管不同的技术水平及能源结构在一定程度上影响能源的碳排放因子，但由于碳排放因子法简单，其仍然是目前我国建筑运维阶段计算碳排放的主要方法之一。

因此，建筑运行阶段碳排放量根据各系统不同类型能源消耗量和不同类型能源的碳排放因子确定，建筑运行阶段单位建筑面积的总碳排放量（C_M）可按式计算：

$$C_M = \frac{\left[\sum_{i=1}^{n} (E_i \mathrm{EF}_i) - C_P \right] y}{A} \tag{3-14}$$

$$E_i = \sum_{j=1}^{n} (E_{i,j} - \mathrm{ER}_{i,j}) \tag{3-15}$$

式中　C_M——建筑运行阶段单位建筑面积碳排放量（$\mathrm{kgCO_2/m^2}$）；

E_i——建筑第 i 类能源年消耗量（单位/a），具体单位按照 i 类能源确定，例如 $\mathrm{kW \cdot h/a}$（电力）、$\mathrm{m^3/a}$（燃气）、$\mathrm{L/a}$（石油）等；

EF_i——第 i 类能碳排放因子（$\mathrm{kgCO_2}$/单位能源）（具体单位取决于能源类型），根据《建筑碳排放计算标准》（GB/T 51366—2019）附录 A 取值；

$E_{i,j}$——j 类系统的第 i 类能源消耗量（单位/a）（具体单位取决于能源类型）；

$\mathrm{ER}_{i,j}$——j 类系统消耗由可再生能源系统提供的第 i 类能源量（单位/a）（具体单位取决于能源类型）；

i——建筑消耗终端能源类型，包括电力、燃气、石油、市政热力等；

j——建筑用能系统类型，包括供暖空调、照明、生活热水系统等；

C_P——建筑绿地碳汇系统年减碳量（$kgCO_2/m^2$）；

y——建筑设计寿命（a）；

A——建筑面积（m^2）。

1. 暖通空调系统碳排放

建筑的暖通空调系统包括建筑集中供暖设备、集中供冷设备及空调的其他附属设施，如循环泵和风机盘管等设备。暖通空调系统能量消耗由电、化石燃料及地源热泵等方式供给。值得注意的是，虽然地源热泵系统是建筑中应用最广泛的一种可再生能源系统形式，可以为建筑供暖（冷）和生活热水，但由于地源热泵机组通常是使用电力驱动，并不直接产生节能减排效应，所以地源热泵系统的碳减排量不单独计算。

《国家机关办公建筑和大型公共建筑能耗监测系统分项能耗数据采集技术导则》将建筑碳排放计算方法中暖通空调系统的能耗分为集中供热耗热量、集中供冷耗冷量与空调用电量，共同组成暖通空调系统能耗。对于暖通空调系统只消耗电能且能够做到暖通空调系统电耗分项计量的建筑，该系统能量消耗等同于能耗监测系统中空调用电，暖通空调系统的碳排放量应按式（3-16）计算。

$$C_n = E_n EF_d \tag{3-16}$$

式中　C_n——暖通空调系统的碳排放量（tCO_2）；

E_n——暖通空调系统能耗（$MW \cdot h$）；

EF_d——电力排放因子 $[tCO_2/(MW \cdot h)]$。

对于建筑能耗监测系统并不能实现空调系统电量的分项统计的建筑，暖通空调系统的碳排放量应按式（3-17）进行计算。

$$C_n = E_{hn} EF + E_{cn} EF + E_n EF_d \tag{3-17}$$

式中　C_n——暖通空调系统的碳排放量（tCO_2）；

E_{hn}——提供集中供热量的能源（电、化石燃料）能耗量，数值应等于能耗监测系统供热耗热量（$MW \cdot h$）；

E_{cn}——提供集中供冷量的能源（电、化石燃料）能耗量，数量应等于能耗监测系统供冷耗冷量（$MW \cdot h$）；

EF——提供集中供热（冷）的能源（电、化石燃料）的碳排放因子 $[tCO_2/(MW \cdot h)]$；

E_n——暖通空调系统其他设备耗电量；

EF_d——电力碳排放因子 $[tCO_2/(MW \cdot h)]$。

2. 生活热水系统碳排放

生活热水系统对应的是建筑集中供应热水的设备。生活热水系统能量消耗可由电、化石燃料及太阳能提供。当太阳能热水系统提供的生活热水不能满足需要时，其他形式提供的热水所消耗能量应计入建筑碳排放。生活热水系统能量消耗可由电、化石燃料及太阳能提供，其中太阳能系统提供的生活热水的热量扣除后，建筑生活热水系统碳排放可按式（3-18）和式（3-19）计算：

$$C_r = E_{dr}EF_d + E_{hr}EF_h \tag{3-18}$$

$$E_w = E_{dr} + E_{hr} \tag{3-19}$$

式中　C_r——生活热水系统碳排放量（tCO_2）；

E_w——生活热水系统中能源消耗量（$kW \cdot h$）；

E_{dr}——生活热水系统由电提供的能量（$MW \cdot h$）；

E_{hr}——生活热水系统由化石燃料提供的能量（$MW \cdot h$）；

EF_d——电力碳排放因子［$tCO_2/(kW \cdot h)$］；

EF_h——化石燃料碳排放因子［$tCO_2/(kW \cdot h)$］。

3. 照明与电梯系统碳排放

（1）照明系统碳排放

照明系统包含了室内各区域的照明、应急照明及室外景观的照明等。照明系统的能量消耗一般由电提供。

照明系统能耗可通过灯具的功率、数量进行计算，也可以根据照明功率密度与面积进行计算，具体计算公式如下：

$$E_i = \sum_{j=1}^{365} \sum_{i=1}^{n} P_{i,j} A_i l_{i,j} + 24 P_p A \tag{3-20}$$

式中　E_i——照明系统年能耗（$MW \cdot h$）；

$P_{i,j}$——第 j 日第 i 个房间照明功率密度值（MW/m^2）；

A_i——第 i 个房间照明面积（m^2）；

$l_{i,j}$——第 j 日第 i 个房间照明时间（h）；

P_p——应急灯照明功率密度（MW/m^2）；

A——建筑面积（m^2）。

照明系统碳排放可按照式（3-21）计算：

$$C_i = E_i EF_d \tag{3-21}$$

式中　C_i——照明系统碳排放量（tCO_2）；

E_i——照明系统年能耗（$MW \cdot h$）；

EF_d——电力碳排放因子［$tCO_2/(kW \cdot h)$］。

（2）电梯系统碳排放

电梯系统能耗应按式（3-22）计算，且计算中采用的电梯速度、额定载重量、特定能量消耗等参数应与设计文件或产品铭牌一致。

$$E_e = 3.6 P t_a VW + E_s t_s \tag{3-22}$$

式中　E_e——电梯系统年能耗（$kW \cdot h$）；

P——特定能量消耗［$mW \cdot h/(kg \cdot m)$］；

t_a——电梯年平均运行小时数（h）；

V——电梯速度（m/s）；

W——电梯额定载重量（kg）；

E_s——电梯待机时能耗（kW·h）；

t_s——电梯年平均待机小时数（h）。

电梯系统碳排放可按照式（3-23）计算：

$$C_e = E_e EF_d \qquad (3-23)$$

式中　C_e——电梯系统碳排放量（tCO_2）；

E_e——电梯系统年能耗（MW·h）；

EF_d——电力碳排放因子 $[tCO_2/(MW·h)]$。

4. 可再生能源系统

可再生能源系统应包括太阳能生活热水系统、光伏系统、地源热泵系统和风力发电系统。

（1）太阳能生活热水系统提供能量计算

太阳能生活热水系统提供能量可按式（3-24）计算：

$$Q_{s,a} = \frac{A_c J_T (1-\eta_1) \eta_{cd}}{3.6} \qquad (3-24)$$

式中　$Q_{s,a}$——太阳能热水系统的年供能量（kW·h）；

A_c——太阳能集热器面积（m^2）；

J_T——太阳能集热器采光面上的年平均太阳辐照量（MJ/m^2）；

η_{cd}——基于总面积的集热器平均集热效率（%）；

η_1——管路和储热装置的热损失率（%）。

太阳能生活热水系统提供的能量不应计入生活热水的耗能量。

（2）光伏系统的年发电量计算

光伏系统的年发电量可按照式（3-25）计算：

$$E_{pv} = IK_e (1-K_s) A_p \qquad (3-25)$$

式中　E_{pv}——光伏系统的年发电量（kW·h）；

I——光伏电池表面的年太阳辐射照度（kW·h/m^2）；

K_e——光伏电池的转换效率（%）；

K_s——光伏系统的损失效率（%）；

A_p——光伏系统光伏面板净面积（m^2）。

（3）地源热泵系统的年发电量计算

地源热泵系统的能量计算主要涉及系统的制热能力、制冷能力及能效比（COP）等参数。以下介绍地源热泵系统能量计算的基本公式。

1）制热能力。制热能力是指地源热泵系统在制热模式下向室内提供的热量，计算公式如下：

$$Q_h = mc_p \Delta T$$

式中　Q_h——制热能力（kW 或 BTU/h）；

m——循环介质的质量流量（kg/s 或 lb/s）；

c_p——循环介质的比热容 [kJ/(kg · K) 或 BTU/(lb · °F)];

ΔT——循环介质的进出口温差 (K 或 °F)。

2) 制冷能力。制冷能力是指地源热泵系统在制冷模式下从室内吸收的热量，计算公式为：

$$Q_c = mc_p\Delta T$$

式中 Q_c——制冷能力 (kW 或 BTU/h)。

3) 能效比。能效比是衡量地源热泵系统效率的重要指标，分为制热能效比 (COP_h) 和制冷能效比 (COP_c)。

制热能效比 (COP_h)：

$$COP_h = \frac{Q_h}{W}$$

式中 Q_h——制热能力 (kW 或 BTU/h)；

W——系统输入功率 (kW 或 BTU/h)。

制冷能效比 (COP_c)：

$$COP_c = \frac{Q_c}{W}$$

式中 Q_c——制冷能力 (kW 或 BTU/h)；

W——系统输入功率 (kW 或 BTU/h)。

（4）风力发电系统的年发电量计算

风力发电系统的年发电量可按式（3-26）~式（3-30）计算：

$$E_{wt} = 0.5\rho C_R(z)v_0^3 A_w \frac{K_{wt}}{1000} \tag{3-26}$$

$$C_R(z) = K_R \ln(z/z_0) \tag{3-27}$$

$$A_w = \pi D^2/4 \tag{3-28}$$

$$EPF = \frac{APD}{0.5\rho v_0^3} \tag{3-29}$$

$$APD = \frac{\sum_{i=1}^{8760} 0.5\rho v_i^3}{8760} \tag{3-30}$$

式中 E_{wt}——风力发电系统的年发电量 (kW · h)；

ρ——空气密度，取 $\rho = 1.225 kg/m^3$；

$C_R(z)$——依据高度计算的粗糙系数；

K_R——场地因子；

z_0——地表粗糙系数；

v_0——年可利用平均风速 (m/s)；

A_w——风机叶片迎风面积 (m^2)；

D——风机叶片直径（m）；

EPF——据典型气象年数据中逐时风速计算出的因子；

APD——年平均能量密度（W/m^2）；

v_i——逐时风速（m/s）；

K_{wt}——风力发电机组的转换效率。

3.4.3 建筑运行阶段能效提升

建筑运行阶段使用的设备有照明、空调、水泵等，提升这些设备的能效，尽可能减少运行过程中的能耗损失，让能量输出最大化，可达到降低能耗，减少碳排放的目的。在提升设备能效的同时，实现对设备的智能化控制，在运行时能根据需求自动启闭或者实现变频运行，同样可减少能耗。对于建筑管理而言，导入能源管理体系并有效运行，将形成能耗目标考核机制，提升管理人员的节能意识及挖掘节能机会的主观性，对建筑运行整体能效提升将起到积极作用。能源管理信息化将有助于提升能源管理水平，改善能源绩效。

1. 设备能效提升

（1）照明系统

要进行照明系统能效提升，首先要选用节能灯型。从发光效率而言，LED 灯具是目前各类型灯具中效率最高的灯型，发光效率可达 100～130lm/W，普通白炽灯仅为 6.9～21.5lm/W，节能灯为 50～65lm/W。LED 灯具的能源效率更高，能将 90% 的电能转化为可见光。因此，LED 灯是目前照明系统首选灯型。其次考虑灯具类型。不同空间性质应根据配光要求选择灯具（图 3-7）。例如，工业生产厂房对建筑内局部照明有明确要求，适合选用能将光线集中在轴线附近范围内具有高发光强度的直接型灯具，常见形式为深罩型灯具。在医院等要求全室均匀照明的建筑中，宜选用光线扩散性好、柔和而均匀、完全避免眩光的间接型灯具。在地铁站中，站厅通道区域一般选择光线均匀、柔和、明亮的直接型灯具，如筒灯；换乘及出入站通道需要设置导向性强的照明，宜选用漫射型灯具，组成光带，引导乘客。综上，选择合理灯具可为空间提供舒适的光环境，同时防止错配导致照明浪费，减少能耗及碳排放。

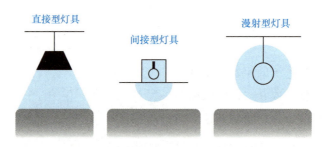

图 3-7　照明灯具部分类型

（2）暖通空调系统

暖通空调系统为用人为方法处理室内空气的温度、湿度、洁净度和气流速度的系统，可使室内获得具有一定温度、湿度和较好质量的空气，满足使用者及生产过程的要求。不同的空调系统有不同的优势和特点，选取合适的空调系统将更好地发挥空调效率。

目前较为常见的空调系统有空气源热泵空调系统、地源热泵空调系统、蒸发式冷气机。其中，地源热泵空调系统又可以分为开式水源热泵（简称水源热泵）空调系统和闭式地源热泵空调系统。空气源热泵空调系统是以持续不断的风的供应作为热泵冷或热的能量来源，实现整套装置制冷制热持续运行的热泵系统，是现阶段市场上运用广泛的一种节能型空调系统。例如，义乌大酒店引进空气源热泵替代原暖通空调系统，经统计更换前全年总能耗为834.4tce，更换后年能耗降至486tce，改造后每年可节约能耗348.4tce，节能效果明显。开式水源热泵空调是将室内能量与地下水、河水、海水、湖泊等水源进行能量交换，通过热泵机组将室内能量传递到水源当中，从而调节室内温度。由于水温较为稳定，因此具有较高的能效，节能效果较好。例如，南宁博物馆因临邕江而采用江水源热泵空调系统，一机多用，夏季供冷、冬季供暖。与常规冷热源系统相比，南宁博物馆的水源热泵空调系统每年可节约能耗约94tce。

地源热泵空调主要能量来源为浅层地表的地下土壤能量，通过封闭的地下埋管，将室内的热量传导到土壤中。地源热泵由于采用封闭系统，能量来源于常年温度恒定的地下土壤，受环境影响小，适合国内大部分地区的使用环境。例如，湖北宜昌火车东站采用土壤源热泵地埋管换热系统，替换掉原系统后，每年共可节约能耗346tce。蒸发式冷气机是近年来兴起的一种集换气、防尘、降温、除味功能于一身的蒸发式降温换气设备，环保空调、冷风机、水冷空调等产品都属于蒸发式冷气机。由于该机利用蒸发降温原理，因此具有降温和增湿双重功能。蒸发式冷气机改善室内综合环境的效果较好，较传统制冷设施具备明显的优势。例如，河南省郑州市电信城东机房采用蒸发式冷气机替换原系统，改造后经测算节能率可达到60%。

（3）给水排水及通风系统

给水排水系统主要的用能设备为各类清水泵、废水泵及消防泵等。通风系统主要设备为各类风机。要提高给水排水、通风系统的能效，首先需做好设备选型工作。各类水泵、风机优先选用国家节能机电设备（产品）推荐目录中的设备，同时考虑选用一级能效设备。对于不同场合水泵风机的选用还需考虑匹配需求的水量或风量，避免出现"大马拉小车"的情况，产生能源浪费。此外，各类风机、水泵均需要实现变频控制，能够根据实际需求自动启闭，并根据流量匹配相应的运行功率，减少设备的运行能耗，提升能效。

（4）供配电系统

建筑光伏发电、风力发电将成为未来大力发展的可再生能源技术。部分建筑供电模式将由原从国家电网供电向分布式光伏发电、风力发电转变。对于供配电系统应进行相应调整以匹配新的模式，达到经济、安全运行的目的。

不同于火电，风电、光电易受到气象条件影响，具有较强的不确定性，风电、光电占比提高会使得能源供给侧的不稳定性增加。这一方面需要采取措施增强电网的稳定性、减少波动；另一方面，用能部门除了作为使用者外，还需要具备一定的削峰填谷、提高风电入网率等的能力。结合建筑运行的用能特征，可考虑发展建筑直流供电和分布式蓄电技术以提升消纳风电、光电的能力。光伏发电本身输出直流电，如果可以不经过逆变直接接入用能设施，有助于实现光伏输出的最大化。通过该技术，可以实现恒功率取电、建筑末端柔性用电，提高用电可靠性和供电质量，改善建筑内用电的安全性，同时改变建筑内用电过程的反复转换，减少损耗。光伏输出直流电还可以实现与智能充电桩的有机结合，推动周边的智能充电桩统一规划、优化运行。随着电动汽车的推广，通过安装充电桩，利用电动汽车电池的充放电潜能，将建筑用电从以前的刚性负荷特性变为可根据要求调控的弹性负荷特性，可实现"需求侧响应"方式的弹性负荷。未来，我国建筑年用电量将在 2.5 万亿 kW·h 以上，并预计拥有 2 亿辆充电式电动汽车，带有智能直流充电桩的柔性建筑可吸纳近一半由风电、光电所造成的发电侧波动，还能有效解决建筑本身用电变化导致的峰谷差变化。

2. 建筑智能化应用

建筑智能化通过利用计算机、信息通信等方面的新技术，帮助建筑内的电力、空调、照明、电梯、消防等设备协同合作，节省能源以及提升效率，提高建筑智能化控制水平。建筑智能化涉及智能照明控制系统、中央空调智能控制系统、电梯监控系统、给水排水控制系统等的应用。

（1）智能照明控制系统

智能照明控制系统可根据室内照度变化、人员出入对灯具进行智能调光。当室外光线较强时，室内照度自动调暗，当室外光线较弱时，室内照度则自动调亮，使得室内照度始终保持在恒定值附近，从而充分利用自然光；系统配置的自动探头能够通过检测屋内人员出入情况实现自动开启或关闭室内灯光的功能；此外，有的智能照明系统具有调光模块，可以通过灯光的调节在不同使用场合产生不同的灯光效果，营造出不同的舒适氛围。有研究表明，应用智能 LED 照明系统可以实现 60% 左右的节能率。

（2）中央空调智能控制系统

中央空调智能控制系统基于物联网概念，以健康、时尚、节能为理念，根据人体对温度的感知模糊理论和智能系统集成技术相结合，通过智能优化单元，改变并优化空调压缩机的运行曲线，以达到最大限度降低能耗，提高能源利用效率，延长空调使用寿命的目的。该系统的工作原理为通过采用空调主机节能控制系统和空调末端节能控制系统综合优化算法，跟踪冷水机组、冷冻水泵、冷却水泵、冷却塔和风机及电动调节阀的运行曲线，对每台设备采用主动式控制，对整个机房设备采用集成式控制，通过运算分析，选择最优的节能控制方案，及时调整各设备的运行工况，确保空调系统的风量、水流量、温度和压差等运行参数最优及设备运行效率最高，从而使系统能效（COP 值）最高，能耗最低，能源费用最小。广东地区某三甲医院在增加中央空调智能控制系统后，主机（冰水机组）节能率达 3.5%，辅机（冷冻水系统、冷却水系统）节能率达 25.45%，项目综合节能率达到 10.37%。

（3）电梯监控系统

电梯监控系统包括垂直电梯监控系统及自动扶梯监控系统。垂直电梯监控 系统节能技术包括变频调速、能量回收。变频调速节能通常是指在 50Hz 以下的调速，即通常所说的基频以下调速。在电梯正常运行时，可以根据轿厢所载乘客的多少，由变频器输出相应的动能，换言之，当乘客数量多时，控制变频器输出较大的功率，当乘客数量少时，控制变频器输出较小的功率，从而避免了"大马拉小车"的现象发生，实现电梯节能。能量回收为将电梯运行过程的能量进行回收再利用。当电梯曳引机拖动轿厢向下运行时，由于此时电梯所具有的势能（位能）将减少，减少的这部分势能被转换成了电能，也就是再生能量。如果能把该部分能量回收再利用，就可以达到节约电能的目的。回馈装置能有效地将再生能量回收起来，或者回馈电网，或者供给周边其他用电设备使用。自动扶梯监控系统节能技术主要包括采用△-Y转换模式、变频驱动节能等。相比于Y△-Z转换的启动方式，△-Y转换可以结合具体负载实时情况实现星形联结和三角形联结的互相转换。△-Y转换不会对原有控制电路造成较大改动，只是在轻载状态有节能效果，适合轻载状态较多的自动扶梯。变频驱动节能方式为通过使用变频调速装置来调节速度，在没有乘客时保持低速运行。其运动方式为在入口处安装感应装置，当感应装置感应到乘客进入扶梯时，向控制系统传输信号，按照预设速度运行；当没有乘客搭乘扶梯时，控制系统会控制变频器实现降速运行。这样不仅能降低电能消耗，还能减少机械磨损，延长自动扶梯的使用寿命。

（4）给水排水控制系统

给水排水控制系统包括监测系统、雨水收集利用系统、二次水收集利用系统。其中，监测系统通过部署的传感器检测排水量、水质，并进行预测、控制，对水资源进行按需、按质分配。雨水收集利用系统可将收集屋面及阳台的雨水，经集成式雨水处理设备处理后再补给建筑用水。水资源二次利用系统通过在排水系统安装检测设备，对流动的污水进行分类再净化，实现对不同质量的水"优质优用，低质低用"[⊖]。

3.5　拆除回收阶段碳排放核算

3.5.1　建筑拆除碳排放构成

建筑拆解这一概念第一次出现在 1996 年在加拿大召开的第一届建筑全会上。传统的建筑拆除方式下，建筑材料只能被当作垃圾填埋。建筑拆解是以手工或机械的方式回收旧材料的过程。拆解是将建筑分解为不同部分，促使废旧材料的再利用或回收利用。建筑拆解是以回收建筑材料为目的，将建筑中不同类型的构件逐一拆除，使之分离的过程。拆解包括两层含义，第一层含义是拆卸，是指将建筑构件由建造连接时形成的结合处分离开来，可以看作施工操作的逆向操作，第二层含义是肢解，是指在元件难以拆卸（包括技术困难，成本太高）或无法拆卸的情况下，将部分或所有元件破坏分离。

建筑拆除阶段碳排放源主要为机械拆除施工、废旧建材清运、废旧建材回收利用。建筑

⊖　内容来自《中国建筑行业碳达峰碳中和研究报告（2022）》。

施工阶段占建筑全过程碳排放量的比重为 2.03%，其中包含建筑拆除阶段产生的排放。有数据统计，建材拆除及废旧建材运输碳排放约占建筑全生命周期碳排放的 1.5%，但废旧建材回收利用产生的碳减量可占建筑全生命周期碳排放的 30% 以上。因此，在建筑拆除阶段，脱碳的主要途径有优化拆除方式、在拆除过程中考虑建材的回收利用。

1. 建筑拆解施工方法

建筑拆除施工方法主要有人工拆除、机械拆除和爆破拆除三类。人工拆除方式是指施工人员主要采用手动工具或小体积的电动工具对建筑物从上至下、逐层拆除，作业人员站在稳定的结构或脚手架上操作，被拆除构件应有安全的放置场所。机械拆除是利用专用或通用的机械设备，将建筑物解体或破碎的一种拆除方法。机械拆除是以机械为主、人工为辅的拆除施工方法。爆破拆除是通过一定的技术措施，严格控制爆炸能力和爆破规模，将爆破的声响、振动、破坏区域及破碎物的坍塌范围控制在规定的限度以内。它具有成本低，工期短，效果好等特点，对现浇钢筋混凝土结构效果尤为显著。爆破拆除可分为两种：原地坍塌（即楼宇被垂直摧毁，倒下后会变成瓦砾）和定向坍塌（即楼宇向某一方向倒塌）。爆破拆除适用于桥梁、烟囱、塔楼和隧道的拆除。

工程拆除设备主要分为三类：手动工具、电动工具和大型设备。电动工具包括电动葫芦、风镐等，其中风镐用途广泛，便于操作，是人工拆除方式中的常见工具。大型设备包括镐头机、起重机等。镐头机也称破碎机，是机械拆除方式中应用最多的大型设备之一，主要用于捣碎建筑物的墙柱梁等承重结构，使建筑物坍塌以及之后的解体破碎。起重机也是拆除工程中必备之物，用于调运重量大的拆除构件，有塔式起重机、履带式起重机、汽车式起重机等类型。

2. 建筑拆除后建材和废弃物处置与运输

建筑拆除阶段碳排放来源还需要考虑废弃物处置部分产生的碳排放，主要包括拆除后部分设备和废弃物的外运和填埋等处置过程。建筑拆除后的部分机电设备由专业厂家安排回收。根据不同建筑类型及施工组织模式，拆除废弃物的处置方式会有所不同，主要内容都包含了废弃物产生、现场管理、废弃物运输和废弃物处置等几个关键环节。废弃物产生是指由于建筑物的拆除而产生的不可再利用构件即建筑废弃物的活动，建筑拆解后构件瓦解，随着建材生产技术的发展，越来越多的碎片经处理后还可以作为再生原料。现场管理是指建筑废弃物产生后在施工现场的收集、分拣、分类、预处理等步骤，有专用的建筑垃圾处理机械，包括垃圾分拣机、建筑垃圾专用破碎机、除铁器、滚筒筛、轻物质风选分离器等。废弃物运输是指将建筑废弃物从施工现场运至填埋场、循环利用场、荒地等运输终点的过程。废弃物处置是指废弃物回收厂、循环利用场、填埋场等利益相关者对建筑废弃物进行最终处理的管理措施。部分建筑垃圾处理设备也设置在专用的处理场地或建材厂家的生产基地。设置在建材生产厂家的处理设备的碳排放应当计入下一个循环，不作为拆除建筑的碳排放构成。因此，拆除废弃物的处置与运输主要包括从建筑拆除、废弃物的处置、将废弃物运输至处理场地或建材厂家、自然填埋或污物降解填埋的过程。

3.5.2　拆除回收阶段碳排放核算方法

拆除阶段的碳排放主要包括建筑物拆除时人工拆除和使用小型机具机械拆除使用的机械设备消耗的各种能源动力产生的碳排放，以及废弃物在处理过程中由于运输所产生的碳排放。其中运输所产生的碳排放计算方法与建材运输阶段碳排放计算方法一致。

建筑拆除阶段的碳排放量按下式计算：

$$C_{cc} = \sum_{i=1}^{n} E_{cc,i} \mathrm{EF}_i \tag{3-31}$$

式中　C_{cc}——建筑拆除阶段的碳排放；

$E_{cc,i}$——建筑拆除阶段第 i 种能源总用量（kW·h 或 kg）；

EF_i——第 i 类能源的碳排放因子 [kgCO$_2$e/(kW·h)]，按《建筑碳排放计算标准》（GB/T 51366—2019）附录 D 确定。

建筑物人工拆除和机械拆除阶段的能源用量按下列公式计算：

$$E_{cc} = \sum_{i=1}^{n} Q_{cc,i} f_{cc,i} \tag{3-32}$$

$$f_{cc,i} = \sum_{j=1}^{m} T_{B-i,j} R_j + E_{cc,i} \tag{3-33}$$

式中　E_{cc}——建筑拆除阶段能源用量（kW·h 或 kg）；

$Q_{cc,i}$——第 i 个拆除项目的工程量；

$f_{cc,i}$——第 i 个拆除项目每计量单位的能耗系数（kW·h/工程量计量单位或 kg/工程量计量单位）；

$T_{B-i,j}$——第 i 个拆除项目单位工程量第 j 种施工机械台班消耗量；

R_j——第 i 个项目第 j 种施工机械单位台班的能源用量；

i——拆除工程中项目序号；

j——施工机械序号。

注：

1）建筑物爆破拆除、静力破损拆除及机械整体性拆除的能源用量根据拆除专项方案确定。

2）建筑物拆除后的垃圾外运产生的能源用量按建材运输阶段的方法计算。

在整个建筑中，会使用钢筋、电缆、木材、幕墙龙骨、石膏板、玻璃等可循环材料。虽然这些材料在生产过程中产生了碳排放，但在回收进行循环再利用后，这部分碳排放又进入了新的建筑生命周期中，没有对环境造成实质影响，应予以核减。

回收阶段碳排放计算方法如下式所示：

$$C_{hs} = \sum_{i=1}^{n} M_i \eta_{hs,i} F_i \tag{3-34}$$

式中　C_{hs}——回收阶段的碳排放（tCO$_2$e）；

M_i——第 i 种主要建材的消耗量；

F_i——第 i 种主要建材的碳排放因子（tCO$_2$e/单位建材数量）；

$\eta_{hs,i}$——第 i 种主要建材的回收比例。

3.5.3 拆除阶段脱碳方式

1. 拆除方式优化

建筑的拆除包括拆毁、拆解两种方式。拆毁方式为在短时间通过机械将大部分废旧材料破碎，破碎后材料难以回收、只能作为建筑垃圾进行填埋处理。拆解方式为通过小型机械将构件尽可能从主体结构中分离，拆除后的构件仍然可以加以利用。虽然这种方式在施工时间上延长了，但是极大地减少了碳排放量。因此，拆除应优先选用拆解方式。在拆解过程中需要遵循"由内至外，由上至下"的顺序进行，即"室内装饰材料——门窗、散热器、管线——屋顶防水、保温层——屋顶结构——隔墙与承重墙或柱——楼板，逐层向下直至基础"。拆解与拆毁两种方式在技术、设备层面上大致相同，但在废旧建材的循环利用率上差别很大。

2. 建材回收利用

建材回收利用包括直接利用及再生利用。在回收过程中需要考虑材料回收属性进行区分处理。木材、砖石、屋瓦等传统旧建筑材料本身无法分解，可以考虑直接利用。因废旧木材、砖石、屋瓦本身拥有独特的古旧沧桑形态，故可在建筑结构及室内外装饰方面进行利用。如图 3-8 所示，中国美术学院象山校区，校区建设采用华东各省旧房拆除现场收集而来的废旧木材、砖石、石板，重新构建新建建筑的外表面，使得新建建筑风格呈现浓郁的复古风貌。

图 3-8 中国美术学院象山校区

再生利用即将建筑拆除废弃物作为原料生产建材。钢材回收可以节省在钢材生产阶段钢材锻造所产生的碳排放；废铁利用相对于铁矿石冶炼可节能 60%，节水 40%，同时减少废气、废水、废渣产生。废旧混凝土的回收利用可节约大量原材料中的砂石骨料，减少废弃物堆放场地。将混凝土废弃物进行批量化处理，可重新投入建设中。回收的混凝土通过破碎、清洗和分级，按一定比例相互配合后可形成再生的骨料，部分或全部替代天然骨料，从而形成再生骨料混凝土。在我国，生产再生砖、再生水泥等就是建筑垃圾资源性再加工利用的重要方法之一，也是目前我国建筑垃圾产业化利用最重要的组成部分。然而，并不是所有建筑材料都适合循环利用。例如，铝材的生产是一个高能耗的过程，而其循环再利用可节省高达95%的能耗；与铝材相比，玻璃生产的循环再利用仅节省5%的能耗，相对而言，铝材循环利用更有意义。

📝 **思考题**

1. 有哪些碳排放核算方法？请一一列举。
2. 碳排放核算数据的获取方法有哪些？
3. 工程项目碳排放核算有哪些阶段？
4. 如何确定建材的运输距离？
5. 工程项目施工包括哪些流程？

第4章

工程项目碳排放核算不确定性分析

学习目标

　　了解工程项目碳排放核算的不确定性；掌握工程项目碳排放核算的不确定性来源分析；掌握工程项目碳排放不确定性评价方法；认识工程项目碳排放核算的不确定性分析框架。图4-1为本章思维导图。

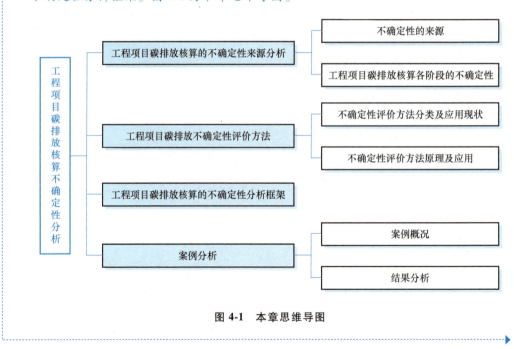

图 4-1　本章思维导图

4.1　工程项目碳排放核算的不确定性来源分析

4.1.1　不确定性的来源

　　传统上，碳排放核算只在结果中包含单一的确定值。然而，没有不确定度范围的单一值难以代表环境影响的真实情况，这是由于每次测量都有不确定性的存在。因而，不确定性对碳排放核算是重要的，它会增强碳排放核算结果的可靠性和有用性；反之，不确定性可能产生错误或片面的研究结果，从而误导相关决策。

不确定性有两种类型：一是随机不确定性，这种不确定性是事物本身的固有特性，使得数据的真实值缺乏足够信息；二是认知不确定性，它来源于主观选择。其中，随机不确定性一直是不确定性分析的重点，而关于认知不确定性涉及数量较少。

当前学界对不确定性的来源尚未形成统一认识。主流思想将不确定性划分为参数不确定性、模型不确定性和情景不确定性。在此基础上，不确定性的类型和来源分类具体包括：①数据不准确；②数据缺失；③数据缺乏代表性；④模型的不确定性；⑤选择的不确定性；⑥空间变异；⑦时间变异；⑧对象和来源之间的变异；⑨认识的不确定性；⑩错误；⑪不确定度估计。

碳排放核算分析涉及大量的数据与模型假设，因而计算结果的不确定性分析至关重要。不确定性来源的分类较为烦琐，在碳排放核算的过程中，每个阶段都存在由于情景假设、模型选择、数据不准确等而产生的不确定性，主要分为参数不确定性、情景不确定性和模型不确定性三类。

具体而言，参数不确定性是指由计算模型输入数据不确定性而引起的结果离散性；情景不确定性是指分析计算中由系统边界范围、功能单位选择、数据取值等差异而引起的结果不确定性；模型不确定性是由分析模型的形式与参数选择不同而造成的结果不确定性。参数不确定性需借助随机分析方法，与确定性分析结果进行对比分析；后两类不确定性可采用情景分析或敏感性分析，通过对比不同系统边界、输入数据取值和分析模型参数进行评估。

1. 参数不确定性

参数不确定性是指在碳排放核算过程中所用的各类数据，由于本身的变异性、测量的误差及数据缺乏等造成的不确定性。例如，在计算水泥的 CO_2 排放因子过程中，其碳排放的原始数据是通过实际测量得到的，在测量过程中存在不可避免的试验误差，而排放因子是通过对多组监测数据进行数据分析得到的，因此存在本身的变异性。在计算某个特定的实际工程的碳排放时，由于目前碳排放数据库的建立还不完善，实际用到的某种材料可能没有相应的排放因子的数据，或者排放因子数据并非来自本工程实际选择的工厂的原始数据，而是其他工厂、本国平均值、其他国家或全球的统计数据。因此，在考虑特定工程的碳排放时，应该考虑到这部分不确定性。

2. 情景不确定性

情景不确定性是指在碳排放核算过程中，模型边界、材料种类、能源构成等均存在多种情景，在不同情景选择的过程中造成的不确定性。例如，现场机械运转过程中使用的柴油，既可以是普通的柴油，也可以是生物柴油，因此存在不同的情景，相应会产生不同的碳排放，这部分不确定性也应被考虑。

3. 模型不确定性

模型不确定性是指在计算过程中所用的各种数学模型本身由于不完善而产生的不确定

性。这种不确定性在将碳排放数据标准化为对人类健康、生态系统、资源消耗的过程中，由于各地区、各国家资源储备、生态环境等基础条件不同，会产生较大的差异。例如，温室气体的辐射强迫模型，用于计算未来一段时间内与温室气体有关的全球变暖潜力。模型本身的不完善可能会导致结果存在一定的差异。

4.1.2　工程项目碳排放核算各阶段的不确定性

工程项目碳排放核算各阶段中的不确定性指的是在工程项目碳排放核算过程中存在的，由于测量不准确、数据缺失和模型假设等引起的对碳排放核算输出结果的影响。根据以 ISO14040 为代表的一系列标准所述，碳排放核算不确定性可以划分为四个阶段：①确定评价目标和评价对象涉及的范围；②构造基于影响数据的清单并进行分析（LCI）；③利用特征化、标准化和赋予权重等手段对环境影响进行评价（LCIA）；④对评价和分析结果做出解释并进行反馈和优化。根据 ISO 的阶段划分，工程项目碳排放核算各阶段的不确定见表 4-1。

表 4-1　工程项目碳排放核算各阶段的不确定性

阶段	参数不确定性	模型不确定性	情景不确定性
目标和范围的确定	边界数据缺失数据来源不一致	固有局限性 产品系统建模过程 非线性模型用线性模型表示	功能单位 系统边界
清单分析（LCI）	监测误差 随机误差 数据代表性不足 对环境影响数据的真实取值缺乏客观认识 各输入数据	缺乏过程数据 没有排放的空间细节 没有排放的时间细节 总排放 数据的不确定性 影响目录未知	数据库的选择 使用多种分配方法 遗漏已知影响目录
影响评价（LCIA）	寿命内的物质不确定 特征化系数 标准化数据不准确	对影响目录的贡献未知 特征化系数未知 忽略非线性过程 标准化系数 没有物质属性的信息 没有和其他污染物的相互作用 没有接受环境稳态假设的敏感性信息 各部门均匀混合 权重标准不可操作	影响目录数量 影响定义 影响的时间参考线 影响的空间参考线 影响特征化的时间范围 标准化的方法和参照 在一个目录内使用多种特征化方法 使用多种权重方法
评价和结果解释		边界划分不完整忽略次要过程	政策与社会因素影响技术发展不可预料性

其中，数据的不确定性可进行细化分为由于数据不准确造成的不确定性和由于缺乏特定数据造成的不确定性两类，而由于缺乏特定数据造成的不确定性又可以分为数据沟和非代表性数据，具体关系如图 4-2 所示。

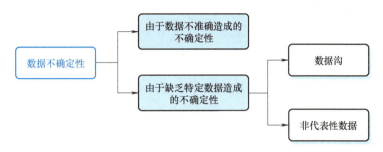

图 4-2　不同类型数据不确定性

4.2　工程项目碳排放不确定性评价方法

4.2.1　不确定性评价方法分类及应用现状

不确定性评价方法各不相同，一般可分为定性和定量方法。数据质量指数（DQI）是最常用的定性评价方法，因为它的适用性和可行性很高。数据质量评价矩阵和转换矩阵是 DQI 评价中最有效的两种工具。然而，由于对数据质量的主观判断，DQI 的评价准确性仍然有限。尽管定量分析技术对目前的定性不确定性评价方法进行了补充，以尽量减少变化，但结果仍然倾向于被低估。考虑到上述定性方法在不确定度分析中应用的局限性，基于数据可用性的定量方法已经被引入。应用 DQI 来评价目标输入数据的不确定性，根据它们各自的贡献来选择，并使用蒙特卡洛模拟（MCS）来获得总体不确定性和模型方差。典型的不确定性来源及其评价方法见表 4-2。

表 4-2　典型的不确定性来源及其评价方法

不确定性来源	典型的不确定因素	评价方法
假设	系统边界 功能单元 分配方法	情境分析
参数材料	物质流 能量流 其他输入数据	DQI 模糊理论 不确定性传播分析 贝叶斯统计 可能论 概率论
模型	转换因子 产品系统的建模过程	概率论 敏感性分析

4.2.2　不确定性评价方法原理及应用

1. 数据质量指数

数据质量指数（Data Quality Index，DQI）是一种由一系列指标组成的半定量方法，旨在从不同方面描述参数的不确定性。DQI 系统建立在专家主观判断和客观数学计算的基础上。鉴于建筑施工的特点，数据质量主要受到三个方面的影响：

第一，通过数据测量方法确定现有数据的准确性和有效性。施工现场物料流动的一致性测量可以提高数据的精度，减少不确定性。但是由于数据测量技术的限制，工程建设领域经常采用定期调查和主观评价的方式。

第二，工程项目碳排放核算分析的框架表明，由于地理气候、技术进步的影响，计算结果可能会有所不同。

第三，工程项目中的数据来源复杂，活动多，持续时间长。

因此，需要建立一个优先级体系，通过对不同数据源进行排序来反映可靠性。本书提出了 5 类数据质量指标，即数据测量方法、数据来源、地理代表性、技术代表性和时间代表性。每项指标的得分从 1 到 5 不等，代表各个类别的不确定性由低到高。考虑到建筑业的基本特征，建立了 DQI 矩阵（表 4-3）。表 4-4 显示了建筑行业的不同数据来源的质量评分。

表 4-3　数据质量指数（DQI）评价体系

质量评分	数据质量指标				
	数据测量方法	数据来源	地理代表性	技术代表性	时间代表性
5	持续测量数据	来自独立来源的验证数据	实地调查/测量数据	采用相同技术的企业研究过程数据	不超过 3 年
4	定期测量数据	来自相关方验证的数据	来自生产条件相似地区的数据	采用类似技术的企业的工艺研究数据	不超过 6 年
3	根据测量结果估计的数据	来自独立来源的未经验证的数据	区域数据	来自不同技术企业的数据	不超过 10 年
2	部分基于假设的估计数据	来自无关企业的未经验证的数据	国家数据	同类技术企业流程相关数据	不超过 15 年
1	主观估计数据	来自相关方的未经验证的数据	国际数据	不同技术企业流程相关数据	超过 15 年或未知

表 4-4　建筑行业的不同数据来源的质量评分

质量评分	通用数据来源	特定于建筑行业
5	来自独立来源的验证数据	会计收据
4	来自相关方验证的数据	利益相关者的报告

（续）

质量评分	通用数据来源	特定于建筑行业
3	来自独立来源的未经验证的数据	工程量清单
2	来自施工现场的未经验证的数据	材料使用申请记录
1	来自相关方的未经验证的数据	采购机构的二手数据

2. 基于数据质量评价的参数不确定性分析

（1）半参数化概率分布

数据质量评价结果可定性反映数据的可靠程度，但不能直接用于量化计算结果的不确定性。为此，可利用四参数 Beta 函数构建数据质量评分与半参数化概率分布的联系。Beta 分布的概率密度函数如下式所示，该函数以形状参数（α、β）和位置参数（a、b）控制概率分布特征，形式高度灵活且适应性强。

$$f(x;\alpha,\beta,a,b) = \frac{(x-a)^{\alpha-1}(b-x)^{\beta-1}}{(b-a)^{\alpha+\beta-1}} \frac{\Gamma(\alpha+\beta)}{\Gamma(\alpha)\Gamma(\beta)} \quad (a \leqslant x \leqslant b) \tag{4-1}$$

进一步地，根据专家经验判断给出分布参数与数据质量综合评分的转换关系表，本书为便于表达，将转换关系简化为以下计算式：

$$(\alpha,\beta) = \max(\text{int}(2S_{\text{DQI}})-5,1) \tag{4-2}$$

$$(a,b) = \mu[0.4+0.05\text{int}(2S_{\text{DQI}}), 1.6-0.05\text{int}(2S_{\text{DQI}})] \tag{4-3}$$

式中　S_{DQI}——数据质量综合评分；

　　　μ——数据的代表值，如平均值、似然值等。

在应用上述数据转换关系时，需将独立的 5 个数据质量指标质量评分整合为一个代表性数值。当不考虑 5 个指标的权重关系时，通常以平均值作为综合评分；当考虑不同指标的优先级存在差异时，可采用层次分析法（AHP）等综合评价方法获得权重系数；当严格控制数据质量时，可将最小值作为综合评价结果。需要说明的是，上述方法尽管易操作，但每个独立的指标被整合后，信息丢失较多，特别是在选用平均数作为综合评分时，易发生不同具体指标评分得出相同分布参数的情况。上述三种综合评分的确定方法可按式（4-4）~式（4-6）计算：

平均值法：
$$S_{\text{DQI,avg}} = \frac{1}{n}\sum_{i=1}^{n} S_{\text{DQI},i} \tag{4-4}$$

综合评价法：
$$S_{\text{DQI,ca}} = \sum_{i=1}^{n} (S_{\text{DQI},i} W_{\text{F},i}) \tag{4-5}$$

最小值法：
$$S_{\text{DQI,min}} = \min(S_{\text{DQI},i}) \tag{4-6}$$

式中　$S_{\text{DQI},i}$——指标 i 的数据质量评分；

　　　$W_{\text{F},i}$——指标 i 的权重系数。

Ecoinvent 将参数不确定性进一步划分为基础不确定性和附加不确定性，并给出了相应的数据转换关系。基础不确定性主要包括不可避免的数据变异性及随机统计误差等，并可通过专家判断或统计方法确定；附加不确定性主要由不准确的数据测量与估计结果，以及时间、空间和技术条件引起，可通过数据质量评价等半参数化方法确定。Ecoinvent 以对数化数据的方差表示不确定性程度，并给出了相应的建议值。附加不确定性可根据数据质量评分情况按表 4-5 的转换关系确定。

表 4-5　附加不确定性与数据质量的转换关系

表达形式	数据质量评分	数据来源	测量方法	时间因素	地理因素	技术因素
方差	1	0.008	0.04	0.04	0.002	0.12
	2	0.002	0.008	0.008	0.0006	0.04
	3	0.0006	0.002	0.002	0.0001	0.008
	4	0.0001	0.0006	0.0002	2.5×10^{-5}	0.0006
	5	0	0	0	0	0
变异系数	1	0.09	0.202	0.202	0.045	0.357
	2	0.045	0.09	0.09	0.025	0.202
	3	0.025	0.045	0.045	0.01	0.09
	4	0.01	0.025	0.014	0.005	0.025
	5	0	0	0	0	0

在假设各不确定性指标相互独立的情况下，数据的整体不确定性可表示为：

$$\sigma_t^2 = \sigma_b^2 + \sum_{i=1}^{5} \sigma_{a,i}^2 \tag{4-7}$$

式中　σ_t——以方差表示的数据总体不确定性；

　　　σ_b——以方差表示的数据基础不确定性；

　　　$\sigma_{a,i}$——以方差表示的对应于指标 i 的数据附加不确定性。

Ecoinvent 提出的方法仅适用于将数据质量指标转化为对数正态分布，应用范围受限。但以变异系数表示不确定程度，从而可将 Ecoinvent 的转换关系应用于其他分布形式，如正态分布、均匀分布、三角分布和 Beta-PERT 分布等。对于对数正态分布，变异系数为 CV，附加不确定性为 CV_a，参数的总体不确定性为 CV_t，以上变异系数可按式（4-8）~式（4-10）进行计算。根据上述变异系数与所收集数据的代表值即可得出其他分布形式的相关参数，计算方法见表 4-6。需要说明的是，由于已知条件仅有两个，对于三角分布和 Beta-PERT 分布需对函数形状做额外假设。在未知数据分布有明显偏置的情况下，通常假设分布函数具有轴对称性。此外，Ecoinvent 对各数据质量指标赋予了不同的转换系数；当不能判断各指标间的重要性程度时，可采用式（4-11）中计算的均一化系数 $CV_{a,m}$ 进行替代分析。

$$CV = \sqrt{\exp(\sigma^2) - 1} \tag{4-8}$$

$$CV_a = \sqrt{\prod_{i=1}^{5}(CV_{a,i}^2 + 1) - 1} \tag{4-9}$$

$$CV_t = \sqrt{CV_b^2 + CV_a^2} \tag{4-10}$$

$$(CV_{a,m}^2+1)^5 = \prod_{i=1}^{5}(CV_{a,i}^2+1) \tag{4-11}$$

表 4-6　分布参数计算方法

分布形式	数据代表值	概率密度函数	参数计算方法
对数正态分布	μ_g	$f(x;\mu_g,\sigma_g)=\dfrac{1}{x\sqrt{2\pi}\,\sigma}\exp\left[-\dfrac{(\ln x-\mu)^2}{2\sigma^2}\right]$ $\mu=\ln\mu_g;\sigma=\ln\sigma_g$	$\mu_{gt}=\mu_g$ $\sigma_g=\exp\left[\sqrt{\ln(CV_t^2+1)}\right]$
正态分布	μ	$f(x;\mu,\sigma)=\dfrac{1}{\sqrt{2\pi\sigma^2}}\exp\left[-\dfrac{(x-\mu)^2}{2\sigma^2}\right]$	$\mu_t=\mu$ $\sigma_t=\mu CV_t$
均匀分布	$\mu=0.5(+b)$	$f(x;a,b)=\dfrac{1}{b-a}$	$a_t=2\mu-b_t$ $b_t=\mu(1+\sqrt{3}CV_t)$
三角分布	c	$f(x;a,b,c)=\begin{cases}\dfrac{2(x-a)}{(b-a)(c-a)} & (a<x<c)\\[2mm]\dfrac{2(b-x)}{(b-a)(c-a)} & (c<x<b)\end{cases}$	$a_t=c(1+\gamma)-\gamma b_t$ $b_t=c+3\mu CV_t\sqrt{\dfrac{2}{1+\gamma+\gamma^2}}$ $\gamma=\dfrac{c-a}{b-c}=\dfrac{c-a_t}{b_t-c}$
Beta-PERT分布	c	$f(x;a,b)=\dfrac{\Gamma(\alpha+\beta)}{\Gamma(\alpha)\Gamma(\beta)}\dfrac{(x-a)^{\alpha-1}(b-x)^{\beta-1}}{(b-a)^{\alpha+\beta-1}}$ $\alpha=1+4\dfrac{c-a}{b-a};\beta=6-\alpha$	$a_t=c(1+\gamma)-\gamma b_t$ $b_t=c+\dfrac{CV_t}{1+\gamma}(a+4c+b)$ $\gamma=\dfrac{c-a}{b-c}=\dfrac{c-a_t}{b_t-c}$

（2）参数概率分布

清单数据的分布类型一般可根据样本的统计分析结果或者专家判断确定。常见的分布类型包括三角形分布、均匀分布和正态分布等。

1）三角形分布。现有文献常用三角形分布模拟能耗强度、能源的碳排放因子。受到技术和工艺的限制，碳排放因子的取值存在上、下限。通过对现有参数的采集、整理和统计分析，研究者能够得到一个最接近的取值。随着未来技术的进步和清洁能源的发展，排放因子数值还将进一步下降，但在特定时间段内仍存在一个最可能的取值。因此，碳排放因子的特征符合三角形分布的特点。此外，定额中给出了当前阶段的单元工程量对应的材料和能源投入，以该数值为最可能取值，取一定偏差值范围，即可得到单元工程量投入的低值和高值，因此定额数据分布可用三角形分布描述。

从数学角度来看，三角形分布低值为 a，众数为 c，高值为 b，是一种连续概率分布，其概率密度函数如下：

$$f(x;a,b,c)=\begin{cases}\dfrac{2(x-a)}{(b-a)(c-a)} & (a<x<c)\\[3mm]\dfrac{2(b-x)}{(b-a)(c-a)} & (c<x<b)\end{cases} \tag{4-12}$$

其累计分布函数如下：

$$f(x;a,b,c)=\begin{cases}\dfrac{(x-a)^2}{(b-a)(c-a)} & (a<x<c)\\ 1-\dfrac{(b-x)^2}{(b-a)(c-a)} & (c<x<b)\end{cases} \tag{4-13}$$

2）均匀分布。不同于三角分布，随机变量并无最可能的取值。因此，可以考虑将随机变量的分布类型假定为均匀分布。假定随机变量 x 服从均匀分布，则 x 的概率密度函数如下：

$$f(x;a,b)=\begin{cases}0 & (x<a \text{ 或 } x>c)\\ \dfrac{1}{b-a} & (a<x<b)\end{cases} \tag{4-14}$$

其累计分布函数如下：

$$f(x;a,b)=\begin{cases}0 & (x<a)\\ \dfrac{x-a}{b-a} & (a<x<b)\\ 1 & (x>b)\end{cases} \tag{4-15}$$

3）正态分布。正态分布是一种"两头低"和"中间高"的"钟形"概率分布，在数学和工程领域得到了广泛应用，在统计学中具有重要地位。假定随机变量 x 服从正态分布，期望为 μ，方差为 σ^2，计作 $x\sim N(\mu,\sigma^2)$，则 x 的概率密度函数如下：

$$f(x;\mu,\sigma)=\frac{1}{\sqrt{2\pi\sigma^2}}\exp\left[-\frac{(x-\mu)^2}{2\sigma^2}\right] \tag{4-16}$$

其累积分布函数不能直接通过积分得到，一般用误差函数表示，公式如下：

$$\Phi(z)=\frac{1}{2}\left[1+\mathrm{erf}\left(\frac{z-\mu}{\sigma\sqrt{2}}\right)\right] \tag{4-17}$$

3. 工程项目碳排放随机分析模型

根据工程项目碳排放量化的特点，本书以数据质量评价为基础，提出了如下随机分析方法：

1）整理输入数据并确定代表值（材料、能源、服务与排放系数等）。

2）基于 DQI 对参数进行数据质量评价，得出各评价指标的数据质量评分。

3）利用评分与选定概率分布形式间的转换关系得出各输入量的分布参数。

4）根据输入量的分布函数生成数据样本，并利用 MATLAB 等编程计算。

5）对计算结果进行分析，确定关键的碳排放环节。

6）对关键碳排放过程的相关输入量，进行更为详细的数据分析，并以实际收集数据的统计概率分布代替基于 DQI 的半经验概率分布。

7）重新生成输入量样本并进行分析计算。

8）获得计算结果并与确定性分析的结果进行比较。

4. 计算结果的评价方法

根据上述工程项目碳排放随机分析方法，可分析参数不确定性的影响，并可结合情景分析法对情景与模型不确定性进行研究。具体可考虑以下几方面：

1）采用计算结果的相对误差（MRE）评价随机分析方法的可行性。

$$MRE = \frac{|E_{MS}-E_D|}{E_D} \times 100\% \tag{4-18}$$

式中　E_{MS}——按随机分析计算的碳排放样本平均值；

　　　E_D——按确定性分析计算的碳排放量。

2）计算结果的概率分布特征，如均值、标准差、变异系数、95%置信区间等统计量，以及相应的频率分布直方图与经验概率分布。

3）分析在不同贡献率和不确定度情况下，碳排放总量的关键影响因素，寻求减排方法。

4）分析时间、地理、技术因素，以及系统边界等条件对计算结果的影响。

5）对转换关系、分布形式选择的影响进行情景分析。

5. 蒙特卡洛模拟

（1）方法简介

蒙特卡洛模拟（MCS）是一种数字方法，用于对相关因素的概率分布进行抽样，以产生成千上万的可能结果。MCS 的结果被进一步分析以获得不同发生结果的概率。MCS 是一个有用的工具，用于测量由各种具有非线性关系的不确定性因素聚合而成的总不确定性。总碳排放量是施工阶段各种活动的碳排放量的总和。如果考虑到参数的不确定性，将每项活动的碳排放作为一个随机因素，那么总碳排放也应该是一个随机因素。总碳排放的统计特征可以通过 MCS 得到的概率分布来确定。MCS 首先为每个输入因素确定相应的概率分布。有关因素的概率分布可以通过拟合大量的现有数据或专家意见来获得。根据观察到的因素和输入因素之间的既定关系，可以用 Crystal Ball 软件运行 MCS 来获得观察到的因素的概率分布。为了确定不确定性的程度，根据 MCS 的结果，用变异系数（CV）来描述不确定性的程度。

按照贝叶斯学派的观点，未知参数可以看作一个随机变量，用概率来理解某一未知变量的变化。当某一事件出现特定的概率，通过模拟真实事件的发生，得到该事件的发生频率。当样本数量足够大时，事件的发生频率即为概率。因而蒙特卡洛模拟方法的本质是使用概率模型描述事件发生的结果。

假设一个函数包含 n 个随机变量，由输入量 X_i（$i=1$，2，3，$\cdots$，N）的概率密度函数，通过对输入量 X_i 的概率密度函数的离散抽样，由模型传播输入量的分布，计算输出量 Y 的概率密度函数的离散抽样值，从而获得输出量的最佳估计值、标准不确定度和包含区间。如前所述，蒙特卡洛方法是一种依赖抽样的方法，抽样样本数量增加将增强结果的可信度。

蒙特卡洛模拟的具体实施步骤见规范《用蒙特卡洛法评定测量不确定度》（JJF

1059.2—2012）。通过蒙特卡洛模拟得到输出量 Y 的分布函数离散值 G。经过计算得到：

1）由 G 计算 Y 的估计值 y 及 y 的标准不确定度 $u(y)$。

2）由 G 计算在给定包含概率 P 时的 Y 的包含区间 $[y_{low}, y_{high}]$。

（2）实施平台

Python 是一种面向对象的高级程序设计语言，具有动态数据类型特性。Python 是在 1989 年由 Guido van Rossum 发明的，该语言是在相关语言基础上发展而来的，包括 ABC、C、C++、Unix shell 等。当前，Python 已经成为主流的编程语言之一，在科学计算和统计、人工智能、网络爬虫、软件开发等领域得到广泛应用。

通常使用 Python 语言开展蒙特卡洛模拟，运行平台为 Visual Studio Code。Visual Studio Code 是一种优秀的集成开发环境，具有开源、跨平台、模块化和插件丰富等特质。

Python 标准库涵盖正则表达式、网络、网页浏览器、GUI、数据库和文本等内容。除了 Python 标准库外，一些研究还使用了 SciPy、NumPy 和 Matplotlib 扩展库。有观点认为，NumPy、SciPy 和 Matplotlib 的协同工作性能能够媲美 MATLAB 软件。以下对这三种扩展库做简要介绍：

1）NumPy 是使用科学计算的软件包，包括功能强大的 N 维数组对象，具有强大的线性代数、傅里叶变换和随机数功能，能够存储和处理大型矩阵。其中，随机数功能对于蒙特卡洛模拟至关重要，一般由 random 模块生成随机数。

2）SciPy 是一种常用的科学计算软件包，能够处理插值、积分、优化、图像处理和常微分求解等问题。SciPy 能够计算 NumPy 矩阵并实现协同工作，能够大幅提升计算效率。SciPy 提供了蒙特卡洛模拟需要的多种概率密度函数。

3）Matplotlib 是一种 Python 数据图形化工具，在 Python2D 绘图领域得到了广泛引用。Matplotlib 仅需要少量代码就可以生成直方图、条形图、误差图和散点图等图形。Matplotlib 并不直接参与随机模拟过程，而是用于对模拟结果的可视化。

6. 情景分析

情景分析并非是对未来的预测，而是一种对未来如何改变的描述。情景分析描述了一些可能性，尽管这些可能性也许并不是很高。通过展示未来可能性的范围和种类，情景分析为人们采取明智的行动提供支持，同时说明人类活动在塑造未来方面的作用，以及环境变化和人类行为之间的关系。

情景分析正式出现在第二次世界大战，用于战争策略分析。现在，情景分析已经有了非常广阔的应用场景，包含战略规划、政策分析、决策管理乃至全球环境评估等，具体涉及环境经济、低碳发展、能源经济等领域。一些重要的国际组织把情景分析法作为分析工具，产生了一些重要的研究成果，包括《全球环境展望4：旨在发展的环境》和 IPCC 发布的《管理极端事件和灾害风险促进气候变化适应特别报告决策者摘要》。中国国家发展和改革委员会能源研究所使用情景分析方法发布了《2020 中国可持续能源情景》。过去 30 多年内发展了数以百计的情景，包括具体的国家、区域，乃至世界活动对未来的展望，这些情景发展的案例不尽相同。

7. 贡献分析

这个部分确定了每个工程活动对最终累积结果的贡献。使用基于原始流程的清单数据可以计算每个工程活动的确定性贡献。这种确定性贡献可被视为用于识别重要参数的基本参考和基石。数据贡献的百分比可能因模型而异，因此，进行情景分析以验证和确认所选关键参数的可靠性。

8. 参数分类系统

参数分类坐标全面反映了输入参数在不确定性和贡献率维度上的重要性。在横轴和纵轴上分别表示 CV 和贡献率，所有的坐标都可以按照其重要程度分为四个象限。这些象限分为右上部分的高度关注数据、左上和右下部分的关注数据以及左下部分的一般数据。右上象限的参数在贡献率和不确定性方面有很高的比例，对累积结果的准确性至关重要。

4.3　工程项目碳排放核算的不确定性分析框架

随机分析的关键问题是如何生成数据样本。通常来说，采用蒙特卡洛模拟等随机抽样方法生成样本时，需首先获得输入参数的概率分布形式。工程项目碳排放核算评价涉及工程量、能耗、碳排放系数等大量数据，且真实数据样本数量通常很小，故无法满足统计概率分析的基本要求。贡献分析和 DQI 分析可以同时进行，以确定基于原始清单汇编的输入数据的重要性。将参数归类，结合情景分析，进一步验证有特别关注的关键输入参数。最后，根据每个工程活动的假定概率分布，用蒙特卡洛模拟计算总体变异系数 CV 和最终累积结果。根据上述评价方法的分析，不确定性分析的基本框架如图 4-3 所示。

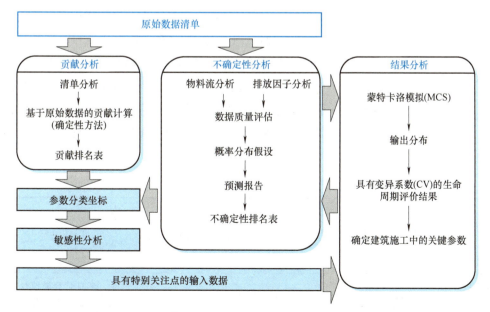

图 4-3　基于多方法的不确定性分析的基本框架

4.4 案例分析

4.4.1 案例概况

以我国广东省某钢筋混凝土框架住宅综合体工程为例。本例工程的总建筑面积为 11508m²（包括会所和零售店），施工期为 2008 年 4 月 1 日至 2010 年 8 月 31 日，超过 2 年。本例工程系统边界涵盖了所有相关施工活动的碳影响，可归纳为以下六类：

1）施工设备使用的燃料（直接排放）。

2）电力消耗（直接和间接排放）。

3）现场组装和杂项工程（直接排放）。

4）建筑材料生产（间接排放）。

5）运输（直接和间接排放）。

6）与施工相关的人类活动（直接和间接排放）。

该案例收集的所有数据均基于现场调查和与客户、承包商、预制供应商和其他参与目标项目的利益相关者的面对面访谈。详细的过程数据从多个来源收集，包括会计收据、利益相关者报告、工程量清单、材料使用申请记录和采购机构的辅助数据。确定性温室气体排放量根据 ISO 14064-1：2006 进行量化，用作贡献评估的参考。

在碳排放量化过程中，122 项施工活动参与了碳排放因子收集，并进行了 DQI 分析（表 4-7）。分析结果表明，DQI 分数在不同的施工活动中有所不同。碳排放因子在测量方法、地理代表性和技术代表性方面不确定。这种情况可能是因为该案例使用了国际生命周期评价软件 Ecoinvent v2.0 数据库中的代理数据。这些数据大部分是为瑞士和欧洲开发的，少数是为全球使用而建立的。相比之下，整个项目中的基本流量数据被分解为 331 个施工活动。表 4-8 为基本流量数据的 DQI 分析结果。施工库存数据在计量方法和数据来源方面存在缺陷，主要是因为大多数材料流量数据是根据工程量清单收集的，该清单是在各种假设下编制的。此外，鉴于该案例中使用的主要数据收集方法是现场调查和面对面访谈，时间相关性指标代表较少的不确定性。

表 4-7 碳排放因子参数的 DQI 分析结果

建筑活动有关的温室气体排放	排放因子的数量	测量方法	数据来源	地理代表性	技术代表性	时间代表性
建筑设备中的燃料使用	6	根据测量结果估计的数据（3）	《中国能源统计年鉴 2007》（5）	国家数据（2）	来自具有类似技术的企业的工艺相关数据（2）	小于 6 年（4）

（续）

建筑活动有关的温室气体排放	排放因子的数量	测量方法	数据来源	地理代表性	技术代表性	时间代表性
现场焊接和切割	1	化学式（5）	现场调查/测量数据（5）		来自采用相同技术的企业流程研究的数据（5）	小于3年（5）
临时化粪池	1	部分基于假设估算的数据（2）	《2006年 IPCC 2006国家温室气体清单指南》（5）	国际数据（1）	来自具有类似技术的企业的工艺相关数据（2）	小于6年（4）
办公室用电	1	基于电力消耗的实测数据（4）	2009年国家发展和改革委员会发布的《中国区域电网基准线排放因子的公告》（5）	来自具有类似生产条件的区域的数据（4）	来自采用类似技术的企业流程研究的数据（4）	小于3年（5）
建筑用电	1	基于电力消耗的实测数据（4）	《中国能源统计年鉴2022》（5）	国家数据（2）	来自采用类似技术的企业流程研究的数据（4）	小于3年（5）
建筑材料生产	79	基于生命周期评估（LCA）的数据（5）	Ecoinvent v2.0 数据库（5）	国际数据（1）	来自具有类似技术的企业的工艺相关数据（2）	小于6年（4）
建筑用水生产	1	根据测量结果估计的数据（3）	《2010年香港建筑物（商业、住宅或公共用途）的温室气体排放及减除的核算和报告》（5）	国家数据（2）	来自具有类似技术的企业的工艺相关数据（2）	小于3年（5）
办公室水生产	1	根据测量结果估计的数据（3）	《2010年香港建筑物（商业、住宅或公共用途）的温室气体排放及减除的核算和报告》（5）	国家数据（2）	来自具有类似技术的企业的工艺相关数据（2）	小于3年（5）
办公用油	3	基于燃料消耗的实测数据（4）	《中国能源统计年鉴2007》（5）	国家数据（2）	来自具有类似技术的企业的工艺相关数据（2）	小于6年（4）
场外化粪池	1	部分基于假设估算的数据（2）	《2006年 IPCC 国家温室气体清单指南》（5）	国际数据（1）	来自具有类似技术的企业的工艺相关数据（2）	小于6年（4）

注：括号中的数字是 DQI 分数。

表 4-8　基本流量数据的 DQI 分析结果

与建筑活动有关的温室气体排放	活动数量	测量方法	数据来源	地理代表性	技术代表性	时间代表性
建筑设备中的燃料使用	7	部分基于假设估算的数据（2）	承包商报告（4）	现场调查/测量数据（5）	来自采用相同技术的企业流程研究的数据（5）	小于3年（5）
现场焊接和切割	17	根据测量估算的数据（3）				
临时化粪池	8	部分基于假设估算的数据（2）				
办公室用电 建筑用电	29	一致测量数据（5）	会计收据（5）			
建筑材料生产	79	部分基于假设估算的数据（2）	工程量清单（3）		来自采用类似技术的企业流程研究的数据（4）	
建筑材料运输	24			来自具有类似生产条件的区域的数据（4）		
建筑设备运输	19		采购机构的二手数据（1）			
员工交通中使用的燃料	15					
建筑用水生产	15	一致测量数据（5）	会计收据（5）	现场调查/测量数据（5）	来自采用相同技术的企业流程研究的数据（5）	
办公室水生产	29					
办公用油	29	定期测量数据（4）				
场外化粪池	2	定期测量数据（4）	会计收据（5）			

注：括号中的数字是 DQI 分数。

4.4.2　结果分析

表 4-9 为施工活动中的贡献分析和不确定性分析结果。可以看出，作为两种最重要和最常用的建筑材料，钢材和混凝土的相对贡献率最高，分别为 48.95% 和 13.24%，累计约占总碳排放量的 2/3。建筑设备运输和建筑材料运输在不确定性分析中起主要作用，不确定性分别为 24.77% 和 20.72%。

表 4-9　施工活动中的贡献分析和不确定性分析结果

序号	建筑活动	贡献率	建筑活动	不确定性
1	钢材	48.95%	建筑设备运输（7.5~16t）	24.77%
2	混凝土	13.24%	公司用车	24.73%
3	滑石粉	8.79%	建筑设备运输（16~32t）	24.65%
4	U.F. 发泡塑料	5.26%	建筑设备运输（3.5~7.5t）	24.64%
5	聚酰胺安全网	2.79%	建筑材料生产（>32t）	20.82%
6	现场用电	2.42%	建筑材料运输（16~32t）	20.72%
7	水泥	2.12%	建筑材料运输（3.5~7.5t）	20.63%
8	铝合金	2.00%	建筑材料运输（7.5~16t）	20.61%
9	场外用电	1.52%	混凝土砌块	19.21%
10	玻璃	1.07%	木材	19.21%

图 4-4 显示了参数分类坐标中施工活动的分布。图中的每个点代表一个特定的施工活动。大多数施工活动集中在该区域，不确定性区间为 15%~20%，贡献率为 0~1%。为了全面调查不确定性和贡献变化对确定关键施工活动的影响，本例通过考虑不同的贡献率和不确定性水平确定了关键参数。

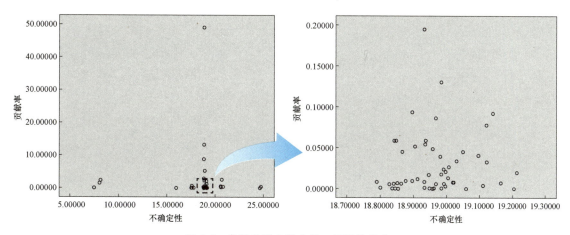

图 4-4　参数分类坐标中施工活动的分布

经过 10000 次 MCS 运行后的场景分析结果显示，在更高不确定性条件下（参数波动范围大），原本对结果有显著影响的参数可能被不确定性掩盖，仅剩少数参数仍对输出起决定性作用。电力使用（包括现场用电与场外用电）和一些建筑材料被定义为 0.1% 以上贡献水平的关键参数，意味着电力使用和一些建筑材料对总输出（温室气体排放总量）方差的相对影响比例，贡献率 ≥0.1% 的参数被定义为"关键"，即它们对结果的影响不可忽略。考虑到几种建筑材料，如铝和聚酰胺安全网，尽管质量占比极低（<0.1%），但在施工阶段温

室气体排放占比却高达2%~3%，应选择低碳强度的替代品。

通过综合分析可以发现，钢材、混凝土、滑石粉、U.F.发泡塑料、聚酰胺安全网、水泥、铝合金和玻璃这8种建筑材料不仅产生了大量温室气体排放，而且在最终产出中表现出高度的不确定性。

在温室气体总排放量方面的结果显示，MCS的平均值为 8791.5tCO_2e，与 8779.4tCO_2e 的确定结果一致。总排放量的标准偏差和CV分别为 8.631% 和 9.8%，表明本例中输入参数的不确定性是可接受的。根据不确定性结果，90%确定性范围内的置信区间估计为 7422.3~10202.7tCO_2e。

📝 **思考题**

1. 工程项目碳排放核算的不确定性来源有哪几种类型？
2. 请简要阐述工程项目不确定性分析的应用现状。
3. 根据来源的不同，不确定性评价方法可分为哪些？

第 **5** 章

工程项目碳成本

📋 **学习目标**

　　了解工程项目碳成本概述，认识其相关概念；掌握工程项目减排技术的两种分析方法；了解工程项目超额碳排放成本，认识碳价、碳汇、碳税等定义，掌握工程项目超额碳排放成本分析。图5-1为本章思维导图。

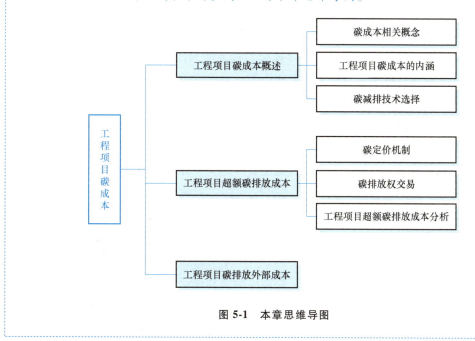

图 **5-1**　本章思维导图

5.1　工程项目碳成本概述

5.1.1　碳成本相关概念

　　碳成本是环境成本的一个分支，可以认为环境成本是最大的概念，它包括了碳成本和工程项目碳成本，碳成本主要是从宏观角度进行定义的，而工程项目碳成本则是从项目角度进行定义的。因此，在了解工程项目碳成本前，需要理解环境成本及碳成本的概念。环境成本、碳成本和工程项目碳成本的关系如图5-2所示。

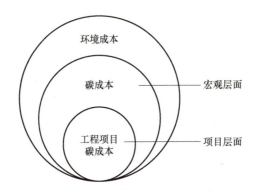

图 5-2　环境成本、碳成本和工程项目碳成本的关系

1. 环境成本的概念

环境成本（Environmental Costs）的概念来源于环境会计理论，并被应用于以产品生产企业为对象的成本核算科目中。一些权威机构从不同角度对环境成本进行了定义和分类。目前理论界广泛采用的是联合国国际会计和报告标准政府间专家工作组（ISAR）对环境成本的定义：环境成本是指本着对环境负责的原则，采取或被要求采取措施来管理企业活动对环境的影响所发生的成本，以及企业为实现环境目标和要求而支付的其他成本。

环境成本的本质是将企业造成环境破坏的外部影响以货币化形式来表示。只要企业从事的生产活动会对环境产生影响，就应当承担相应的环境成本。将环境影响带来的外部效应转化为企业的内部成本，有助于企业不断优化自身的生产经营过程，协调经济发展与环境保护的关系，实现企业的可持续发展。

2. 碳成本的概念

碳成本是构成环境成本的重要组成部分之一，其定义还未有统一的界定，但有大量学者从各自的角度，尝试界定了这一概念。例如，有学者认为碳成本是以碳排放和碳定价政策为基础，将传统成本与可持续发展理论、产品生命周期理论、碳生态足迹理论、物料流量成本相结合，采用一定的核算方法和程序来计量企业因减少碳排放而发生的成本，如碳捕获与封存技术研发成本、碳减排设备折旧成本、碳排放交易成本、碳税缴纳成本等。也有学者将碳成本局限于碳交易过程，将碳成本界定为在碳交易过程中由于使用免费碳配额而需要承担的相关机会成本费用。本书对碳成本的一般概念表述如下：在产品全生命周期中，企业为了实现对碳排放的预防、计划、控制及治理，为了保证良好的环境治理成效或者增加环境收益而承担的以货币单位进行计量的全部成本费用。由于温室气体具有的外部性，碳成本并未纳入成本计量体系，人们也因此并未意识到由于温室气体排放而产生的成本费用。将企业生产的碳成本从总成本中剥离出来，进行单独计算，有利于企业环境保护、治理及整顿等各项工作的顺利推进。碳税缴纳成本作为碳成本的一部分，是政府根据化石燃料（如煤炭、石油、天然气）的碳含量或实际二氧化碳排放量，向生产者或消费者征收的税种。通过提高碳排放成本，促使企业和个人减少对高碳能源的依赖，转向低碳或可再生能源。有关碳税的具体介绍详见本书第 9 章。

3. 碳成本的分类

核算企业碳成本，需要首先对碳成本进行分类，分类是核算的基础。对于碳成本的分类，学术界有许多不同的看法与意见。目前较为常见的划分方法有两种，第一种是将碳成本核算直接分为两类，一类是内部成本，另一类是外部成本；第二种是基于"碳元素流"将碳成本的组成部分划分为超额碳排放成本和碳排放外部成本。其中，超额碳排放成本指的是公司超出合理碳排放配额排放量之外产生的额外成本费用；外部成本是指由于碳排放而对公司外部和环境导致的损害成本。除上述两种分类方法外，还有学者结合流程制造企业，将碳成本划分为碳预防、碳检测、碳排放、碳或有⊖四个部分；或立足于经济内容维度，将碳成本划分为政策、碳排放权以及其他相关碳成本。

5.1.2 工程项目碳成本的内涵

工程项目碳成本是碳成本在工程项目领域的具体应用，本书在综合环境成本、碳成本不同定义的基础上，将工程项目碳成本定义为企业在工程项目管理各阶段（项目建议书阶段、可行性研究阶段、设计阶段、施工阶段和竣工验收阶段）因管理碳排放对环境造成的影响而被要求采取的措施成本，以及为执行降碳目标和要求所付出的其他成本。本书基于碳成本的分类方法，将工程项目碳成本分为工程项目超额碳排放成本及工程项目外部成本。工程项目超额碳排放成本主要是指企业因超量排放所付出的成本；工程项目外部成本主要是指由于企业在生产过程中产生的碳排放对环境及社会产生不利影响的经济损失成本。

1. 工程项目超额碳排放成本

工程项目超额碳排放成本是指工程项目管理过程中排放过量的碳而发生的成本。例如，企业排放二氧化碳超过了其所拥有的碳排放配额，而必须在碳交易市场中购买碳排放权以维持正常生产经营所付出的经济成本，以及向税务部门支付相关的税款等。

2. 工程项目外部成本

工程项目外部成本是指企业在其工程项目管理过程中产生的碳排放对环境及社会公众造成不利影响而带来的经济损失成本，主要包括因碳排放对环境造成损害的成本及碳排放造成的外部损害成本。

5.1.3 碳减排技术选择

1. 碳减排技术的定义

减排技术是指一种在其生命期内产生的二氧化碳当量排放比其他技术方案排放量低的技术。例如，各行业部门先进、高效和低碳的能源服务技术、余热回收利用技术、替代燃料技

⊖ 碳成本是企业在生产过程中可能会产生的成本，包括碳交易成本、碳税与罚款。

术、新能源和可再生能源技术、碳捕获与封存等能有效控制温室气体排放的各项新技术。

能源服务技术一般是指在生产出相同数量和质量的能源服务产品时，能减少能源消耗的技术，或者是以同样数量的能源消耗量，能生产出比原来数量更多和质量相同的能源服务产品的技术。余热回收利用技术是指回收利用可燃性余热、载热性余热和有压性余热的技术，其中可燃性余热是指用能工艺装置排放出来的，具有化学热值和物理显热，可作燃料利用的可燃物；载热性余热是指用能工艺装置排出的废气和产品、物料、废物等所带走的高温热及化学反应热等；有压性余热通常又称为余压（能），是指排气、排水等有压液体的能量。替代燃料技术是指可以替代常规化石燃料的能源利用技术。新能源和可再生能源利用技术主要是指核能、水能、风能、太阳能光伏、生物质能等发电技术与太阳能热水器、热泵供暖等技术。碳捕获与封存技术（Carbon Capture and Storage，CCS）是将二氧化碳从工业排放源和与能源相关的排放源中分离出来，将其输送到封存地并与大气长期隔离的过程。

2. 碳减排技术选择的原则和方法

依据国家发展和改革委员会印发的第一、二、三批 24 个行业企业温室气体排放核算方法与报告指南、CDM 方法学⊖、VCS 方法学⊖、CCER 方法学⊖，并结合"十三五"实际节能减排效果分析等方式，通过比较分析选出工程建筑领域节能减排效果好、推广普及空间大、具有持续竞争力的多项减排技术。其中，建设工程领域减排技术选择的原则主要有以下几点：

1）能够实施并可获得减排效果的技术为主，不过多考虑现在还处于研发或试验阶段的现行推广量较小的新技术措施。

2）推广面积在 200 万 m^2 以上或推广量在 100 万个以上的减排技术措施。

3）单项技术措施节能率在 8%~65%。

4）具有实际工程应用经验与实际测试结果的技术。

基于上述减排技术选择的原则，可确定建设工程领域 34 项减排技术，并根据我国建筑能耗的划分将其划分为了四类减排技术，分别为北方城镇集中供暖减排技术（7 项）、城镇住宅（除集中供暖外）减排技术（8 项）、公共建筑减排技术（10 项）、农村住宅减排技术（9 项），见表 5-1。建筑业碳减排潜力大，若采用合理、适度的人均建造面积，在建筑材料生产阶段可实现的碳减排量达 58%；若采用被动式建筑设计，以及应用高效的暖通空调系统技术，可实现 25% 的建筑碳减排，应用数字化、可再生能源技术可进一步将碳排放量降低 7%。

⊖ CDM 是《京都议定书》框架下，发达国家和发展中国家之间合作进行温室气体减排的基于工程项目的机制。为确保工程项目的环境效益，确保项目能带来长期的、实际可测量的、额外的减排量，CDM 执行理事会建立了方法学委员会，负责向 CDM 执行理事会推荐其认为有效的、透明的和可操作的 CDM 方法学。目前已批准发布了超过 130 项不同项目减排量的核算方法学标准。

⊖ 核证碳标准（Verified Carbon Standard，VCS）是为自愿碳减排而设计的一个全球性的基线标准，为自愿性碳市场提供了一个标准化的级别，并且建立了可靠的自愿碳减排信用额度（VERs），可供自愿性碳市场的参与者进行交易。

⊖ CCER 方法学是指根据国家发展和改革委员会颁布的《温室气体自愿减排交易管理暂行办法》开发成功的核证自愿减排项目所采用的量化核证方法。截至 2024 年年底，我国已累计备案 CCER 方法学 200 种。在计算碳排放减少量时，不同行业需要采用不同的数据核算方法。

表 5-1　建设工程领域减排技术选择

建筑能耗子类	编号	技术内容	技术特征描述
北方城镇集中供暖	A1	北方既有住宅围护结构改造	根据"50%或65%节能标准",居住建筑供暖节能效果较 1980 年标准建筑供暖耗热量降低 50%~65%
	A2	新建住宅建筑实施"65%节能标准"	居住建筑供暖节能效果较 1980 年标准建筑供暖耗热量降低 50%~65%
	A3	高效热电联产系统及相关技术	平均建筑耗热量下,热源侧可节省一次能耗约 5kg 标准煤/($m^2 \cdot a$)
	A4	燃气锅炉替代燃煤锅炉	平均建筑耗热量下,热源侧可节省一次能耗约 4kg 标准煤/($m^2 \cdot a$)
	A5	工业余热供暖再利用	各行业可回收利用的余热资源约为余热总资源的 60%
	A6	既有住宅建筑供热计量改造	供热计量改造,可实现供暖耗热量节能 10%~15%,至少完成具备改造价值的老旧住宅面积的 35%以上
	A7	新建住宅建筑实施热表计量与相关技术	供热计量改造,可实现供暖耗热量节能 10%~15%
城镇住宅（除集中供暖外）	B1	基于 ICT 技术的住宅能源管理系统	家庭能源管理系统,将家电产品等能耗设备网络化,可实现家用电耗节省 15%
	B2	城镇住宅太阳能热水器	全国七省市（北京市、上海市、广东省、江苏省、浙江省、山东省、湖北省）生活热水调研平均值约为 34.3MJ/($m^2 \cdot a$),太阳能热水系统节能率约为 41%
	B3	高效洗衣机	1 级能效波轮式洗衣机较 5 级耗电量节省 0.02kW · h/kg;1 级能效滚筒式洗衣机较 5 级节省 0.16kW · h/kg
	B4	高效冰箱	根据估算,1 级能效家用冰箱（240L）约比 5 级能效节省电耗 0.54kW · h/d
	B5	高效平板电视	根据估算,1/2 级平板电视较 3 级平板电视（32in）每台平均节能 29.2kW · h/a
	B6	高效家用空调器	我国城镇典型住宅家用空调耗电量约为 2.1kW · h/($m^2 \cdot a$),高效空调的节能率约为 18%
	B7	既有住宅白炽灯改造	以每日每只灯具平均运行 2h 估算,以 8W 节能灯替换住宅中现有 40W 白炽灯,每只节电量约为 23.4kW · h/a
	B8	新建住宅白炽灯淘汰	以每日每只灯具平均运行 2h 估算,三种白炽灯替换方案下,每只节电量如下: ① 20W 节能灯替换 100W 白炽灯,每只节电量约为 58.4kW · h/a ② 12W 节能灯替换 60W 白炽灯,每只节电量约为 35.0kW · h/a ③ 23W 节能灯替换 15W 白炽灯,每只节电量约为 8.8kW · h/a

（续）

建筑能耗子类	编号	技术内容	技术特征描述
公共建筑（除集中供暖外）	C1	被动式设计	在公共建筑设计中引进自然通风与自然采光因素，以节省机械空调或人工照明电耗。公共建筑空调系统平均电耗约为45kW·h/(m²·a)，照明系统电耗约为30kW·h/(m²·a)，节能率约为5%
	C2	地源热泵	对运行中项目实测表明，夏季设备平均COP约为4.5（常规式离心式电制冷机约为5.5），冬季系统COP约为1.39（常规供热系统为2~3）
	C3	温湿度独立控制	较常规楼宇供冷系统，节能率约为30%
	C4	信息机房热管空调	对部分移动通信基站设备实测，空调系统节能率为30%~40%
	C5	既有公建空调系统节能改造	通过冷机改造、水泵风机变频等措施，空调系统能效比EER平均可由1.5~2.5提高到2.5~3.5
	C6	公建太阳能热水器	北京市宾馆饭店类公建，生活热水耗水量（热力站处）约为71kW·h/(m²·a)，节能率同B2
	C7	既有公建白炽灯改造	同B7
	C8	新建公建LED灯应用	以每日每只灯具平均运行2h估算，以3W的LED灯替换新建公建中8W的节能灯，每只节电量约为3.65kW·h/a
	C9	新建公建白炽灯淘汰	同B8
	C10	能源监测与分项计量系统	配合诊断与低成本/无成本改造，实际工程中年节电量为5%~8%
农村住宅	D1	被动式太阳房	被动式太阳房（直接受益式、集热墙和集热蓄热墙式、附加阳光间式）平均节能率为60%~65%
	D2	围护结构改造	我国北方农村地区单位建筑面积生活用能平均值约为14kg标准煤/(m²·a)，其中供暖热耗约占52%，实际改造工程节能率约为60%
	D3	秸秆压缩	2009年全国新增秸秆固化厂35处，年新增秸秆固化产量12.8万t
	D4	节能吊炕	节能吊炕较传统土炕节能约为832t标准煤/(m²·a)，2009年全国农村新增节能吊炕41.07万铺/月
	D5	高效土暖气	较常规系统节能率约为8%
	D6	农村太阳能热水器	农村生活热水平均耗热量约为8.78MJ/(m²·a)，节能率同B2
	D7	地板辐射供热系统	我国北方农村地区供暖耗热量同D2，较常规供热系统节能40%
	D8	高效节能灶	较普通柴灶实测节能约15%，2009年新增354.6万户/月
	D9	户用沼气池	2009年全国新增沼气池数量约为5.19万池

注：资料来源于《中国二氧化碳减排技术潜力和成本研究》。

实现建筑业低碳发展亟须探索适合我国国情的减排技术路径。我国建筑业低碳转型技术主要集中在低碳建筑设计、建筑节能和建筑可再生能源利用三个方面。

1）低碳建筑设计可从源头上控制建筑在全生命周期中的碳排放和能源消耗。目前，我国要求新建建筑需严格执行《绿色建筑评价标准》（GB/T 50378—2019），在设计评审阶段就纳入可持续理念。同时，我国建立了全国绿色建材采信应用数据库，发布标识产品推广目录，以期满足对绿色建材功能的设计需求。以建筑信息模型（BIM）为主的信息化技术的逐步成熟更是为可持续设计方案提供了优化决策途径。

2）建筑节能技术主要有维护结构节能、供热系统节能、供冷系统节能、照明节能和电器节能五类。目前，我国持续推进建筑供热网管及智能调温调控，应用建筑设备优化控制策略，以提高供暖空调系统和电器系统效率；进一步推广发光二极管等高效节能灯具，建设照明数字化系统。

3）建筑可再生能源利用则集中在风能、太阳能和地热能等非化石能源的应用方面，其中以太阳能光伏技术应用最广，预计 2025 年新建公共建筑和厂房光伏覆盖率将达 50%，城镇建筑可再生能源替代率达 8%。目前，我国超低/近零能耗建筑技术标准体系完善，核心技术成熟，具有规模化推广潜力，已在多地开展示范应用；在高效用能系统方面，高效照明智能控制技术、高效制冷机房系统、智能楼宇技术等的技术成熟度和市场化率逐步提高。

5.2　工程项目超额碳排放成本

5.2.1　碳定价机制

碳定价即是对温室气体的排放设定一个价格，它可以将温室气体排放的外部成本内部化，有助于将温室气体排放造成的损害负担转移给那些需要对此负责的企业或人，从而引导生产、消费和投资向低碳方向转型，实现应对气候变化与经济社会的协调发展。目前，全球在控制碳排放的实践中，主要的碳定价机制有两种：碳排放权交易和碳税，这两种方式均是利用市场调节机制来减少温室气体的排放，前者是指企业碳排放额度分配和交易，后者是向企业二氧化碳等温室气体排放收税。这两种方式具有不同的理论基础，对经济学外部性有着不同解释。碳交易是一种定量干预措施，它通过为环境能力规定产权，即对其进行初始分配，同时允许产权交易促进社会成本的最小化。而碳税属于价格干预措施的范畴，它是对碳排放负面外部性的一种回应，主张对污染者征税以补偿个人边际成本和边际社会成本之间的差异，以使外部成本内部化。

将碳定价机制应用于工程项目管理过程的碳排放中，可以获得工程项目碳排放损失成本，将绿色建筑各阶段的碳成本分担至需要对此负责的企业，才能倒逼工程建设的相关企业关注生产过程中的碳减排，避免"绿色建筑不低碳"的矛盾现象，实现绿色建筑的可持续发展。

5.2.2 碳排放权交易

1. 建筑碳排放权交易的内涵

建筑碳排放权交易是指不同建筑能效交易主体在获得建筑碳排放权配额后，依据政府的环境政策和碳排放权的法律法规，在交易平台进行碳排放权买卖，它是一种商业行为。全球首个城市大型建筑创建的总量控制及交易体系正式成立，突显了在应对全球气候变化中碳交易市场对城市建筑碳减排的特殊影响。

在建筑碳排放权交易体系下，碳配额成为一种稀缺商品，若建筑业主拥有了更多的碳配额额度，则可把余下的碳配额放置在建筑碳交易市场中进行交易并以此谋取利益，因此也就激发了更多的建筑业主通过采取建筑节能减排、更新设备等减排策略获取多余的碳配额额度。相反，一些高能耗的建筑由于实施碳减排效果不好，其获得的碳配额不足以抵消自身实际的碳排放量，为了免于接受惩罚，必须到建筑碳交易市场上购买，补齐差额。在这种机制下，承担减排任务的建筑业主可以通过货币交换的方式调剂减排任务，从而达到企业"低成本减碳"的目的。

2. 我国碳交易市场

我国碳交易市场的发展大致可分为四个阶段：清洁发展机制项目（Clean Development Mechanism，CDM）建设阶段、碳市场试点建设阶段、全国统一碳市场建设阶段以及全国统一碳市场启动阶段，见表 5-2。

表 5-2 我国碳市场发展阶段

阶段划分	发展情况
CDM 建设阶段 （2005—2011 年）	清洁发展机制（CDM）是《京都议定书》中提出的一种跨界进行温室气体减排的机制，我国从 2005 年开始通过开发 CDM 的方式参与了欧洲乃至全球碳市场，作为碳减排量的卖方从碳市场获得了不少实质性利益
碳市场试点建设阶段 （2011—2017 年）	2011 年 10 月，国家发展和改革委员会印发《关于开展碳排放交易试点工作的通知》，批准北京、上海、天津、重庆、湖北、广东、深圳等 7 省市开展碳交易试点工作。2013 年底起，7 个试点相继启动。在 2016 年 12 月底，在福建启动了第 8 个碳交易试点。截至 2017 年 12 月 31 日，8 个碳市场配额累计成交量为 1.85 亿 t，累计成交额超过 37 亿元
全国统一碳市场建设阶段 （2017—2021 年）	2017 年 12 月，国家发展和改革委员会印发了《全国碳排放权交易市场建设方案（发电行业）》，标志全国碳市场正式启动，全国碳市场从发电行业开始，分为基础设施建设期、模拟运行期、深化完善期，三阶段稳步推进碳市场建设
全国统一碳市场启动阶段 （2021 年至今）	生态环境部 2020 年 12 月 25 日通过了《碳排放交易管理办法》，该办法第二十九条，重点排放单位每年可以使用国家核证自愿减排量抵销碳排放配额的清缴，抵销比例不得超过应清缴碳排放配额的 5%。相关规定由生态环境部另行制定。2021 年 7 月 16 日，全国碳排放权交易市场正式启动。发电行业成为首个纳入全国碳市场的行业，其中纳入重点排放的单位超过 2000 家，覆盖排放量超过 40 亿 t，成为全球覆盖温室气体排放量规模最大的碳交易市场

5.2.3　工程项目超额碳排放成本分析

工程项目建设周期划分为四个阶段：工程项目决策阶段、工程项目设计阶段、工程项目实施阶段、工程项目总结评价阶段。由于工程项目决策阶段碳排放行为较少，因此工程项目超额碳排放成本只考虑其余三个阶段。

1. 基于碳交易体系的工程项目超额碳排放成本计算方法

在碳交易体系下，工程项目超额碳排放成本是由于排放超过相应经济实体的配额而在每个阶段产生的费用之和：

$$C_m = C_1 + C_2 + C_3 \tag{5-1}$$

式中　C_m——工程项目超额碳排放成本（元）；

C_1——工程项目设计阶段的超额碳排放成本（元）；

C_2——工程项目实施阶段的超额碳排放成本（元）；

C_3——工程项目总结评价阶段的超额碳排放成本（元）。

下面以实施阶段的超额碳排放成本为示例介绍具体的计算方法。

在工程项目实施阶段中，碳排放行为集中在材料生产、材料运输及施工三个过程中，因此工程项目实施阶段的超额碳排放成本由上述三个过程的超额碳排放成本组成。每个阶段的超额碳排放成本由超过配额的碳排放量乘以购买的碳配额价格得到，具体方程如下：

$$C_2 = C_{21} + C_{22} + C_{23} \tag{5-2}$$

$$C_{2i} = (ZT_i - ZM_i) P_i \tag{5-3}$$

式中　C_{21}——材料生产阶段的超额碳排放成本（元）；

C_{22}——材料运输阶段的超额碳排放成本（元）；

C_{23}——施工阶段的超额碳排放成本（元）；

ZT_i——第 i 过程企业的年度碳排放量（tCO_2）；

ZM_i——第 i 过程每年的碳配额（tCO_2）；

P_i——第 i 过程企业购买的碳配额价格（元/tCO_2）。

其中，材料生产和运输阶段超额碳排放成本的承担者是材料制造厂；施工阶段超额碳排放成本的承担者为建设承包商，施工阶段的碳排放可分为化石能源使用导致的直接碳排放和电力消耗造成的间接碳排放。需要注意的是，当排放量超过企业的配额之前，即当 $ZT_i < ZM_i$ 时，i 阶段的超额碳排放成本为 0。

2. 基于碳税体系的工程项目超额碳排放成本计算方法

目前国际上对于碳税的征收基本分为两种类型，一种是根据不同能源的碳排放情况，规定不同的征收税率（如挪威、英国、加拿大等）；另一种是根据不同行业，设计不同的征收模式（如日本、德国等）。对于税率的设置也主要分为两种，一种是采用固定的税率，但设置了不同碳排放量梯度，每个梯度有各自的税率，或者根据排放量不同，对固定税率实行一定的增加或减少；另一种是按比例定税率，根据排放量设置不同的比例。对于我国的碳税征收，应该采取分行业、实行固定税率的方式。原因有二：一是因为我国现在正处于产业结构转型的关键时期，对不同行业采取不同的税率有助于促进企业改进生产方式，从而淘汰污染重、能源效率低的行业；二是因为我国的碳排放管控相较于西方发达国家还处于起步阶段，特别是对各种能源碳排放的统计上，缺乏相应的配套机制。因此，在碳税体系下工程项目超额碳排放成本是由于工程管理各阶段排放过量的碳而向税务部门缴纳的碳税费用之和。

$$C_\mathrm{t} = \sum_i (Z_i \mathrm{TAX}_i) \tag{5-4}$$

式中　C_t——基于碳税情景下工程项目超额碳排放成本（元）；

　　　Z_i——第 i 阶段超额的碳排放量（tCO_2）；

　　TAX_i——第 i 阶段的碳税税率（元/tCO_2）。

5.3　工程项目碳排放外部成本

　　碳排放的负外部性主要表现在宏观层面上，不仅会增加对环境破坏的社会成本，也会对社会公众造成不利影响，例如过量排放的碳造成全球气候变暖、海平面上升、极端气候增多；烟雾、粉尘、有害气体等会对人体健康、野生动植物造成极大的危害等。不同于其他碳成本，碳排放外部成本的特征在于其产生的无形性、结果的不确定性，以及潜在的影响因素的不可预知性和价值难以量化。虽然很难将外部成本的货币价值量化，但可以通过研究其物理和化学性质，并与相关机构进行的计算标准描述相结合，测定其数量。目前，核算碳排放外部成本主要采用生命周期影响评价末端计量模型（LIME），该方法综合了生命周期概念和环境损害测算模型，通过对不同环境负荷物定义一种统一化的评价系数，定量分析环境负荷物对环境的影响，并将这种影响转化成货币金额。2010 年，日本工业环境管理协会出版了《LIME2-支持决策的环境影响评估方法》[⊖]，书中对环境损害进行了统一的系数计算，制定了 14 项环境领域所存在的环境负荷因子的 LIME 系数，并以表格形式列出，包括大气污染、温室效应、能源损耗、资源消耗等。该系数不仅可以有效提升 LIME 的具体实践作用效果，也成为由生命周期影响评价方法成功转向货币化评价的有效呈现工具。工程项目外部成本的核算也可以采用此方法，计算公式如下：

$$C_\mathrm{e} = \sum_i C_{\mathrm{e},i} \tag{5-5}$$

$$C_{\mathrm{e},i} = Z_i \mathrm{DF}_z \mathrm{WTP} \tag{5-6}$$

式中　C_e——工程项目外部成本（元）；

　　　$C_{\mathrm{e},i}$——工程项目第 i 阶段的外部成本（元）；

　　　Z_i——工程项目第 i 阶段的碳排放量（tCO_2）；

　　DF_z——CO_2 的 LIME 系数（元/tCO_2）；

　　WTP——货币汇率。

　　⊖　LIME 系数数据库链接：https://lca-forum.org/database/impact/。

具体而言，计算工程项目外部成本主要涉及下述环节：

1）计算工程项目管理各阶段的碳排放量。

2）查表确定各类资源损耗与碳排放的环境损害系数值并加以折算，选取当年年末汇率，将外币换算为以人民币表示的数额。

3）工程项目管理各阶段内以标准单位计算的资源消耗、碳排放量分别乘以与之相应的换算后的环境损害系数值，乘积结果即为碳排放外排所引致的外部损害价值。

4）最终测算出以货币形式反映出来的碳排放外部成本。

📝 思考题

1. 工程项目碳成本有哪些内涵？

2. 工程建筑领域减排技术可以分为哪几类？根据什么进行划分？

3. 基于不同体系的工程项目超额碳排放成本计算什么不同？

4. 工程项目碳排放外部成本可以由哪些方法计算？

第6章

工程项目碳资产

了解碳资产的概念与内涵，掌握碳资产的功能与计量；了解国内碳资产的发展背景，了解国内自愿减排项目管理及项目方法学；掌握工程项目碳资产综合管理的相关知识。图 6-1 为本章思维导图。

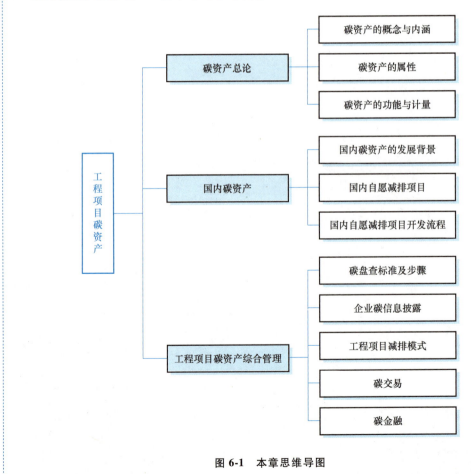

图 6-1　本章思维导图

6.1　碳资产总论

6.1.1　碳资产的概念与内涵

谈起碳资产（Carbon Assets），应该从碳汇说起。关于碳汇一词，联合国将其表述为从大气中吸收二氧化碳的过程、活动或机制。凡是在一定时间内从大气中吸收二氧化碳并将其储存固定下来，就称为碳汇。事实上，日常谈及的碳汇指的并不是这个意思，而是指一种具有交易价值的碳资产。

仲永安、邓玉琴（2011）认为当碳排放权可以作为一种商品在特定市场上交易，与财务、金融挂钩时，这种权利就可视为一种有价产权，进而演变为一种特殊形态的资产，即碳资产。碳资产是由碳排放权发展而来的，但它不仅是碳排放权，还是对碳排放权的继承和发展，即碳排放权不但是被广泛采用的减排手段，而且在市场机制背景下已经发展成为新的资产形式和新的金融工具。

中国证监会于 2022 年发布了中华人民共和国金融行业标准《碳金融产品》（JR/T 0244—2022），该标准指出，碳资产是指由碳排放权交易机制产生的新型资产。这里的碳排放权（Carbon Emission Permit）是指分配给重点排放单位的规定时期内的碳排放额度，一般包括碳排放权配额和国家核证自愿减排量。碳排放权交易（Carbon Emission Trading）是指主管部门以碳排放权的形式分配给重点排放单位或温室气体减排项目开发单位，允许碳排放权在市场参与者之间进行交易，以社会成本效益最优的方式实现减排目标的市场化机制。

碳资产主要包括碳配额和碳信用。其中，碳配额（Carbon Allowance）又称碳排放权配额，是指主管部门基于国家控制温室气体排放目标的要求，向被纳入温室气体减排管控范围的重点排放单位分配的规定时期内的碳排放额度。碳配额通过政府机构分配或进行配额交易而获得，是在"总量控制-交易机制"（Cap-and-Trade）下产生的。在结合环境目标的前提下，政府会预先设定一个期间内温室气体排放的总量上限，即总量控制。在总量控制的基础上，将总量任务分配给各个企业，形成"碳排放配额"，作为企业在特定时间段内允许排放的温室气体数量。碳信用（Offset Credits）则是指项目主体依据相关方法学，开发温室气体自愿减排项目，经过第三方的审定和核查，依据其实现的温室气体减排量化效果所获得签发的减排量，是在"信用交易机制"（Credit-Trading）下产生的。国内碳信用主要是指"国家核证自愿减排量"（Chinese Certified Emission Reduction，CCER），也就是对我国境内可再生能源、林业碳汇、甲烷利用等项目的温室气体减排效果进行量化核证，并在国家温室气体自愿减排交易注册登记系统中登记的温室气体减排量。国际上主要的碳信用为《京都议定书》清洁发展机制（CDM）下的核证减排量（CER）。一般情况下，企业能够在碳交易市场上交易碳资产，出售给那些温室气体排放超出限额的企业，用以抵消其温室气体超额排放的责任。

6.1.2 碳资产的属性

碳资产作为一种环境资源资产，具有稀缺性、消耗性和投资性的特点。同时，碳资产作为一种金融资产，具有商品属性和金融属性。此外，碳资产还具有可透支性的特点。

1. 稀缺性

稀缺性是物品成为商品的必要条件。一方面，环境的容量是有限的。例如，须将大气中温室气体容量控制在有限的合理范围内，人类排放温室气体的行为便会受到限制，从而导致温室气体排放权（碳排放权）成为一种稀缺资源。另一方面，现阶段国际碳交易市场的主流模式是总量控制与交易机制下的强制减排模式，该模式下碳配额总量根据各国减排目标预先设定，使企业原来毫无约束的排放权受到排放总量限制而表现出某种程度的稀缺性。而这种稀缺性也促使碳资产成为一种有价商品。碳资产的价值，可以通过直接进行碳资产交易和间接通过生产过程中的消耗这两种方式为企业产生经济利益。

2. 消耗性

碳排放权的最终用途是被直接消耗或抵消消耗。虽然可能在市场上流通交易，但最后还是会被终端用户所使用。由此可见，碳资产的另一种属性便是消耗性。

3. 投资性

碳资产作为一种金融资产，可以在碳交易市场上融通，这便是碳资产投资性的体现。如今，欧盟的碳交易市场已经发展得比较成熟，其他区域性的碳交易市场，如美国加利福尼亚州碳交易体系也为碳资产的流通提供了更大的空间。

4. 商品属性

从价值和使用价值双重属性来看，碳资产是为了达到减排目的而被创设的一种资产，它并非凭空产生，创设这项资产和构建相关配套机制需付出较多劳动，它和知识产权等无形商品一样凝结了无差别的人类劳动，碳资产的价值也由此得以体现。碳资产的使用价值表现为拥有碳资产的控排企业可以向大气中排放一定数量的温室气体，满足企业发展的需要；利用碳配额来履约等也使之具备了一定的使用价值。同时，碳资产可作为商品在不同的企业、国家或其他主体间，进行买卖交易。这些都表现出其基础的商品属性。

5. 金融属性

碳资产具有稀缺性，能为持有者提供保值、增值和资金融通等功能。同时，随着碳交易市场的迅速发展，政策风险、法律风险、项目风险、市场风险和操作风险等各类交易风险相继出现。为了防范风险以及维持碳相关投资的稳定性，一些金融工具也被逐渐开发出来，如碳期货、碳期权、碳掉期等。这些用于规避风险或者金融增值的交易性碳资产也表现出金融属性的特征。

6.1.3 碳资产的功能与计量

1. 碳资产的功能

当前碳资产的功能体现在以下几个方面：

1）价格信号功能。碳资产具有商品属性，其价格信号作用能使企业在价值最大化的驱使下，引导企业基于成本收益原则自觉做出购买碳排放权或减少污染排放的有利选择，促使环境外部成本内部化（罗晓娜、林震，2010）。在碳交易机制下，碳资产通过其价格信号功能，可以促进企业重视环保因素，实现环境外部成本内部化，从而通过信息传递效应影响投资者对企业的预期，进而影响股票市场的收益率，这种价格可以使市场参与者对碳交易产品价格做出更合理的估计。

2）资源配置功能。碳资产的稀缺性和投资性及商品属性可以帮助企业更好地实现碳减排和技术创新所需要的融资需求。在当前人们愈发关注环保信息的情况下，股票市场可以无形地提高污染企业的融资成本，引导社会资本流向环保企业，鼓励和引导产业结构优化升级和经济增长方式的转变，进而影响整个资本市场。

3）决策支持功能。碳资产的交易发挥了市场机制应对气候变化的基础作用，使碳资产的价格能够反映资源稀缺程度和治理污染成本，使得资金在价格信号的引导下迅速、合理地流动。市场约束下得到的均衡价格就会使投资者在碳市场上制定出更加有效的交易策略与风险管理决策，对于企业的生产成本和相关的投资决策都具有重要意义。

2. 碳资产的计量

碳资产是一项资产，因此也需要进行会计计量。企业应当按照规定的会计计量属性进行计量，确定相关金额。进行计量的关键是计量属性的选择和计量单位的确定。计量单位可以采用货币计量和其他计量方式。计量属性也称计量基础，是指所用度量的经济属性，即按什么标准（面积、重量、金额）、什么角度（投入价值、产出价值）来计量。计量属性主要包括历史成本、重置成本、可变现净值、现值和公允价值等。

（1）历史成本

历史成本又称实际成本，是指为取得或制造某项财产物资实际支付的现金或其他等价物。在历史成本计量属性下，资产按照购置时支付的现金或者现金等价物的金额，或者按照购置资产时所付出的对价的公允价值计量。

（2）重置成本

重置成本又称现行成本，是指按照当前市场条件，重新取得同样一项资产所需要支付的现金或者现金等价物金额。在重置成本计量下，资产按照现在购买相同或者相似资产所需支付的现金或者现金等价物的金额计量。

（3）可变现净值

可变现净值是指在正常的生产经营过程中，以预计售价减去进一步加工的成本和预计销售费用及相关税费后的净值。在可变现净值计量下，资产按照其正常对外销售所能收到的现金或者现金等价物的金额扣减该资产至完工时估计将要发生的成本、销售费用及相关税费后的金额计量。

（4）现值

现值是指将未来现金流量以恰当的折现率进行折现后的价值，是考虑货币时间价值的一种计量属性。在现值计量属性下，资产按照预计从其持续使用和最终处置中所产生的未来净现金流入量的折现金额计量。

（5）公允价值

公允价值是指市场参与者在计量日发生的有序交易中，出售一项资产所能收到或者转移一项负债所需支付的价格。

考虑到碳资产的特殊性，目前碳资产的计量属性主要有三种选择：一是按历史成本计量，二是选择公允价值或现行市场价值，三是根据不同阶段分别进行选择。

碳资产并不能直接理解为碳排放权，因为碳排放权在不能公开交易和定价的情况下，并不符合资产的属性，只是政府分配给企业的可以排放的数量。只有在碳市场上可以交易并可以计量其经济价值的情况下，碳排放权才成为碳资产，不能忽略碳资产的财富计量和价值创造意义。

6.2 国内碳资产

6.2.1 国内碳资产的发展背景

面对气候变化、环境风险挑战、能源资源约束等日益严峻的全球问题，我国树立人类命运共同体理念，促进经济社会发展全面绿色转型，努力推动本国低碳发展，与各国一道寻求加快推进全球可持续发展新道路。

为实现我国 2020 年单位国内生产总值二氧化碳排放下降目标，《中华人民共和国国民经济和社会发展第十二个五年规划纲要》提出逐步建立碳排放交易市场。当时国内已经开展了一些基于项目的自愿减排交易活动，对于培育碳减排市场意识、探索和试验碳排放交易程序和规范具有积极意义。为保障自愿减排交易活动有序开展，调动全社会自觉参与碳减排活动的积极性，逐步建立总量控制下的碳排放权交易市场积累经验，奠定技术和规则基础，生态环境部、市场监管总局联合发布《温室气体自愿减排交易管理办法（试行）》，以规范全国温室气体自愿减排交易及相关活动。全国温室气体自愿减排交易市场与全国碳排放权交易市场共同组成我国碳交易体系。自愿减排交易市场启动后，各类社会主体可以按照相关规定，自主自愿开发温室气体减排项目，项目减排效果经过科学方法量化核证并申请完成登记后，可在市场出售，以获取相应的减排贡献收益。启动自愿减排交易市场有利于支持林业碳汇、可再生能源、甲烷减排、节能增效等项目发展，有利于激励更广泛的行业、企业和社会各界参与温室气体减排行动，对于推动经济社会绿色低碳转型，实现高质量发展具有积极意义。

6.2.2 国内自愿减排项目

1. 国内自愿减排项目管理

（1）项目资格

参与温室气体自愿减排交易的项目应采用经国家主管部门备案的方法学并由经国家主管

部门备案的审定机构审定。自愿减排项目在时间上有严格的限定，必须是于 2005 年 2 月 16 日后开工建设的项目，且应属于以下任一类别[一]：

1）采用经国家主管部门备案的方法学开发的自愿减排项目。

2）获得国家发展和改革委员会批准作为清洁发展机制项目，但未在联合国清洁发展机制执行理事会注册的项目。

3）获得国家发展和改革委批准作为清洁发展机制项目且在联合国清洁发展机制执行理事会注册前就已经产生减排量的项目。

4）在联合国清洁发展机制执行理事会注册但减排量未获得签发的项目。

简单来说，第一类项目是全新开发的项目；第二类项目是已经拿到发展和改革委发放的批准函，但是没有注册 CDM 的项目；第三类项目是 CDM 注册之前就产生减排量的项目；第四类项目是 CDM 已经注册但是没有签发的项目。

（2）项目类型

我国的国家核证自愿减排量（CCER）体系起步于 2012 年 3 月，暂停于 2017 年 3 月，于 2024 年重启。2012 年 3 月—2017 年 3 月，共计有 2891 个 CCER 项目被开发，其中完成项目备案的有 1047 个，完成减排量备案的有 247 个，累计已完成减排量备案的 CCER 为 7800 万 t[二]。2024 年重启后，首批四个方法学下已有 40 多个新 CCER 项目挂网公示，市场交易规则进一步完善，市场建设稳中向好推进，2024 年度 CCER 成交量超过 1959 万 t。我国的国家核证自愿减排项目的主要项目类型是可再生能源项目，包括风电、水电、光伏发电、生物质发电或供热、甲烷利用、林业碳汇等。除了可再生能源项目，CCER 的其他项目技术类型包括以下几种：垃圾填埋气回收发电，垃圾焚烧发电，煤层气、煤矿瓦斯和通风瓦斯回收发电，工业水处理过程中的沼气回收发电，家庭或小农场农业活动沼气回收及在建筑内安装节能照明或控制装置等。

从项目技术类型来看，在已开发的 2891 个项目中，项目开发个数排名靠前的分别是风电、光伏发电、甲烷利用、水电、垃圾焚烧、生物质发电、造林和再造林等类型。从减排量分布来看，在完成减排量备案的 CCER 项目中，水电、风电和甲烷利用是 CCER 减排量产出的前三种类型。

（3）相关开发参与机构

国家核证自愿减排项目开发参与机构主要包括以下四类：

第一类，主管部门。根据《温室气体自愿减排交易管理办法（试行）》的规定，国家发展和改革委员会是温室气体自愿减排交易的国家主管部门，负责项目和减排量的备案和登记。

第二类，项目申请主体。根据《温室气体自愿减排交易管理办法（试行）》的规定，我国境内注册的企业法人可依据该办法申请温室气体自愿减排项目及减排量备案。因此，只要

[一]　实际备案项目中，没有四类项目，二、三类项目作为一种过渡机制设计数量有限，备案项目仍以一类项目为主。
[二]　数据来源：国家核证自愿减排交易平台。

是在我国境内注册的企业法人，都可以申请项目备案和减排量备案。所以，项目申请主体是指在我国境内注册的企业法人，一般是指项目业主。

第三类，审核机构。审核机构是指经国家发展和改革委员会备案登记的第三方审定和审核机构，对项目是否符合要求进行审定，出具审定报告，对项目的监测进行核查，出具核查报告。

第四类，咨询机构。由于项目开发具有专业性，开发周期较长，咨询机构在项目开发上有充分的开发经验，能够大大提高项目开发的成功率，缩短项目的开发周期。

截至 2017 年 6 月，国家发展和改革委员会一共备案了 12 家审核机构，机构名单见表 6-1。

表 6-1　国家发展和改革委员会备案审核机构名单

批准时间	出处
2013 年 6 月	中国质量认证中心（CQC）
2013 年 6 月	广州赛宝认证中心服务有限公司（CEPREI）
2013 年 9 月	中环联合（北京）认证中心有限公司（CEC）
2014 年 6 月	北京中创碳投科技有限公司
2014 年 6 月	中国船级社质量认证公司（CCSC）
2014 年 6 月	环境保护部环境保护对外合作中心（MEPFECO）
2014 年 8 月	深圳华测国际认证有限公司（CTI）
2014 年 8 月	中国农业科学院（CAAS）
2014 年 8 月	中国林业科学研究院林业科技信息研究所
2016 年 3 月	中国建材检验认证集团股份有限公司（CTC）
2017 年 3 月	中国铝业郑州有色金属研究院有限公司
2017 年 3 月	江苏省星霖碳业股份有限公司

2023 年 10 月 19 日，生态环境部印发了《温室气体自愿减排交易管理办法（试行）》，标志着新 CCER 项目体系正式启动。2024 年 6 月，国家认监委发布首批温室气体自愿减排项目审定与减排量核查机构资质审批决定，包括能源产业、林业和其他碳汇类型共计 5 家机构，机构名单见表 6-2。

表 6-2　新 CCER 项目体系及审查机构名单

序号	行业领域	机构名称	机构批准号
1	能源产业 （可再生/不可再生）	中国质量认证中心有限公司	CNCA-R-2002-001
		中国船级社质量认证有限公司	CNCA-R-2002-005
		广州赛宝认证中心服务有限公司	CNCA-R-2002-012
		中环联合（北京）认证中心有限公司	CNCA-R-2002-105

（续）

序号	行业领域	机构名称	机构批准号
2	林业和其他碳汇类型	中国质量认证中心有限公司	CNCA-R-2002-001
		中国船级社质量认证有限公司	CNCA-R-2002-005
		广州赛宝认证中心服务有限公司	CNCA-R-2002-012
		中环联合（北京）认证中心有限公司	CNCA-R-2002-105
		中国林业科学研究院林业科技信息研究所	CNCA-R-2024-1364

注：机构按照批准号排序。

（4）管理方式

温室气体自愿减排项目的管理方式为国家对温室气体自愿减排交易采取备案管理。参与自愿减排交易的项目，在国家主管部门备案和登记，项目产生的减排量在国家主管部门备案和登记，并在经国家主管部门备案的交易机构内交易。

2. 自愿减排项目方法学

项目所产生的减排量是一种信用额度，要想成为统一的可以交易的信用量，就需要建立一整套可计量的自愿减排项目方法学。自愿减排项目方法学是指用于确定项目基准线、论证额外性、计算减排量、制定监测计划等的方法指南。具体包括以下六个部分：

1）适用性。方法学适用性是指某一类型的项目适用于本类型方法学开发。例如，根据国家核证自愿减排交易平台的审定和备案项目的统计，目前用得最多的方法学是 CM-001-V02 可再生能源并网发电项目的整合基准线方法学。该方法学的适用性是指适用于可再生能源并网发电项目活动，该项目活动是对水力、风力、地热、太阳能、波浪或潮汐发电厂或发电机组进行建设、扩容、改造或替代。

2）项目边界。项目边界是指空间范围，包括项目发电厂及与本项目接入电网中的所有电厂。

3）基准线情景。基准线情景是指合理地代表没有拟议的项目活动时会出现的温室气体源人为排放量的情景。项目基准线设定是方法学的核心问题之一，是项目额外性分析和减排量计算的基础。

4）额外性。如果项目活动能够将其排放量降到低于基准线情景的排放水平，并且证明自己不属于基准线，则该减排量就是额外的。简单来说，项目减排量相对于基准线是额外的。

5）减排量计算。根据方法学规定的算法，计算得出项目本身相对基准线产生的减排量。

6）监测。项目备案后，项目的减排量需要根据项目设计文件及监测手册进行监测，这是申请减排量备案非常重要的步骤。

《温室气体自愿减排交易管理办法（试行）》规定，对已经联合国清洁发展机制执行理事会批准的清洁发展机制项目方法学，由国家主管部门委托专家进行评估，对其中适合于自愿减排交易项目的方法学予以备案。对新开发的方法学，其开发者可向国家主管部门申请备案，并提交该方法学及所依托项目的设计文件。国家主管部门接到新方法学备案申请后，委托专家进行技术评估，评估时间不超过 60 个工作日。国家主管部门依据专家评估意见对新开发方法学备案申请进行审查，并于接到备案申请之日起 30 个工作日内（不含专家评估时间）对具有合理性和可操作性、所依托项目设计文件内容完备、技术描述科学合理的新开发方法学予以备案。

根据国家核证自愿减排交易平台上的信息，截至 2017 年 6 月 30 日，国家发展和改革委员会已经公布了 12 批备案方法学，数量达到 200 个，见表 6-3。

表 6-3　我国自愿减排备案项目方法学备案情况

方法学备案批次	方法学备案日期	方法学备案数量（个）
第 1 批	2013 年 3 月 11 日	52
第 2 批	2013 年 11 月 4 日	2
第 3 批	2014 年 1 月 22 日	123
第 4 批	2014 年 4 月 15 日	1
第 5 批	2015 年 1 月 27 日	3
第 6 批	2016 年 2 月 25 日	7
第 7 批	2016 年 6 月 2 日	3
第 8 批	2016 年 6 月 20 日	1
第 9 批	2016 年 7 月 22 日	1
第 10 批	2016 年 8 月 26 日	4
第 11 批	2016 年 8 月 26 日	1
第 12 批	2016 年 11 月 18 日	2

2023 年 10 月 24 日，生态环境部印发了首批 4 个项目方法学，标志着新 CCER 项目体系启动，具体包括造林碳汇（CCER-14-001-V01）、并网光热发电（CCER-01-001-V01）、并网海上风力发电（CCER-01-002-V01）、红树林营造（CCER-14-002-V01）。2025 年 1 月 3 日，生态环境部联合相关部委发布了第二批共 2 个 CCER 方法学，包括甲烷体积浓度低于 8% 的煤矿低浓度瓦斯和风排瓦斯利用（CCER-10-001-V01）及公路隧道照明系统节能（CCER-07-001-V01）。

方法学情况统计见表 6-4。

表 6-4　我国自愿减排备案项目采用方法学情况统计

自愿减排方法学编号	中文名
CM-001-V01	可再生能源联网发电
CMS-002-V01	联网的可再生能源发电（小型项目）
CM-003-V01	回收煤层气、煤矿瓦斯和通风瓦斯用于发电、动力、供热、通过火炬或无焰氧化分解

（续）

自愿减排方法学编号	中文名
CM-004-V01	现有电厂从煤、燃油到天然气的燃料转换
CM-005-V01	通过废能回收减排温室气体
CM-012-V01	并网的天然气发电
CM-015-V01	新建热电联产设施向多个用户供电、供蒸汽并取代使用碳含量较高燃料的联网离网的蒸汽和电力生产
CCER-14-001-V01	造林碳汇项目（新版）
CM-028-V01	快速公交项目
CM-032-V01	快速公交系统
CM-051-V01	货物运输方式从公路运输转变到水运或铁路运输

根据《温室气体自愿减排项目审定与减排量核查实施规则》的规定，温室气体自愿减排项目在专业领域里被划分为16种类型，所有的方法学都包含在这16种类型内。温室气体自愿减排项目专业领域划分见表6-5。

表 6-5　温室气体自愿减排项目专业领域划分

序号	专业领域
1	能源工业（可再生能源/不可再生能源）
2	能源分配
3	能源需求
4	制造业
5	化工行业
6	建筑行业
7	交通运输业
8	矿产品
9	金属生产
10	燃料的飞逸性排放（固体燃料、石油和天然气）
11	碳卤化合物和六氟化硫的生产与消费产生的飞逸性排放
12	溶剂的使用
13	废物处置
14	造林和再造林
15	农业
16	碳捕获与储存

6.2.3 国内自愿减排项目开发流程

1. 项目设计文件编写

业主（或咨询机构）根据项目的信息（主要包括可研报告/初设报告、环境影响评价报告、可研/初设/核准批复、环评批复等），进行项目可行性评估，判断项目是否可以开发。如果项目具有开发可行性，则可开始编写项目设计文件。

项目设计文件（PDD）主要包含以下八方面的内容：项目资格条件、项目描述、方法学选择、项目边界确定、基准线识别、额外性、减排量计算和监测计划，分别包含在PDD模板的五个版块中。这五个版块具体为：①项目活动描述；②方法学应用；③项目期限和计入期；④环境影响描述；⑤利益相关者意见。我国温室气体自愿减排项目设计文件样表见表6-6。

表 6-6　我国温室气体自愿减排项目设计文件样表

项目活动名称	项目名称与环评/核准批复一致
项目类别	—
项目设计文件版本	类别①②填写
项目设置文件完成日期	—
项目补充说明文件版本	类别③④填写
项目补充说明文件完成日期	—
CDM注册号和注册日期	—
申请项目备案的企业法人	企业法人为企业机构，不等同于法人代表
项目业主	—
项目类型和选择的方法学	—
预计的温室气体年均减排量	如为项目类别③只申请CDM项目注册前 所产生减排量需标注减排量起止时间

注：该模板仅适用于一般减排项目，不适用于碳汇项目，碳汇项目请采用其他相应模板；具体使用项目包括四类：①采用国家发展和改革委员会备案的方法学开发的减排项目；②获得国家发展和改革委员会批准但未在联合国清洁发展机制执行理事会或者其他国际国内减排机制下注册的项目；③在联合国清洁发展机制执行理事会注册前就已经产生减排量的项目；④在联合国清洁发展机制执行理事会注册但未获得签发的项目。

2. 项目审定流程

项目在项目业主或其委托的咨询机构完成PDD编制之后，需要经过审核机构（DOE）的审定。审定的程序具体如下：

（1）签订审定合同

项目业主与经国家发展和改革委备案的审核机构签订审定合同，大约为一周。

（2）项目设计文件公示

项目设计文件需要通过国家核证自愿减排交易平台进行公示，征询利益相关方的意见。新项目（一、二类项目）的公示期为14天，已注册CDM项目（三、四类项目）公示期为7天。

其中：

1）一类项目是指采用经国家主管部门（通常是国家发展和改革委员会）备案的方法学开发的自愿减排项目。

2）二类项目是指获得国家发展和改革委员会批准作为清洁发展机制（CDM）项目，但未在联合国清洁发展机制执行理事会注册的项目。

3）三类项目是指获得国家发展和改革委员会批准作为清洁发展机制项目，且在联合国清洁发展机制执行理事会注册前就已经产生减排量的项目，也被称为 pre-CDM 项目。

4）四类项目是指在联合国清洁发展机制执行理事会注册，但减排量未获得签发的项目。

（3）现场访问

根据项目地点及复杂程度决定项目在现场访问的时间，一般为 1~3 个工作日。现场访问的目的是审核机构通过现场观察项目的建设环境、设备安装，调阅文件记录及与当地利益相关方会谈，进一步判断和确认项目的设计是否符合审定准则的要求并能够形成真实、可测量、额外的减排量。

（4）审核发现及澄清

审核机构应将在文件评审和现场访问过程中发现的不符合情况、澄清要求或者进一步行动要求提供给审定委托方，审定委托方应在 90 天内采取澄清或纠正措施。

（5）审定报告交付

不符合和澄清要求关闭，或者确认审定委托方在 90 天内未能采取满足要求的措施后，审核机构应在 30 个工作日内完成审定报告的编写并对其进行技术评审后，交付给审定委托方。我国自愿减排项目审定流程如图 6-2 所示。

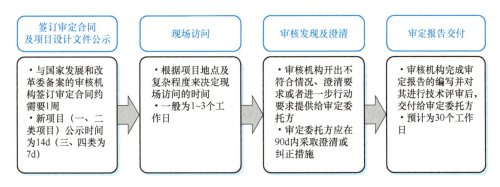

图 6-2　我国自愿减排项目审定流程

3. 项目备案流程

根据《温室气体自愿减排交易管理办法（试行）》的规定，申请项目备案需要提交的材料包括以下九种：

1）项目备案申请函和申请表。

2）项目概况说明。

3）营业执照。

4）可研批复/核准批复/备案文件。

5）环评批复。

6）节能评估和审查意见。

7）项目开工时间证明文件。

8）自愿减排项目设计文件。

9）项目审定报告。

其中，第1）条中的项目备案申请函分为国家申请函和省级申请函，可直接向国家发展和改革委员会申请自愿减排项目备案的中央企业（见《温室气体自愿减排交易管理办法（试行）》，只需要提供国家申请函；其他企业或个人则需要先提供省级申请函至地方发展和改革委，再提交国家申请函至国家发展和改革委员会，在申请程序上要多一个步骤。

第2）条中的项目概况说明的内容包括了项目业主单位概况，项目基本信息，项目总投资及所使用的技术，预期的减排量及对社会的可持续发展贡献，项目节能评估的审查情况，工程建设、环境评价等相关批准情况，项目目前进展情况，以及说明在清洁发展机制或其他减排机制下是否已经注册等相关信息。

第6）条要求的节能评估和审查意见，是我国温室气体自愿减排项目的新要求，在清洁发展机制下是没有的。根据《固定资产投资项目节能审查办法》[⊖]，政府投资项目，建设单位在报送项目可行性研究报告前，需取得节能审查机关出具的节能审查意见。企业投资项目，建设单位需在开工建设前取得节能审查机关出具的节能审查意见。未按规定进行节能审查，或节能审查未通过的项目，建设单位不得开工建设，已经建成的不得投入生产、使用。

我国自愿减排项目备案流程如图6-3所示。

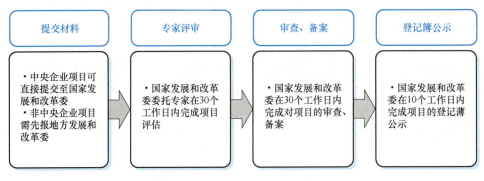

图 6-3　我国自愿减排项目备案流程

1）业主将项目设计文件，审核机构出具的审定报告及其他必需的材料一并交到发改委申请备案。其中，除《温室气体自愿减排交易管理办法（试行）》规定的中央企业可以直接

⊖　早期是根据 2010 年《关于贯彻落实国家发展和改革委员会固定资产投资项目节能评估和审查暂行办法的通知》（国家发展和改革委员会令第 6 号）进行，随着 2016 年《固定资产投资项目节能审查办法》（国家发展和改革委员会令 2016 年第 44 号）的颁布并从 2017 年 1 月 1 日正式施行，2010 年 9 月 17 日颁布的国家发展和改革委员会令第 6 号令同时废止。《固定资产投资项目节能审查办法》自 2023 年 6 月 1 日起施行。

向国家发展和改革委员会申请备案外，未列入名单的企业需要通过项目所在省、自治区、直辖市发展和改革部门提交备案申请。《温室气体自愿减排交易管理办法（试行）》没有规定地方发改委将项目提交到国家发展和改革委员会的时间，预计为 30 个工作日。

2）国家发展和改革委员会安排专家评审，在 30 个工作日内完成项目评估。

3）国家发展和改革委员会在 30 个工作日内完成对项目的审查、备案。

4）国家发展和改革委员会在 10 个工作日内完成项目的登记簿公示。国家发展和改革委员会予以备案并在国家登记簿登记的项目，必须符合下列条件：符合国家相关法律法规；符合办法规定的项目类别；备案申请材料符合要求；方法学应用、基准线确定、温室气体减排量的计算及其监测方法得当；具有额外性；审定报告符合要求；对可持续发展有贡献。

4. 监测报告编写

项目备案后，业主可以根据项目的发电情况，择机开展核查业务。如果确定核查，则可以开始编写监测报告。监测报告分为五个版块：①项目活动描述；②项目活动的实施；③对监测系统的描述；④数据和参数；⑤温室气体减排量的计算。我国温室气体自愿减排项目监测报告样表见表 6-7。

表 6-7　我国温室气体自愿减排项目监测报告样表

项目名称	项目名称与环评/核准批复一致
项目活动名称	
项目类别	
项目活动备案编号	
项目活动的备案日期	
监测报告的版本号	
监测报告的完成日期	
监测期的顺序号及本监测期覆盖日期	例如，监测期顺序号：01 覆盖日期：2015 年 1 月 1 日—2016 年 12 月 31 日（含首尾两天）
项目业主	填写业主名称
项目类型	请参照审定与核证指南附件 1—温室气体自愿减排项目专业领域划分进行填写。例如，类别 1：能源工业（可再生能源）
选择的方法学	例如，"CM-001-V02 可再生能源并网发电方法学"（第 2 版）
项目设计文件中预估的本监测期内温室气体减排量或人为净碳汇量	
本监测期内实际的温室气体减排量或人为净碳汇量	

注：项目类别仍然包括四类：①采用经国家发展和改革委员会备案的方法学开发的减排项目；②获得国家发展和改革委员会批准但未在联合国清洁发展机制执行理事会注册的项目；③在联合国清洁发展机制执行理事会注册前就已经产生减排量的项目；④在联合国清洁发展机制执行理事会注册但减排量未获得签发的项目。

5. 项目核查流程

经备案的自愿减排项目产生减排量后，作为项目业主的企业在向国家主管部门申请减排量备案前，应由经国家主管部门备案的核证机构核证，并出具减排量核证报告。减排量核证报告主要包括以下内容：

1）减排量核证的程序和步骤。

2）监测计划的执行情况。

3）减排量核证的主要结论。

值得注意的是，项目业主不得委托负责项目审定的审定与核查机构开展该项目的减排量核查。因此，如果项目属于此类型，项目业主需要重新指定审核机构。

减排量核证程序如图6-4所示。

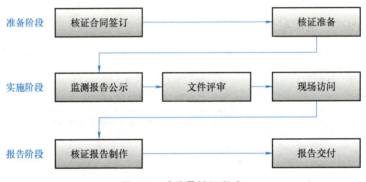

图 6-4　减排量核证程序

6. 减排量备案

项目业主在完成项目备案后，如果项目本身已经产生了一定量的减排量，就可以申请减排量备案。在申请减排量备案时，同样需要审核机构进行核查，出具减排量核证报告。

项目备案和减排量备案的差异在于，项目经过备案登记后，说明项目是符合自愿减排项目要求的，只需要一次备案。而减排量备案是对不同时间阶段的减排量进行备案，根据项目设计文件设定。例如，2015年的减排量备案1次，2016年的减排量备案1次，需要多次备案。

项目业主在申请减排量备案时，需要准备以下三项文件。

1）减排量备案申请函、减排量申请表。

2）项目业主或咨询机构编制的监测报告。

3）审核机构出具的减排量核证报告。减排量核证报告的主要内容包括减排量核证的程序和步骤、监测计划的执行情况和减排量核证的主要结论。

完成以上三项文件后，项目业主可以直接向国家发展和改革委员会提交减排量备案申请，不需要经省、自治区、直辖市发展和改革部门的转报。国家发展和改革委员会接到减排量备案申请材料后委托专家进行技术评估，评估时间不超过30个工作日。专家评估后，国家发展和改革委员会根据专家意见对减排量备案进行审查，对符合条件减排量予以备案，审查时间不超过 30 个工作日（不含专家评估时间）。经备案后的减排量称为"核证自愿减排量"（CCER），单位是"吨二氧化碳当量"（tCO$_2$e）。经核证的减排量必须具备以下条件：

1）产生减排量的项目已经国家主管部门备案。

2）减排量监测报告符合要求。

3）减排量核证报告符合要求。

减排量备案流程如图 6-5 所示。

图 6-5　减排量备案流程

综上，可以将我国自愿减排项目总结为如图 6-6 所示的开发流程。

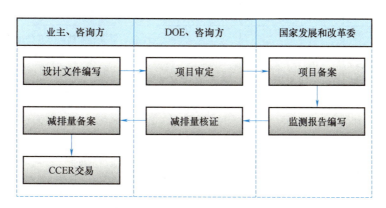

图 6-6　我国自愿减排项目的开发流程

6.3　工程项目碳资产综合管理

6.3.1　碳盘查标准及步骤

随着我国碳交易的开展，我国也陆续颁布了各试点碳交易省市和 24 个行业的碳盘查标准，我国碳交易试点地区主要的碳盘查标准见表 6-8。

表 6-8 我国碳交易试点地区主要的碳盘查标准

名称	现行版本发布日期	发布者	发布内容
《北京市企业（单位）二氧化碳排放核算和报告指南》	2020 年	北京市生态环境局	细化服务业、数据中心等新兴领域核算规则，新增可再生能源抵扣条款，强化数据追溯与交叉验证要求
《上海市温室气体排放核算与报告指南》	2023 年	上海市生态环境局	覆盖工业、交通、建筑等领域，明确碳排放数字化管理要求，新增氢氟碳化物（HFCs）等非 CO_2 温室气体核算方法
《广东省企业（单位）二氧化碳排放信息报告指南》	2022 年	广东省生态环境厅	新增陶瓷、造纸行业专项核算方法，要求企业嵌入省级碳管理平台实现实时数据对接
《组织温室气体排放量化和报告指南》	2023 年	深圳市生态环境局	对标国际 TCFD 框架，强制要求上市公司披露范围三供应链排放，引入区块链存证技术规范
《天津市碳达峰碳中和促进条例》	2021 年	天津市生态环境局	全国首部省级"双碳"地方性法规，新增了以能源绿色低碳转型为核心的政策框架，明确支持风能、太阳能等非化石能源发展，并建立覆盖能源结构调整、产业绿色升级、低碳生活促进的全链条管理制度，同时首次提出碳达峰碳中和工作领导机制及目标责任考核制度
《重庆市企业温室气体排放核算方法与报告指南（17 个行业）》	2021 年	重庆市生态环境局	新增了针对其他有色金属冶炼和压延加工业（不含铝、镁冶炼）的温室气体核算方法，细化燃料燃烧、生产过程、能源作为原材料用途的排放核算要求，并明确活动数据监测与排放因子取值规范，填补了地方行业碳排放核算标准的空白
《湖北省企业碳排放核查工作规范（试行）》	2024 年	湖北省生态环境厅	新增了碳排放核查全流程管理要求，包括数据质量控制、第三方核查机构资质标准、核查结果异议处理机制等内容，并强化了核查数据与全国碳市场履约的衔接，推动核查流程标准化和透明化

尽管国内和国际的碳盘查标准众多，但是其主要内容均可以简单概括为边、源、量、报、查。

1. 边

进行碳盘查的首要任务是确定进行盘查的组织和运营边界。只有确定了组织和运营边界，才有可能选取合适的标准，选择或排除全部排放源，最终计算出正确的结果。组织边界一般采用控制权法来确定。在确定了组织边界之后，需要定义运营边界，包括识别与运营相关的直接排放和间接排放。

2. 源

鉴别排放源。排放源一般如下：

1）固定燃烧：是指固定式设备的燃料燃烧（如锅炉烧煤）产生的排放等。

2）移动燃烧：是指交通工具的燃料燃烧，包括使用汽车过程中汽油燃烧产生的排放等。

3）过程排放：是指物理或化学过程中的排放，如来自水泥生产的煅烧过程中排放的二氧化碳。

4）散佚排放：是指故意或无意地释放，如从废水污泥中释放的温室气体。

3. 量

量化碳排放。确定排放量的方法主要有以下三种：

1）直接测量法：对于温室气体排放，最直观、准确的方法就是直接监测温室气体的浓度和流量，但直接测量法通常较为昂贵且难以实现。

2）排放系数法：通过燃料的使用量数据乘以排放系数得到的温室气体排放量。常用的排放系数包括国家发展和改革委员会每年公布的电力系统排放因子、IPCC 公布的燃煤排放系数等。这是较为常用的计算方法。

3）质量平衡法：通过监测过程输入与输出物质的含碳量和成分，计算出过程中温室气体排放量。

4. 报

根据国内或者国外等标准要求，生成碳排放清单报告。

5. 查

碳盘查分为内部核查和外部核查。内部核查是指由企业内部组织的核查工作，外部核查是指由第三方机构进行的核查。

碳盘查需要每年持续开展，这样企业管理者才可能制订减排计划并最终形成有执行力的战略。对工程项目而言，准确核算并监测自身排放和能源使用情况是减排工作及参与碳交易的第一步，也是关键的一步。

6.3.2 企业碳信息披露

完成碳盘查后，对量化的碳足迹可以采取的直接行动就是信息公开，基于盘查的对象不同，又可以简单分为基于组织层面的碳披露和基于产品或服务的碳标签。考虑到工程项目本身的特点，应该进行基于工程项目的碳披露。

碳披露是指在碳盘查的基础上，将自身的碳排放情况、碳减排计划、碳减排方案、执行情况等适时、适度地向公众披露的行为。工程项目碳披露能够督促企业加强掌控碳排放情况，同时向公众表明了企业承担社会责任的态度。

基于组织层面的企业碳披露都是基于特定框架开展的。目前，比较有代表性的碳信息披露框架有：碳披露（Carbon Disclosure Project，CDP）项目的调查问卷、加拿大特许会计师协会的《改进管理层讨论与分析：关于气候变化的披露》、气候相关财务信息披露工作组的《气候风险披露的全球框架》、气候披露标准委员会的《气候变化报告框架草案》和美国证券交易委员会的《与气候变化有关的信息披露指南》。CDP 是国内外较为知名的碳披露项目，也是碳披露项目的里程碑。进行工程项目碳披露，可以借鉴 CDP 的思路。

CDP 是一家独立的非营利性机构，自 2000 年成立以来，其碳信息披露方法与过程已形成标准。CDP 每年都会向大型企业发放调查问卷，调查这些公司在碳排放方面的表现，并对其表现进行指数评价。CDP 调查报告的主要内容一般包括应对气候变化管理与战略、风险与机遇和排放情况披露三个方面。对于工程项目碳披露，可以以工程项目为调查对象进行调查，CDP 调查问卷主要内容如图 6-7 所示。

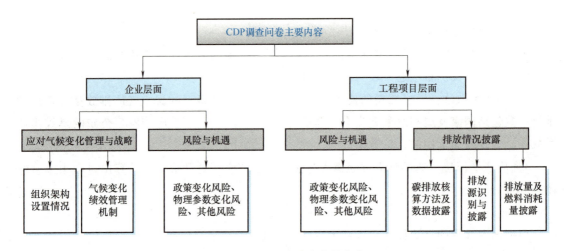

图 6-7 CDP 调查问卷主要内容

工程项目碳披露是一把双刃剑。虽然碳披露会帮助提升项目本身乃至企业的社会形象，但是披露不适将会给项目甚至企业带来负面影响。因此，在进行工程项目碳披露方面不仅需要做好相关的准备，还应将所披露的信息经过专业的评估，保证最终达到披露的目的并保证项目和企业的发展。

6.3.3 工程项目减排模式

进行工程项目碳盘查后，除选择信息公开（碳披露）以外，还可对经盘查识别出的重点排放源进行管理，有针对性地实施减排计划，如提高能源效率，技术改造、燃料转换、新技术应用等。

对大多数工程项目而言，对碳排放源进行管理、降低碳排放，是与降低其相关的建材生产和运输、建筑施工、建筑运行、建筑拆除、废料回收和处理等阶段产生的温室气体排放密切相关的。通过减少这些阶段的温室气体排放，在降低工程项目碳排放的同时，还有很多协同效应。这不仅能提升工程项目质量、打造企业形象、践行企业社会责任等，还能够切实降低能耗、提高技术竞争力、改善现金流。在国家节能减排和应对气候变化的碳资产管理中，工程项目减排是不可忽视的重要一环。

在国家大力提倡低碳经济的今天，开展工程项目节能减排可以借鉴企业节能减排好的模式和政策。

1. 采用合同能源管理模式，节能降耗

合同能源管理（Energy Management Contracting，EMC）是指企业与专业的节能服务公司通过签订合同，实施节能改造。所签订合同的内容一般包括用能诊断、项目设计、项目融资、设备采购、工程施工、设备安装调试、人员培训、节能量确认和保证等。这种模式将节能技术改造的一部分甚至大部分风险，都转移给了节能服务公司。

对工程项目而言，通过将节能改造外包给专业的节能服务公司，可以解决前期技术改造升级所需的技术调研、设备采购、资金筹措、项目实施等关键问题，这种模式特别适合缺少专业人才和资金的企业。对于资金充裕、技术能力强的大企业，也可能会因为节能项目风险责任的转移而取得更为实在的效果。此外，合同能源管理项目所产生的碳减排量还有可能在碳交易试点中出售，从而为企业带来额外收益。

2. 合理利用国家低碳政策，享受贷款及税收优惠

目前，各大银行基本上都建立了向节能低排放用户倾斜的"绿色信贷机制"，很多银行还实行"环保一票否决制"，对节能低排放的企业和项目提供贷款扶持，促进高耗能、高排放的行业低碳转型。在国际层面，同样有很多针对节能减排的融资项目，其中较典型的是中国节能融资项目（China Utility-based Energy Efficiency Finance Program，CHUEEF）。CHUEEF是国际银行及全球环境基金根据我国财政部的要求，针对企业提高能源利用效率，使用清洁能源及开发可再生能源项目而设计的一种新型融资模式。

此外，我国出台了一系列税收优惠政策扶持企业节能减排和技术改造。如根据《中华人民共和国企业所得税法》第二十七条第（三）项、《中华人民共和国企业所得税法实施条例》第八十八条、第八十九条，国家对企业从事符合条件的环境保护、节能节水项目给予企业所得税减免所得额优惠。根据《中华人民共和国企业所得税法》第三十四条、《中华人民共和国企业所得税法实施条例》第一百条，企业购置用于环境保护、节能节水、安全生产等专用设备的投资额优惠可以按一定比例实行税额抵免。

3. 申请课题资助，助力低碳技术研发

我国为了加速低碳技术研发，也配套了各种资金，其中较为知名的是中国清洁发展机制基金（简称清洁基金）。清洁基金的使用分为赠款和有偿使用等方式。赠款可用于应对气候变化的政策研究、能力建设和提高公众意识的相关活动。有偿使用可用于有利于产生应对气候变化效益的产业活动。比如，在京津冀地区，清洁基金重点支持的领域包括热电联产和集中供热、加强城市供热节能综合改造、减少大气污染物排放、加快 $PM_{2.5}$ 治理等。

全社会的减排将会促进技术的变革，最终将促成工程项目成本的大幅降低；而且限制碳排放会带来很多协同效益，其中最重要的就是降低能耗增加现金流。因此越来越多的理论支持"碳减排与经济增长并不矛盾"，甚至会促进经济增长，其中较权威的有全球气候与经济委员会开发的"新气候经济"项目和国际货币基金组织的报告。

上述政策和资金等利好措施可使企业在进行工程项目节能减排的同时获得低息贷款或技术支持，在获得外界最大限度帮助的同时，减少工程项目的实际成本。

6.3.4　碳交易

工程项目的碳中和策略中，在不能通过提高自身能源使用效率、减少自身温室气体排放的实现碳中和时，就需要通过碳交易的方式来抵消工程项目运营所必需的温室气体排放量。下面介绍碳交易的相关知识。

1. 我国碳市场交易概况

2011年，国家发展和改革委员会办公厅颁布了《关于开展碳排放权交易试点工作的通知》，北京、天津、上海、重庆、湖北、深圳等省市相继开展碳交易试点工作。2020年，我国基于实现可持续发展的内在要求和推动构建人类命运共同体的责任担当，形成应对气候变化新理念，大力推进"碳达峰碳中和"。2021年7月，全国碳排放权交易市场投入运行，同时原地方试点市场暂时保留。2022年4月中共中央、国务院发布的《关于加快建设全国统一大市场的意见》中明确提出建设全国统一的碳排放权交易市场。党的二十大报告再次强调了"构建全国统一大市场""健全碳排放权市场交易制度"。地方试点市场向全国市场过渡合并成为大势所趋。

全国碳市场于2021年7月16日正式启动上线交易，首个履约周期于2021年12月31日结束。首期全国碳市场共纳入发电行业重点排放单位2162家，覆盖全国30个省（区、市），首次将温室气体控排责任压实到企业。首个履约期碳排放配额累计成交量1.79亿t，累计成交额76.61亿元。2025年是全国碳排放权交易市场启动的第4年。截至2025年3月24日，我国碳排放权交易市场运行整体平稳有序，减排成效逐步显现，累计成交量达6.34亿t，成交额达434亿元。

目前"碳配额碳交易"体系近期很难覆盖建设领域，CCER方法学近期也难涉及建造。碳普惠机制有可能是最快在建造领域落地的机制，碳普惠（Carbon Inclusion）是指将碳市场机制扩展到发展中国家和低碳经济转型中的群体，并为其提供可获得的碳资金和碳市场机会的理念和做法。碳普惠的目标是让更多的人，特别是发展中国家的企业、个人和社区参与碳市场，从中获得可持续发展的机会和经济利益。这种理念认为，碳市场不仅是应对气候变化和减缓温室气体排放的工具，也应该成为推动可持续发展和减贫的机制。

碳普惠的实施可以促进发展中国家的低碳经济转型，帮助减少温室气体排放并推动可持续发展。此外，碳普惠也有助于实现全球气候治理的公平与公正，使发达国家和发展中国家都能从碳市场机制中获益。

2. 与碳交易密切相关的三个系统

我国碳市场交易体系如图6-8所示，与碳交易密切相关的三个系统是监测、报告、核查（MRV）系统、注册登记簿系统和交易系统。

其中，监测、报告、核查（MRV）系统是碳交易的核心系统之一，是最终核实企业排放、确定配额总量和核定企业履约的基础。MRV系统遵循"谁排放谁报告"的原则，由控排企业自行监测，自下而上向试点管理者报告，排放数据最终还会经过第三方核证机构核实。注册登记簿系统是企业实现配额获取和履约的平台。以深圳试点为例，企业履约是通过

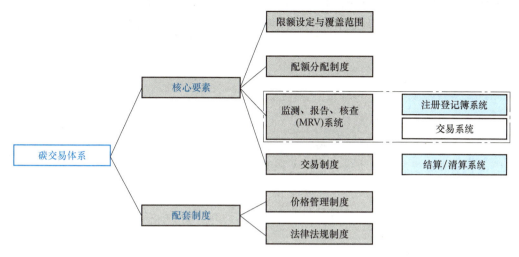

图 6-8　我国碳市场交易体系

"深圳市碳排放权注册登记簿"系统来实现的，深圳市碳排放权注册登记簿的内容主要包括配额持有人相关信息、配额权属信息、签发时间和有效期限、权利及内容变化信息。交易系统是碳排放权交易的实现平台。以湖北省试点为例，企业参与湖北省试点碳排放权交易通过"湖北碳排放权交易中心"交易系统来实现。湖北省的碳排放权交易方式有协商议价和定价转让两种，交易标的物包括湖北省温室气体排放配额和自愿减排项目的经核证减排量。在交易系统中的另外一个重要信息是，交易系统与注册登记簿系统是相连的，企业可以使用碳指标的唯一 35 位编码在交易系统与注册登记簿系统之间转入或者转出。

3. 碳市场抵消机制

在我国碳市场，通用的、主要的抵消机制是温室气体自愿减排机制，所产生的减排信用额度是 CCER。由于 CCER 和 CDM 一脉相承，具备良好的开发基础，因此 CCER 自推出之初就受到了市场的热捧，备案项目数量和备案减排量屡创新高。

在碳交易体系中，对控排企业而言，由于 CCER 价格明显低于配额价格，因此足量使用 CCER 履约也是企业降低碳管控成本、使碳资产升值的有效措施，很多碳资产公司也有针对性地推出了"配额—CCER 置换业务"。该业务目前非常成熟，已被多家控排企业采用。因此，如果控排企业有相关需求，只要与合适的碳资产公司合作，就可以使碳资产有效升值。

6.3.5　碳金融

在各类市场上，金融机构都发挥着活跃市场、资金流通的重要作用，碳市场也不例外。在碳市场上，控排企业很难独立获得实现减排所需的资金，因而产生融资需求；拥有减排能力的企业加入碳市场又存在专业知识和信息渠道的壁垒，因而产生顾问服务的需求；企业进行交易时，又会产生风险规避需求。因此，需要金融机构活跃地参与碳市场中，发挥创造性思维，开发更多的碳金融产品。随着企业和金融机构对于碳资产认识的不断加深，碳金融将更加成熟，更好地服务于工程项目碳资产管理。碳金融与碳市场的发展相辅相成，增强碳市场活力的同时，碳金融的发展也有赖于碳市场自身的发展。随着全国碳市场扩容，碳金融的发展空间也会不断拓展。

思考题

1. 碳资产的属性有哪些？
2. 常用的碳资产计量属性有哪些？
3. 工程项目碳资产综合管理的意义是什么？
4. 工程项目碳资产管理实施体系分为哪几部分？分别需要注意什么？
5. 请详细阐述国内自愿减排项目的开发流程。

第 **7** 章

工程项目碳市场

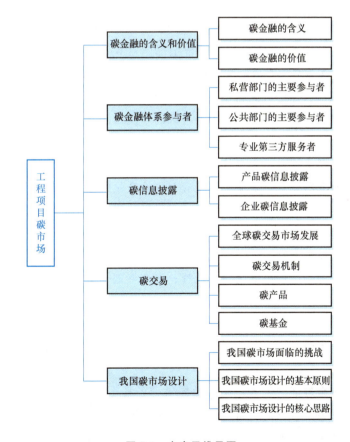

学习目标

深入了解碳市场，掌握碳金融的含义与价值，熟悉碳金融体系参与者，掌握产品及企业碳信息披露相关知识，了解全球碳交易及我国碳市场的现状与发展趋势。图 7-1 为本章思维导图。

图 7-1　本章思维导图

7.1 碳金融的含义和价值

7.1.1 碳金融的含义

碳金融的兴起源于国际气候政策的变化，准确地说是源于两个具有重大意义的国际公约——《联合国气候变化框架公约》和《京都议定书》。这两个国际公约约定了缔约国的减排责任，并制定了国际排放贸易机制（I-ET）、联合履行机制（JI）和清洁发展机制（CDM）三个协调机制，帮助各个缔约国以灵活的方式完成减排目标，由此催生了碳排放权交易市场。

与所有部门金融化步骤相通，碳金融的发展同样遵循"个体产权明细—交易市场构建—信贷—衍生金融"这样的基本过程。基于这一过程，碳金融具有广义和狭义两种定义：广义定义是所有推进以上碳金融发展基本过程的行为和政策；狭义定义是基于碳权利的交易所交易、信贷和衍生金融产品开发及交易。具体来说，碳金融探讨在一个碳限制世界里，即一个排放二氧化碳及其他温室气体必须付出代价的世界中产生的金融问题。

基于《京都议定书》，世界银行碳金融部门（World Bank Carbon Finance Unit）在 2006 年碳金融发展年度报告（Carbon Finance Unit Annual Report 2006）中首次界定了碳金融的含义。即"以购买减排量的方式为产生或者能够产生温室气体减排量的项目提供的资源"，这个定义比较简略和笼统，但是体现了碳金融的本质内涵，可以认为是狭义的理解。各国由于发展程度和相关法规的不同，对于碳金融的定义也存在差异，目前还没有统一的界定。

从国内外相关文献看，有人认为碳金融是应对气候变化的金融解决方案，包含了市场、机制、产品和服务等要素，是金融体系应对气候变化的重要环节，为实现可持续发展、减缓和适应气候变化、灾害管理三重环境目标提供了一个低成本的有效途径。也有人指出碳金融是指建立在碳排放权交易的基础上，以碳配额和碳信用等碳排放权益为媒介或标的的资金融通活动，服务于减少温室气体排放或者增加碳汇能力。这些可以看作对碳金融的广义理解。

碳金融能够为碳市场提供交易、融资、资产管理等工具，对碳市场形成合理的碳价、提升交易活跃度有着重要的推动作用。例如，碳排放权期货能够通过提供公开透明、高效权威的远期价格助力碳市场更好地实现价格发现功能，加强碳市场的流动性；碳债券、碳资产抵质押融资等产品能够盘活企业碳资产，为有碳配额企业融资；碳指数、碳保险能够为碳交易提供风险保障。

世界银行碳金融部门认为，碳金融提供了各种金融手段，利用新的私人和公共投资项目，减少温室气体的排放，从而缓解气候变化，同时促进经济的可持续发展。因此，碳金融作为应对气候变化的金融解决方案，是应对气候变化的金融创新机制。从全球范围的实践来看，碳金融体系有三个有机组成部分，即碳金融市场体系、碳金融组织服务体系和碳金融政策支持体系。

7.1.2　碳金融的价值

1. 发挥市场在低碳经济中的资源配置作用

市场经济的社会生产关系生产部门或者转化部门被称为金融行业，其功能是将个体所有产权进行市场风险评估并转化为可供市场生产组织的市场信用。市场信用（即货币）在社会再生产中直接发挥生产组织功能，通过从生产要素所有者手中雇佣劳动力，租赁机器设备、土地和购买原材料与资源将生产力三要素组合在一起，形成社会再生产，即形成社会生产关系。金融化是任何社会部门融入市场经济体系的标志，其前提是该部门社会财富的产权化和可交易化。

因此，在市场经济体系下发展低碳经济，就必须将碳排放权这一关系人类安危和国家可持续发展的关键内容金融化，变成市场经济系统的重要组成。否则，低碳经济发展就可能只是阵风，在全民热潮时风头强劲，而在热潮褪去后偃旗息鼓。更为重要的是，只有通过碳金融将低碳经济纳入市场经济体系，才能在低碳经济发展中更好地发挥市场在资源配置中的作用。市场经济体系是我国低碳经济健康稳定发展的基础。

2. 促使工程项目和企业履行节能减排责任

利用碳金融的相关工具及制度，可以实现对工程项目和企业履行社会责任的监督和约束，带动低碳经济的发展。银行信贷作为间接融资，是支持低碳经济发展的重要方式之一。进行工程项目贷款审批时，在对企业的固定资产进行抵押的基础上，还要按照该工程项目和企业碳减排量进行授信，同时将项目所实现的碳减排额（CERs）作为还款来源，从而实现对工程项目和企业承担环保责任的软约束。在直接融资方式上，可以将耗能和碳排放量标准作为企业发放债券或公司上市必须达到的强制性指标之一，在此基础上形成对工程项目和企业履行节能减排责任的硬约束。

3. 增强向低碳项目"输血"的功能

随着城市环保规模的不断扩大和节能减排工作的快速发展，金融机构对低碳技术项目的支持已不能满足低碳建设的资金需求，必须拓展融资领域和渠道，动员清洁发展机制项目融资、风险投资和私募基金等多元化融资方式的金融资源能力。碳交易特别是清洁发展机制，为引进域外投资提供了一种新的渠道，不但降低了发达国家的减排成本，还可以促进减排技术和资金向发展中国家转移，从而确保低碳经济发展有充足的"血液"。据统计，截至 2017 年 08 月 31 日，我国已获得核发 CERs 共 1557 项，对解决"低碳"转型过程中资金约束的问题有着重要的现实意义。

4. 推动低碳产业结构的优化升级

碳金融的发展与成熟加快了清洁能源、碳素产业的低碳化升级改造和减排技术的研发及产业化，增强了工程项目乃至企业对减排目标约束的适应能力，减少了经济发展对碳素能源的过度依赖，提升了可持续能源发展的能力，使能源链从"高碳"环节向"低碳"环节转移。从而依托商业银行、信托基金等国内金融机构和国际金融机构之间联动、互动的碳金融机制，更好地引导投资，通过投资倾向和流动加快技术创新，推进产业结构优化升级和转变经济发展方式。

目前，我国正处在发展"低碳经济"的关键时期，必须通过强有力的市场主体、制度安排和创新工具，大力发展工程项目碳金融，促进低碳技术、资金的流动和聚集，推动低碳经济发展。

7.2 碳金融体系参与者

7.2.1 私营部门的主要参与者

私营部门的主要参与者包括商业银行、碳基金、投机商、研究公司、碳经纪商、信用评级机构和保险公司。

1. 商业银行

随着碳市场逐渐成熟，配额制的接受程度提升，碳排放权被普遍接受。商业银行必然会开始参与排放减量计划的组合与融资。以爱尔兰银行为例，银行与 Edenderry 电厂签订协议，同意以欧洲气候交易所的欧盟排碳配额报价编制的指数价格，提供 Edenderry 所缺少的碳排放配额。这个协议提供 Edenderry 价格更加稳定的保障，使其可以更有效率地处理排放遵约的财务事项。荷兰银行把碳市场列为具有战略利益的领域，推出一系列永续经营的全球性私募股权基金，并参与碳排放权交易、以汇率为基础的碳交易结算，以及由欧洲企业买主预先支付碳信用的融资。富通银行是建立碳市场早期的参与者，提供交易、交易对手服务、结算和碳金融类的融资。许多其他的商业银行，如拉博银行、巴克莱银行和汇丰银行也急起直追，尤其注重于企业碳银行业务与顾问服务等方面。

2. 碳基金

专业碳基金崛起于 2005 年和 2006 年，这类基金源自世界银行的原型碳基金。世界银行碳基金是全球最早成立的碳基金之一，主要通过原型碳基金（PCF）等机制运作。该基金由多国政府（如加拿大、日本等）和 17 家私营企业共同出资 1.8 亿美元设立，由世界银行管理。碳基金不仅帮助发达国家以较低成本完成减排义务，还促进了低碳技术的转移和发展中国家的可持续发展。

3. 投机商

任何新兴市场都会吸引风险资本和早期投资商，碳市场也不例外。一些欧洲和美国的对冲基金及私募投资公司都会涉猎碳市场，部分采用持有碳公司股份的方式，部分则通过购买并交易碳信用。同时，对未来碳市场的期待更促使新基金纷纷成立。2006 年初，公开上市的对冲基金阿尔法资本市场公众有限公司与荷兰银行共同宣布，在伦敦证券交易所上市一种新的对冲基金，以开发包括碳排放市场等新领域的商机。随着市场日益成熟，流动性及参与增加，将会有越来越多主流投资者、基金会和其他计划赞助者积极投入，这种过程和以往的商品与抵押担保证券等市场的发展如出一辙。

4. 研究公司

和商业银行一样，主流研究公司较晚进入碳市场。不过，随着碳市场引来越来越多的资金，参与市场的公司开始寻求财务顾问和筹措资金等方面的专业协助，使许多银行机构的兴趣转浓。例如，摩根士丹利的欧洲公司研究团队发布的《碳金融大全：主要问题解答》报告中指出，对欧洲公司而言，二氧化碳将成为越来越重要的问题，范围涵盖所有产业，而非止于电力行业，因此它对股票和信用市场也越来越重要。摩根士丹利欧洲股东集团发布《新兴碳市场的股票操作》报告，探讨新兴碳市场的背景、排放配额要求的基本动力，并开始研究数家碳产业公司。美林集团则举办了一场"碳市场电话会议"，由商品研究部主管和碳排放交易部主管讨论市场基本要素及对未来价格走势的看法。美林接着又发表一份交易报告详述该公司的观点：从基本面看来，欧盟的碳排放价格仍偏低。如今多数银行的研究团队竞相发表深入的碳市场研究报告，而且可以预期，随着碳市场持续扩张，投资的深度和品质势必更高。

5. 碳经纪商

有数家经纪商专精于碳市场，在广泛的排放与环境产品市场中，他们将策略重点放在碳市场上。这些经纪商同时活跃于欧盟排放权交易计划和《京都议定书》计划市场，在这类结构化的交易中，专业经纪人的附加价值极受重视。市场中买方、卖方及中介的关系十分重要，且受到多项因素的影响，如成本、信任、市场知识和交易结构技术等。不管对买方还是卖方来说，经纪商都是极其重要的市场情报来源，尤其是清洁发展机制和联合减排这类交易通常高度结构化、规模较大、执行期较长的市场。《京都议定书》计划及区域性碳市场未来可能成为碳经纪商的主要目标。

6. 信用评级机构

碳排放规范可能影响企业的长期信用，因而促使信用评级机构，如标准普尔、穆迪、惠誉等，将碳金融纳入研究程序。这对公共事业、电力或者能源业的分析而言至关重要。惠誉在撰写的排放交易特别报告中提供了发展中或已经开始营运的各排放市场的概述。惠誉的看法是日益严格的污染管制规范将导致营运与资本成本的增加；妥善构建的排放交易计划能协助企业管理并减少遵守环境法规的资本支出。两大主要信用评级机构标准普尔和穆迪准备将碳金融因素纳入各自的债券评级，并开始追踪碳排放交易市场，尤其是欧洲的市场。

7. 保险公司

保险与再保险业参与碳金融有两大推力：①了解气候变化趋势对财产、灾害、人们和健康等保险的潜在影响；②觉察碳市场的成长可能带来的新商机。瑞士再保险公司和慕尼黑再保险公司，初期采取较广泛的市场建立者角色，以深入了解气候变化的经济影响，并探讨特别为碳市场设立的新保险产品。美国国际集团（AIG）也跟进。在市场迅速扩大之际，特别是在清洁发展机制中，对买方或卖方用以转移未交割风险的碳信用交割保证需求随之增加。交易对手规避未交割风险的需求越来越强烈，而保险在此环节中扮演着重要角色。在 2005 年和 2006 年，各界对碳市场的兴趣使保险公司竞逐碳金融业务，而 AIG 和苏黎世保险等大型公司也相继宣布退出自己的碳交割保证及计划保险产品。随着碳市场的规模和范围扩大，加上不遵约和不良风险管理的财务后果越来越受到人们的重视，风险管理及保险服务也变得越发重要。许多受排放权交易计划影响的工业企业，不把排放营运视为核心策略，反而日益重视将风险转移给能协助他们达成遵约义务的第三者。

大型保险公司拥有良好的信用评级、承担风险的能力、市场知识、客户和投资人关系，并且全球可及，在市场开发上扮演重要角色。开发整合型的风险管理产品以规避气候风险对大型保险公司而言是格外有吸引力的成长领域。2021年7月11日，德国安联集团、法国安盛集团、意大利忠利保险、英国英杰华集团、慕尼黑再保险、法国再保险、瑞士再保险、苏黎世保险集团等全球性保险和再保险公司成立"净零保险联盟"（Net-Zero Insurance Alliance，NZIA），以实现碳中和的共同目标，加速向净零排放经济的过渡。但受各种因素影响，净零保险联盟已于2024年4月正式解散，它的工作由联合国环境规划署（UNEP）主导的新论坛——保险转型净零论坛（Forum for Insurance Transition to Net Zero，FIT）接替。

7.2.2　公共部门的主要参与者

公共部门的主要参与者包括国家政府、国家级企业协会、多边银行等。

政府长期以来一直都是碳市场的主角，是早期的碳信用购买者，也是《京都议定书》的构建者。国家可直接或通过中介购买减排权和减排单位。

直接购买通常通过竞标或者直接采购进行，丹麦政府的做法是典型的例子。丹麦政府于2006年初通过招标程序，购买减排权和减排单位。荷兰等国政府也是受瞩目的国家级碳信用购买者，早在《京都议定书》未执行前，就已经通过竞标购买减排权和减排单位实现碳中和。

间接采购活动是通过代表政府管理基金的第三方机构实现的。荷兰政府在间接购买碳信用上也很活跃，在欧洲复兴开发银行内部成立了专门购买碳信用的单位。该单位积极向中欧和东欧的联合减排计划购买减排单位，其他政府也纷纷效仿。在2003年秋，世界银行和意大利环境与国土部签订协议，成立了供意大利私营企业与公共机构从清洁发展机制和联合减排计划购买碳信用的基金。

除了自行采购信用额，政府也鼓励国家级的企业协会和其他机构进入碳市场。例如，2006年初，瑞士政府成立气候分布基金会，设定到2012年向清洁发展机制和联合减排计划购买1000万t温室气体排放减量的目标。该基金会于2005年10月以四大瑞士企业协会资助计划的形式开始运作，向石油与柴油征收进口税，预计总额为1亿瑞郎，用于投资在瑞士和海外的气候保护计划。在德国，德国复兴信贷银行（KFW）与德国联邦政府合作设立一个碳基金，以便向联合减排和清洁发展机制计划购买排放信用额。参与这个基金的公司有3/4是德国公司，其余来自奥地利、卢森堡和法国。其中，大部分公司是电力公司，也有化学与水泥公司。该基金拥有8000万欧元资金可用于购买信用，并在2005年10月进行了第一桩交易，向印度的氢氟化合物计划购买排放减排权。

世界银行的原型碳基金是一种提供政府和公司取得碳信用的低风险工具，至2006年7月管理的资产大约为1.8亿美元。这个基金使世界银行在2005年底前在《京都议定书》计划市场占有支配性地位。之后，世界银行的各种购买工具被并入新设的世界银行碳金融事业部，以及陆续成立的其他碳基金，包括社区发展碳基金、生物碳基金和多个国家级别的碳基金。世界银行集团成员国际金融公司也通过其碳金融工具活跃在碳金融市场上。这些金融工具至 2006 年 5 月大约管理 8000 万美元的资产，主要用于代表荷兰政府购买减排量权证和减排量单位。同样，欧洲投资银行很早就致力于发展碳基金，方式是与世界银行成立泛欧碳基金，以支持欧洲各地的气候友善计划。多边碳信用基金开放给公共和私营部门参与，并雇用国外私营碳经理人来处理特定的营运活动。例如，欧洲复兴开发银行和欧洲投资银行通过多边碳信用基金购买俄罗斯 Air Liquide Severstal 公司 7200 万欧元的碳信用额度。

7.2.3　专业第三方服务者

市场化体系多将市场管理交给第三方完成，会计师和律师因此成为市场经济体系管理的基石，是金融体系运行的关键部门。与碳市场相匹配的市场信用体系支撑部门在碳金融体系中更加必不可少，其中典型的就是碳审计。碳审计是碳金融所要求的对以往会计师和律师第三方服务的延伸，要求第三方在执行一般市场信用审核时进行专业化的碳核算和碳审计，以帮助碳金融体系各参与方完整、准确地获取企业参与碳市场的详细信息。碳审计是碳市场主体履约和碳市场参与各方行为的依据，或者说是碳金融体系得以运行的信用制度基础。完善的碳审计制度和碳审计行业将会极大限度地推进碳金融领域的发展。

7.3　碳信息披露

碳信息披露是指各国企业与组织将其温室气体排放情况、减排方案及执行情况，以及与气候变化相关的风险与机遇等相关信息，适时向利益相关方进行披露的活动。

当前，越来越多的机构将碳管理作为评估企业价值的重要指标，碳信息披露为国际气候谈判、国家碳减排政策制定、碳交易市场有效运行提供了基础，也是碳金融定价以及碳风险评估的依据，同时还是政府、企业和公众在应对气候变化中实现良性互动的桥梁。

7.3.1　产品碳信息披露

1. 碳足迹

（1）碳足迹的概念

"碳足迹"的概念源自于"生态足迹"，主要以二氧化碳排放当量（CO_2 Equivalent，CO_2e）表示人类的生产和消费活动过程中排放的温室气体总排放量。相较于单一的二氧化碳排放，碳足迹是以生命周期评价方法评估研究对象在其生命周期中直接或间接产生的温室气体排放，对于同一对象而言，碳足迹的核算难度和范围要大于碳排放，其核算结果包含碳排放的信息。

关于"碳足迹"的准确定义和理解仍在不断发展和完善。目前碳足迹可以按照其应用层面（分析尺度）分成"国家碳足迹""城市碳足迹""组织碳足迹""企业碳足迹""家庭碳足迹""产品碳足迹"及"个人碳足迹"。

（2）碳足迹的核算方法

生命周期评价方法（Life Cycle Assessment，LCA）是常用的碳足迹核算方法，它是一种综合性评价工具，主要用于评估和核算产品或服务在其整个生命周期内的能源消耗和环境影响。这个"从摇篮到坟墓"的过程涵盖了从产品的原材料收集、生产加工、运输、消费使用，直至最终废弃物处置的所有阶段。

目前，比较常用的生命周期评价方法可以分为以下几类：

1）过程生命周期评价（Process-based LCA，PLCA）。这种方法侧重于详细分析产品生命周期中的各个具体过程，包括原材料提取、生产、运输、使用和废弃等阶段。它通常涉及对单个过程或一系列过程的详细建模和数据分析。

2）投入产出生命周期评价（Input-Output LCA，I-OLCA）。这种方法利用经济投入产出表来估算产品或服务在整个生命周期中的资源消耗和环境排放。它更侧重于宏观层面的分析，能够考虑经济系统中的间接影响，但可能在细节上不如 PLCA 精确。

3）混合生命周期评价（Hybrid-LCA，HLCA）。这种方法结合了 PLCA 和 I-OLCA 的优点，既关注具体过程的详细分析，又考虑经济系统中的间接影响。它可以根据需要灵活调整分析的重点和深度，以提供更全面、准确的评估结果。

2. 碳标签

碳标签（Carbon Labelling）也称为碳足迹标签，是指为减少温室气体排放，推广低碳排放技术，把商品在生产过程中所产生的温室气体排放量在产品标签上用量化指数标示出来，以标签的形式告知消费者产品包含的碳信息。

碳标签从 21 世纪开始得到世界范围的关注，英国是最早将碳标签从理论推向实践的国家。2007 年，英国设立专门的机构——碳信托（Carbon Trust），并发布全球首个碳标签，对部分产品如食品、洗衣液等，标识了其在全生命周期中释放出的温室气体总量，产品认证的时效性为两年。此后，其他国家如韩国、日本、德国也相继开始碳标签的推广活动。迄今为止，全球已有十多个国家通过制定相关法律法规要求企业使用碳标签。很多大型企业如家乐福、IBM、宜家等均要求其供应商为产品进行碳标签认证。

从企业角度来看，碳标签不仅可以展示企业的环保责任和意识，也便于在保持收益增长和实现碳减排之间寻求平衡，督促其从源头上节能减排、节约成本；对消费者来说，碳标签有助于消费者更准确地了解产品或服务在全生命周期中的碳排放情况，从而引导其选择低排放产品或服务，以提升社会整体的绿色消费意识和普及度。

为积极应对气候变化，推动我国科学发展观及践行人类命运共同体理念，我国政府多年来始终遵循绿色发展的原则，致力于推进碳标签体系的建立和碳标签产品的推广。

2009 年，是一个重要的里程碑。由中国标准化研究院和英国标准协会（BSI）共同主办的 PAS 2050：2008（中文全称为《商品和服务在生命周期内的温室气体排放评价规范》）中文版发布会成功举行，这一事件为中国后续开展碳标签试点工作奠定了坚实的基础。

随着时间的推移，到了 2018 年，我国在碳标签领域取得了显著的进展。这一年，我国出台了《中国电器电子产品碳标签评价规范》，并发布了相关标准。这一举措标志着电器电子行业率先开展碳标签试点计划。为了确保评估结果的准确性和公正性，该计划由独立于利益相关者的社会第三方机构实施，并受到政府的监督管控。此举旨在鼓励消费者根据产品所标示的温室气体排放量，尽可能选择购买低碳产品，从而推动绿色低碳消费。

同年 11 月，中国电子节能技术协会（CEESTA）、中国质量认证中心（CQC）及低碳认证技术委员会联合举办了"电器电子产品碳标签国际会议"，在这次会议上发布了《中国电器电子产品碳足迹评价通则》团体标准，并确定了我国首例电器电子行业"碳足迹标签"试点计划工作。该计划将"碳足迹标签"主要定义为两类：第 1 碳足迹和第 2 碳足迹（表 7-1）。这两类碳足迹分别代表了产品在整个生命周期中直接和间接产生的温室气体排放。

表 7-1　碳足迹类型及其具体内容

碳足迹类型	具体内容
第 1 碳足迹	生产生活中直接使用化石能源，如乘坐飞机、发电等所排放的二氧化碳的量
第 2 碳足迹	消费者使用各类商品时因制造、运输等过程间接产生的、隐藏在商品中的二氧化碳的消耗量

近几年，我国在碳标签领域的政策制定和推进上又迈出了新的步伐。2021 年，我国政府发布了《关于完整准确全面贯彻新发展理念做好碳达峰碳中和工作的意见》，明确提出要完善绿色低碳政策和市场体系，包括建立健全碳排放权交易机制，推动碳标签制度发展等。这一政策的出台为碳标签体系的进一步完善和推广提供了更加明确的指导和支持。

2024 年，国家市场监督管理总局、生态环境部、国家发展和改革委员会、工业和信息化部等 4 部门联合印发通知，部署开展产品碳足迹标识认证试点工作。确定锂电池、光伏产品、钢铁等 11 类产品开展认证试点，试点工作选取国家市场监督管理总局遴选的认证机构作为认证实施主体，依据统一的认证实施规则开展试点认证，获证产品加贴统一认证标识，试点期限为 3 年。这一举措将加快构建全国统一的产品碳标识认证制度，为应对国际绿色贸易壁垒、打造重点行业区域碳中和示范标杆提供有力支撑。

同时，为了加强碳标签的认证和管理，我国政府还在积极推动碳标签相关标准和技术规范的制定和完善。例如，一些地方政府和行业组织开始制定和发布适用于本地或本行业的碳标签评价标准和认证流程，以更好地指导和规范碳标签的使用和推广。

未来，随着全球气候变化的日益严峻，我国政府将继续加大力度推进碳标签体系的建立和完善，以更好地应对气候变化挑战，推动可持续发展。同时，也将积极倡导和推动国际的碳标签合作与交流，共同为构建人类命运共同体贡献力量。

7.3.2　企业碳信息披露

1. 企业碳信息披露的相关规定

在狭义的法律概念中，我国尚未出台强制企业进行碳信息披露的专门法。目前我国企业碳信息披露主要遵照相关法律法规执行，包括国家层面的立法、部门规章及规范性文件等。

目前国家层面的立法较少涉及对企业碳信息披露内容的直接规定。我国近年来颁布的与企业碳信息披露相关的法律主要有《中华人民共和国清洁生产促进法》（2012年修正）、《中华人民共和国环境保护法》（2014年修订）、《中华人民共和国大气污染防治法》（2018年修正）等。

涉及企业碳信息披露的部门规章主要由生态环境部、发展和改革委、财政部等部门制定，包括《碳排放权交易管理办法（试行）》（2021年2月1日起施行）等。更多关于企业碳信息披露的细节则体现在企业环境信息披露的相关规定中，相关披露内容也经历了从自愿披露到强制披露的转变。例如，2007年4月，国家环境保护总局发布《环境信息公开办法（试行）》，鼓励企业自愿通过媒体、互联网或企业年度环境报告公开相关环境信息。2010年9月，生态环境部发布《上市公司环境信息披露指南（征求意见稿）》，规范上市公司披露年度环境报告及临时环境报告信息披露的时间与范围。2014年，《中华人民共和国环境保护法》修订，地方各级人民政府应当根据环境保护目标和治理任务采取有效措施改善环境质量，并规定重点排污单位需要披露污染信息。2018年9月，证监会修订《上市公司治理准则》，规定上市公司应当依照法律法规和有关部门要求披露环境信息等社会责任及公司治理相关信息。生态环境部于2021年12月和2022年1月相继印发的《企业环境信息依法披露管理办法》和《企业环境信息依法披露格式准则》，标志着我国企业环境信息披露正式进入强制披露时代。

2. 企业碳信息披露的内容

企业碳信息披露的内容一直处于不断发展之中。国际上，1997年全球报告倡议组织（GRI）⊖制定了《可持续发展报告指南（G3）》，指出企业应披露其低碳发展战略、减排治理机制、管理者与其他利益相关者的参与情况，以及应对资源、气候、生态等特定问题的处理方案及应急预案；披露企业在经济发展、环境保护和社会贡献、直接与间接的碳排放总量、采取的减碳措施，以及取得的减排成效。

2000年，由385家机构投资者自发成立的碳信息披露项目（CDP）正式成立，指出企业应披露气候变化对企业的影响，包括风险与机遇以及应对战略、采取的应对治理措施；温室气体排放管理，包括减排目标与计划、减排方案设计与投入、减排绩效等；温室气体排放量核算，包括排放量核算的标准与方法。CDP的目标是能帮助企业披露气候变化应对战略、企业财务表现和温室效应气体减排等方面的信息，能较充分地展示企业碳排放情况以满足投资者的需求。

2010年，由美国证券交易委员会（SEC）发布的气候变化披露指南指出上市公司很可能从气候相关诉讼、商业机会和立法中获益或损失，因此应及时披露此类信息。企业碳信息披露的内容主要有法律法规影响、相关国际协定及条约，以及气候变化的实质性影响。

就国内而言，生态环境部于2021年12月印发《企业环境信息依法披露管理办法》，明确了我国企业包括碳信息在内的环境信息依法披露的内容，明确企业是环境信息依法披露的责任主体，企业应当按照准则编制年度环境信息依法披露报告和临时环境信息依法披露报

⊖ 这一组织由联合国环境规划署和美国环境负责经济体联盟倡议成立。

告，并上传至企业环境信息依法披露系统。

企业年度环境信息依法披露报告披露的内容因披露主体的不同而有所不同。

1）对于重点排污单位，应当披露包括企业生产和生态环境保护等方面的企业基本信息，包括生态环境行政许可、环境保护税、环境污染责任保险、环保信用评价等方面的企业环境管理信息；污染物产生、治理与排放信息，包括污染防治设施、污染物排放、有毒有害物质排放、工业固体废物和危险废物产生、储存、流向、利用、处置、自行监测等方面的信息；碳排放信息，包括排放量、排放设施等方面的信息；生态环境应急信息，包括突发环境事件应急预案、重污染天气应急响应等方面的信息；生态环境违法信息；本年度临时环境信息依法披露情况及法律法规规定的其他环境信息。

2）对于实施强制性清洁生产审核的企业，除了披露上述重点排污单位披露的信息，还应当披露实施强制性清洁生产审核的原因及实施情况、评估与验收结果。

3）对于通过发行股票、债券、存托凭证、可交换债、中期票据、短期融资券、超短期融资券、资产证券化、银行贷款等形式进行融资的上市公司，除了要披露重点排污单位所需披露的信息，还应当披露年度融资形式、金额、投向等信息，以及融资所投项目的应对气候变化、生态环境保护等相关信息。

当企业产生生态环境行政许可准予、变更、延续、撤销等信息，因生态环境违法行为受到行政处罚的信息，因生态环境违法行为，其法定代表人、主要负责人、直接负责的主管人员和其他直接责任人员被依法处以行政拘留的信息，因生态环境违法行为，企业或者其法定代表人、主要负责人、直接负责的主管人员和其他直接责任人员被追究刑事责任的信息及生态环境损害赔偿及协议信息，应当自收到相关法律文书之日起五个工作日内，以临时环境信息依法披露报告的形式披露上述相关信息。

2017 年 9 月，WWF、CDP、WRI 等发起机构在深圳国际低碳城论坛应对气候变化企业论坛上，联合多家合作伙伴正式启动了科学碳目标中国项目，并发起科学碳目标中国社群。科学碳目标倡议组织（SBTi）是由 CDP、联合国全球契约组织、世界资源研究所（WRI）和世界自然基金会（WWF）联合发起的一个合作组织，这家组织致力于界定和推动以科学为基础的减碳目标和最佳实践，为克服相关障碍提供资源和指导，并对企业设定的碳中和目标进行独立的第三方评估。科学碳目标中国社群致力于为合作机构、跨国企业、中国企业及技术支持方提供交流和行动的平台，帮助中国企业了解科学碳目标的理念，并为企业加入科学碳目标项目提供资源与帮助。截至 2024 年 2 月，做过 SBTi 承诺的中国企业（含港澳台）总数已达到 502 家，2023 年一年即新增 313 家，占全球当年新增总数量的 8.59%。目前已覆盖 36 个行业，其中，电力装备、日用消费品、专业服务、科技设备、汽车及零部件等行业企业位居前列。

3. 碳信息披露项目（CDP）

鉴于碳信息披露项目（CDP）在碳信息披露方面较为完整和权威，具有较大的全球影响力，因此下面对该项目做进一步的介绍。

碳信息披露项目（CDP）是一个国际性非政府组织，主要为大型企业提供一个信息渠道，使之通过参与精心设计的问卷调查，衡量和披露自身温室气体排放及有关气候变化的战略目标。CDP 试图形成公司应对气候变化、碳交易和碳风险方面的信息披露标准，以弥补没有碳排放权交易会计准则规范的缺陷。获邀企业既可以选择回答问卷内容并允许答案公开，也可以选择拒绝，即不参与调查。由于没有准则强制约束，CDP 披露的范围广泛且形式灵活。

CDP 不以营利为目的，设计初衷是帮助企业评估和管理其环境风险，并最终提升其自然资本管理领导力建设，帮助企业和城区获取重要的环境信息。由于 CDP 具有测量、披露、管理和分享重要环境信息的系统，它已建立起一个独特的全球化体系，涉及的自然资本从气候变化逐渐发展到涵盖水资源和森林风险，加强了商业活动对地球自然资本影响的透明度。

CDP 旨在借助市场力量促使企业披露它们给自然环境和资源造成的影响，并促使企业采取措施减少这些不良影响。目前 CDP 已经建立了关于气候变化、水和森林风险的信息数据库。企业可以通过数据库来选择战略性的商业投资和制定相关政策。

2014 年，来自世界各地的 4540 家企业已经向 CDP 披露了气候变化数据；同年，CDP 对富时中国 A600 指数与 FTAW06 指数的投资权重分析后，综合列出我国 100 家市场价值最大的公司，并给这些公司发送问卷。在 100 家受邀企业中，45 家通过在线问卷系统形式填写问卷，涵盖全球分类行业内的十个行业，其中 10 家是世界 500 强企业。2024 年，通过 CDP 披露气候变化、森林和水资源安全等环境信息的企业超过 2.48 万家，占全球市值的 2/3。

通过参与 CDP，我国部分企业意识到气候变化对企业运营构成风险的同时更蕴藏着机会。它们通过收集数据，进行战略再思考、再设计，并以积极主动披露的方式在国际舞台上展示自己。

7.4 碳交易

7.4.1 全球碳交易市场发展

国际碳行动伙伴组织（ICAP）编制的全球碳市场地图收录了正在运行、计划实施及正在考虑实施的碳排放交易体系。截至 2023 年 1 月，共有 28 个碳市场正在运行。另外，有 8 个碳市场正在建设中。这些计划实施的碳交易市场包括哥伦比亚、印度尼西亚和越南的碳交易市场。12 个司法管辖区也开始考虑碳交易市场在其气候变化政策组合中可以发挥的作用。如果一个司法管辖区内有多个碳市场运行，则该司法管辖区以蓝色显示，该司法管辖区的边界则代表分层级的碳交易市场。如果该司法管辖区已有一个碳交易市场运行，但在考虑增加另一个碳交易市场，则用蓝色和（浅）绿色边界线显示。

在实施碳排放交易的政府层面存在的多样性和复杂性。一方面，城市级碳排放交易体系正在运营（如在深圳和东京）。另一方面，欧盟排放交易体系在所有欧盟成员国及冰岛、列支敦士登和挪威开展超国家运作。多个排放交易体系可能在德国和奥地利等国家生效，其中一些排放由欧盟排放交易体系承保，而另一些则由德国或奥地利国家排放交易体系承保。同样，我国国家碳排放权交易体系目前涵盖电力行业的排放，而其他省市级碳排放权交易体系试点则负责监管各个行业的排放。在北美，存在许多省级或州级碳排放交易体系，其中一些在国内或国际上都有联系。

图 7-2 为 2023 年全球实施碳排放交易的行业（经济活动类型）。系统按顺时针字母顺序列出，最外圈中的数字表示根据可用数据，系统所涵盖的总排放量份额。扇区的上游覆盖范围用箭头表示。当该部门至少有一些实体有明确的合规义务时，该部门被视为涵盖该部门。通常，由于纳入阈值等限制，并非该行业的所有设施都受到监管。此外，并非涵盖特定部门的所有气体或工艺。

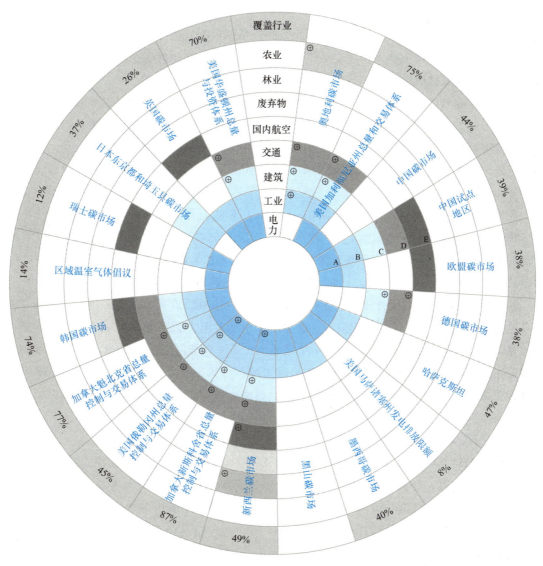

图 7-2　2023 年全球实施碳排放交易的行业

资料来源：2023ICAP 全球碳市场进展报告。

1. 欧盟碳交易市场发展

欧洲碳排放交易体系（European Union Emission Trading Scheme，简称 EU-ETS）是世界上最大的碳排放交易市场体系，通过对各企业强制规定碳排放量，为全球减少碳排放量做出巨大贡献。图 7-3 为全球各碳交易体系行业覆盖范围。

| 工业 | 电力 | 建筑 | 交通 | 航空 | 废弃物 | 林业 |
| 76.5% | 76.5% | 52.9% | 35.3% | 35.3% | 11.8% | 5.9% |

图 7-3 全球各碳交易体系行业覆盖范围

资料来源：华宝证券研究创新部。

欧盟碳排放交易体系的具体做法是，欧盟各成员国根据欧盟委员会颁布的规则，为本国设置排放量的上限，确定纳入排放交易体系的产业和企业，并向这些企业分配一定数量的排放许可权——欧洲排放单位（EUA）。

如果企业能够使其实际排放量小于分配到的排放许可量，那么它就可以将剩余的排放权放到排放市场上出售，获取利润；反之，它就必须到市场上购买排放权，否则，将会受到重罚。欧盟委员会规定，在试运行阶段，企业每超额排放 $1tCO_2$，将被处罚 40 欧元，在正式运行阶段，罚款额提高至每吨 100 欧元/tCO_2，并且要从次年的企业排放许可权中将该超额排放量扣除。

欧洲大学研究所（European University Institute）和欧盟委员会气候行动总司前总干事乔斯·德尔贝克（Jos Delbeke）提出了一个问题：能源安全和脱碳目标是否兼容？他阐述了将欧洲的能源安全和气候目标结合起来并开展强有力的双边和多边合作的重要性。展望未来，欧盟必须利用其绿色协议、能源政策和碳定价机制来加速转型。

2023 年 12 月，欧盟议会和理事会就欧盟排放交易体系的重大改革达成协议，加强了其实现欧盟 2030 年 55% 减排目标的信心。这项改革包括对电力、工业和航空业的现有排放交易体系设置更严格的上限，以及从 2024 年起逐步实施海事部门。从 2026 年起，将逐步取消对部分工业部门的免费分配，同时逐步实施碳边境调整机制。此外，欧盟决定在 2027 年或在能源价格高企的情况下，在 2028 年为建筑、道路运输和工业工艺供热引入新的欧盟排放交易体系。

2. 美国碳交易市场发展

美国尚未建立全国性的碳排放权交易市场（基于总量控制的强制性配额交易），但其区域性市场发展成熟，是全球第二大碳交易市场（广义涵盖配额、信用等交易形式），已建立起较为成熟的区域性碳交易市场体系。区域性的碳交易市场主要由各州市政府牵头组成，较为重要的是芝加哥气候交易所（Chicago Climate Exchange，CCX）、加州碳市场（California's Cap and Trade Program，CCTP）、区域温室气体倡议（Regional Greenhouse Gas Initiative，RGGI）。美国各个碳交易市场既有共性也存在区别，它们共同构成了美国的碳排放交易体系的一部分。

2022 年 12 月，加州空气资源委员会（CARB）董事会通过了该州的 2022 年气候变化行动规划，建立实现加州减排目标的战略。基于 2030 年实现额外减排的目标，CARB 宣布重新修订所有主要政策，包括该州的碳排放权交易政策。CARB 将在 2023 年底之前向州立法机构报告可能的政策变更。

2023 年 1 月，纽约气候行动委员会发布了最终行动范围界定规划，提出了一系列政策和行动，以实现该州 2050 年的碳中和目标——包括一项全经济体范围内的限额和投资计划。体系涵盖所有排放部门，其总量是可强制执行且不断下降的。2030 年和 2050 年的总量对应于全州的排放限制。

3. 我国碳市场发展

碳交易是指把二氧化碳排放权作为一种商品，买方通过向卖方支付一定金额从而获得一定数量的二氧化碳排放权，从而形成了二氧化碳排放权的交易。

在我国，碳市场是由政府通过对能耗企业的控制排放而人为制造的市场。通常情况下，政府确定一个碳排放总额，并根据一定规则将碳排放配额分配至企业。如果未来企业排放高于配额，需要到市场上购买配额。与此同时，部分企业通过采用节能减排技术，最终碳排放低于其获得的配额，则可以通过碳市场出售多余配额。双方一般通过碳排放交易所进行交易（图 7-4）。

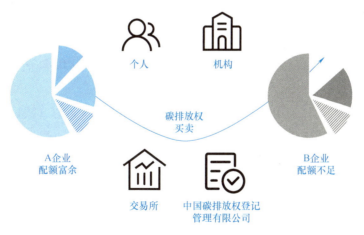

图 7-4　碳排放交易所交易流程图

第一种情况，如果企业减排成本低于碳交易市场价时，企业会选择减排，减排产生的份额可以卖出从而获得盈利。

第二种情况，当企业减排成本高于碳市场价时，会选择在碳市场上向拥有配额的政府、企业或其他市场主体进行购买，以完成政府下达的减排量目标。若未足量购买配额以覆盖其实际排放量，则面临高价罚款。

通过这一套设计，碳市场将碳排放内化为企业经营成本的一部分，交易形成的碳排放价格则引导企业选择成本最优的减碳手段，包括节能减排改造、碳配额购买或碳捕捉等，市场化的方式使得在产业结构从高耗能向低耗能转型的同时，全社会减排成本保持最优化。我国碳市场流程如图 7-5 所示。

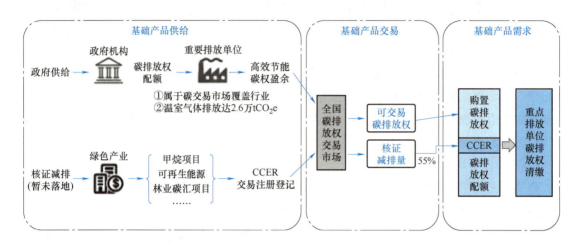

图 7-5 我国碳市场流程

资料来源：浙商证券研究所。

按照碳交易的分类，目前我国碳交易市场有两类基础产品，一类为政府分配给企业的碳排放配额，另一类为国家核证自愿减排量（CCER）。

第一类，配额交易是政府为完成控排目标采用的一种政策手段，即在一定的空间和时间内，将该控排目标转化为碳排放配额并分配给下级政府和企业，若企业实际碳排放量小于政府分配的配额，则企业可以通过交易多余碳配额实现碳配额在不同企业的合理分配，最终以相对较低的成本实现控排目标。

第二类，在配额市场之外引入 CCER 交易。2020 年 12 月发布的《碳排放权交易管理办法（试行）》指出，CCER 是指对我国境内可再生能源、林业碳汇、甲烷利用等项目的温室气体减排效果进行量化核证，并在国家温室气体自愿减排交易注册登记系统中登记的温室气体减排量。CCER 交易是指控排企业向实施"碳抵消"活动的企业购买可用于抵消自身碳排的核证量。

"碳抵消"是指用于减少温室气体排放源或增加温室气体吸收汇，用来实现补偿或抵消其他排放源产生温室气体排放的活动，即控排企业的碳排放借助非控排企业使用清洁能源减少温室气体排放或增加碳汇来抵消。抵消信用通过特定减排项目的实施得到减排量后进行签发，项目包括可再生能源项目、森林碳汇项目等。

碳市场按照 1∶1 的比例给予 CCER 替代碳排放配额，即 1 个 CCER 等同于 1 个配额，可以抵消 $1tCO_2e$ 的排放。《碳排放权交易管理办法（试行）》规定重点排放单位每年可以使用国家核证自愿减排量抵消碳排放配额的清缴，抵消比例不得超过应清缴碳排放配额的 5%。

目前根据第一个履约期的经验，生态环境部于 2022 年 3 月更新了 MRV 指南以提高数据质量。2022 年 11 月，生态环境部发布了 2021 年和 2022 年的分配计划草案以征求公众意见，收紧了燃煤电厂的基准值。除了常规活动外，北京、重庆、广东、上海、深圳和天津还发布或更新了碳普惠制度，以激励个人或小规模的温室气体减排项目。这些项目产生的减排量将可用于这些碳市场的履约。2024 年 7 月，生态环境部常务会议审议并通过《2023、2024 年度全国碳排放权交易发电行业配额总量和分配方案》，以督促地方准确、按时、高效做好发电行业配额核定发放、清缴等各项工作，推动行业化解过剩产能。

值得注意的是，2023 年 10 月 24 日生态环境部发布《关于全国温室气体自愿减排交易市场有关工作事项安排的通告》，明确指出 2017 年 3 月 14 日前已获得国家应对气候变化主管部门备案的核证自愿减排量，可于 2024 年 12 月 31 日前用于全国碳排放权交易市场抵销碳排放配额清缴，2025 年 1 月 1 日起不再用于全国碳排放权交易市场抵销碳排放配额清缴。

7.4.2　碳交易机制

1. 交易标的

碳交易的标的可分为碳配额和碳信用两大类。目前碳市场上较为常见的是碳配额。核证减排单位、减排单位、自愿减排量、清除单位都是碳信用类标的。

（1）碳排放权配额

以欧盟碳配额为例，当前市场上交易的欧盟碳配额（EU Allowance，EUA）一部分是免费分配，一部分是拍卖所得。EUA 通常采用标准化合约的形式，逐日交割，并采用实物交割的方式。EUA 拍卖合约中，1 份合约为 1 单位 EUA，等于 $1tCO_2e$，最小拍卖量为 500 份，即 $500tCO_2e$。

（2）核证减排单位

核证减排单位（CER）是基于 CDM 项目所签发的碳减排单位，每单位核证减排量相当于减排 $1tCO_2e$，可用于兑现《京都议定书》附录 I 所列国家的减排承诺或者作为温室气体排放交易体系的交易单位，可在交易所二级市场中交易。与 EUA 类似，CER 也采用标准化合约的形式，逐日交割，并采用实物交割的方式。

（3）减排单位

减排单位（Emission Reduction Unit，ERU）是基于联合国履约机制所签发的碳减排单位，每单位核证减排量相当于减排 $1tCO_2e$，可用于兑现《京都议定书》附录 I 所列国家的减排承诺或者作为温室气体排放交易体系的交易单位，可在交易所级市场中交易。附件 I 国家在监督委员会监督下，可获得或转让 ERU。与 CER 不同，减排单位的履约主体是具有减排任务的发达国家。

（4）自愿减排量

自愿减排量（Voluntary Emission Reduction，VER）是指自愿减排项目签发的减排信用，同时包括正在等候联合国执行理事会注册或签发的、尚未取得 CER 的清洁发展机制项目产生的减排信用额度，即隶属于 CDM 体系之外的项目。随着全球碳市场对减排项目的有效性、持续性的要求越来越严格，碳交易市场的买方越来越关注诸如沼气、垃圾填埋气及可再生能源等减排项目。但由于清洁能源机制及政府指令促进低碳发展的局限性，以及调动公众减排责任心和利他心理，被称为"清洁发展机制项目"的 VER 预备市场应运而生。

（5）清除单位

清除单位（Removal Unit，RMU）是一种可交易的碳信用额或"京都单位"（Kyoto Unit），其代表《京都议定书》附录 I 所列国家通过碳汇活动吸收 1t 温室气体排放而获得的许可。

2. 市场主体

随着碳交易体系的扩大和日渐成熟，市场参与者的队伍日益壮大。按照地位划分，市场参与者可分为市场主体和辅助参与者。市场主体一般是指买卖双方，不同交易市场的市场主体有所区别；辅助参与者是促成买卖双方交易的参与者，如碳交易所、经纪人、第三方核证机构、评级机构、咨询机构等。按照性质来划分，市场参与者可分为机构参与者和个人参与者。按照市场性质来划分，市场参与者可分为一级市场参与者和二级市场参与者（图 7-6）。

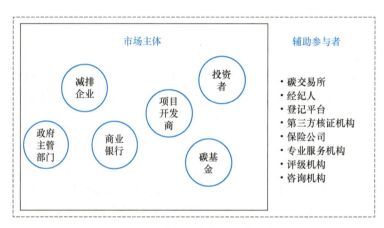

图 7-6 碳排放权交易市场参与者

在碳配额市场的一级市场中，政府主管部门作为碳配额的供给者，减排企业作为碳配额的需求方，双方以拍卖的方式交易；在碳配额市场的二级市场中，买卖双方可以是减排企业，也可以是碳基金、投资者、商业银行等；在项目市场中，卖方为项目开发商或减排证书提供商，买方为自愿减排企业或其他投资者。

3. 碳交易市场运行机制

碳交易市场机制自 1997 年《京都议定书》签署以来，逐步走向成熟。该机制通过市场化的手段来调节温室气体的排放量，即由政府根据减排目标设定某一时限内的碳排放总量，并以碳配额的形式分配给辖区内的重点排放单位，获得碳配额的企业可以在二级市场上开展交易。碳交易市场上碳配额的稀缺性形成了碳价，有效的碳价信号能够优化资源配置，进而激励企业采取减排措施。我国对于利用市场机制以促进低碳转型和绿色发展予以高度重视，将碳交易市场建设作为实现碳达峰与碳中和目标的关键途径之一。

碳交易的运行机制分为初始配额发放、配额交易及配额清缴三个阶段。涉及的交易对象为碳配额和国家核证自愿减排量。其中，碳配额主要面向碳排放量较高的企业，政府基于企业的排放数据分配相应的碳配额，盈余碳配额可作为商品在市场上交易，促使碳配额在高排放企业间得到合理配置，进而鼓励高排放企业的减排行为；国家核证自愿减排量主要面向低排放企业，低排放企业通过向有关部门提交自愿减排项目，对减排效果进行量化核证，获得核证减排量。国家核证减排量随后可转换为碳配额在碳交易所进行交易（图 7-7）。

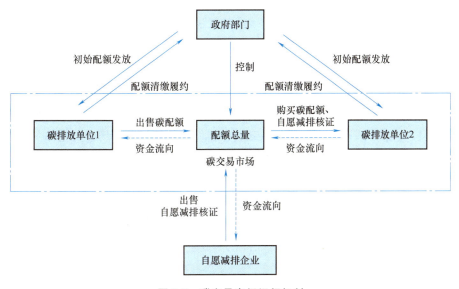

图 7-7　碳交易市场运行机制

7.4.3　碳产品

1. 碳现货

我国积极建设碳交易市场，希望有效缓解碳排放问题。试点碳市场从 2013 年相继启动运行以来，逐步发展壮大。初步统计共有 2837 家重点排放单位、1082 家非履约机构和 11169 个自然人参与试点碳市场。2021 年 7 月，我国正式启动了全国碳排放权交易市场。2023 年度纳入全国碳排放权交易市场配额管理的发电行业重点排放单位共计 2096 家，年覆盖二氧化碳排放量约 52 亿 t。根据生态环境部官方数据统计，截至 2024 年年底，全国碳排放权交易市场配额累计成交量为 6.3 亿 t，累计成交额为 430.33 亿元。

试点期间，市场流动性不足导致市场成交价远低于资产合理价值。根据碳交易所数据，2020 年北京碳排放均价在 80 元/t 以上，上海均价为 40 元/t，其余各地也都维持在 20～50 元/t。自 2021 年全国碳市场启动以来，碳价逐步上涨，2024 年全国碳市场共运行 242 个交易日，成交均价为 95.84 元/t。世界银行 2024 年的报告显示，美国近年来的碳排放价格为 280～520 元/t（折合人民币，下同）且逐步上升，伴随未来碳排放额度进一步收紧，预测 2030 年碳排放价格将继续上升到 780 元/t。而根据欧洲能源交易所数据，欧盟近年来碳排放交易价格维持在 480~890 元/t。我国的碳排放交易价格远低于美国和欧洲。

此外，市场定价偏低导致供需双方无法匹配。从需求方看，我国为全球碳市场创造了巨大的减排量。然而由于定价偏低，导致发达国家经常以低价购入碳排放权，然后经包装、开发，形成价格更高的金融产品在国外市场上进行交易。从供给方看，国内市场碳排放供应者的积极性普遍不高。例如，发电行业本应是碳排放权的主要提供商，但偏低的碳价导致其在市场上活跃度不高，加之担心长期减排压力大，因此更多选择保守方式：拿到碳排放的配额后，即使在初期有盈余额度，也不愿意出售，而是储备下来供将来履约用。一些大型电力集团会首先在内部进行统筹，将下属电厂的碳排放权进行集中统一管理和交易，大部分额度在进入交易市场之前会先进行集团内部调剂，待内部需求已经得到满足之后，才将少部分剩余额度拿到市场上交易。

随着"碳达峰碳中和"目标被纳入"十四五"规划之中，全国统一的碳排放权交易市场建设开启了加速发展模式，《碳排放权交易管理办法（试行）》于 2021 年 2 月施行，规范了全国碳排放权交易及相关活动，规定各级生态环境主管部门和市场参与主体的责任、权利和义务。2024 年 5 月 1 日《碳排放权交易管理暂行条例》实施，明确建设全国碳排放权注册登记和交易系统，记录碳排放配额的持有、变更、清缴、注销等信息，提供结算服务，组织开展全国碳排放权集中统一交易。首批仅纳入电力行业（2225 家发电企业），未来将最终覆盖发电、石化、化工、建材、钢铁、有色金属、造纸和国内民用航空等行业。碳配额分配上仍以免费为主，未来根据国家要求将适时引入有偿分配，并逐步提高有偿分配比例。

2. 碳期货

期货是指交易双方就未来对合约附属的某种标的资产交易达成的标准化协议。期货合约是一种衍生资产，其价值依赖于合约附属标的资产的现货价值与特性。碳期货是以碳排放权或碳信用为标的资产的碳金融衍生产品，其价值依赖于碳现货的价值与特性。碳期货的交易双方按事先约定的未来特定的交易时间、地点和价格，交割一定数量的碳资产。交易者可以利用碳期货与碳现货市场"方向相反，数量相等"的反向操作进行套期保值，对冲碳现货市场价格波动的风险。

碳期货市场的基本功能为①价格发现功能，期货市场价格发现功能是指期货市场通过其完善的交易运行机制，形成具有真实性、预期性、连续性和权威性的期货价格，从而可以从期货价格的变化看出现货的供求状况及价格变动趋势；②规避和转移价格风险功能，作为一个对管制高度依赖的市场，碳金融市场存在诸多缺陷，其运行面临着诸多风险。各国在减排目标、监管体系及市场建设方面的差异，导致了市场分割、政策风险及高昂的交易成本，进而使得碳现货价格产生剧烈波动。因此，用期货的形式转移这种风险就显得尤为必要。碳期货市场为碳排放权供需双方提供了媒介，交易者可以在标准化、透明化的交易平台上，利用信息优势，锁定价格波动的风险，并可以节约一定的交易成本和时间成本。此外，碳期货交易实行保证金交易，以较低成本完成期货合约的买卖行为，有利于增加市场流动性。碳期货交易中，套期保值者利用碳期货进行与现货反向的操作，有利于减缓碳现货市场的价格波动。同时，适度的碳期货投机也能够减缓价格波动。

碳期货交易是指在碳交易所内集中买卖期货合约的交易活动。碳期货交易与碳现货交易存在明显区别，见表7-2。第一，交易对象不同，碳现货交易采取碳资产买卖，而碳期货交易的交易对象是标准化合约。第二，交易目的不同，碳现货交易目的是获得或出售碳资产，以完成定量碳排放计划，平衡利益，避免高额罚款；碳期货交易是为了转移碳现货市场价格波动的风险，投机或者套期保值。第三，交易场所不同，碳现货交易不受交易规则、交易场所、交易方式的限制，可以进行场外交易，交易条款可由交易双方商议达成；碳期货交易必须在固定的碳期货交易所以公开竞价方式进行。第四，结算方式不同，碳现货交易一般采用一次性结算，而碳期货交易采用的是保证金结算方式。第五，交割时间不同，碳现货交易中，碳资产所有权转移与交易达成在同一时间；碳期货交易中，碳资产实物转移滞后于期货合约的达成。

表 7-2　碳期货交易与碳现货交易的比较

	碳期货交易	碳现货交易
交易对象	标准化期货合约	碳排放权
交易目的	转移碳现货市场价格波动的风险	完成定量碳排放计划
交易场所	场内交易	碳交易平台、电子交易平台、期货市场等内容，碳现货交易的合规性和监管程度因国家和地区而异。在一些发达国家和地区，碳交易市场相对成熟，监管较为完善；在一些新兴市场或发展中国家，碳现货交易市场尚处于发展阶段，监管相对较弱。因此，具体的交易场所可能因地区而异
结算方式	少量保证金结算	一次性结算全部资金
交割时间	碳资产实物转移滞后于期货合约达成	在同一时间，交易达成则所有权转移

碳排放权期货市场是对碳市场体系的丰富和完善，对经济社会全面绿色转型发挥独特作用。具体如下：一是提供有效定价。碳排放权期货市场作为现货市场的有益补充，通过市场各类交易者的撮合交易、中央对手方清算等方式，进一步提高碳市场体系的市场化程度，可提供连续、公开、透明、高效、权威的远期价格，缓解各方参与者的信息不对称现象，提高市场的认可接受度。二是提供风险管理工具。碳排放权期货市场为控排企业提供碳价波动风险管理工具，降低因碳价变化带来的经营压力，调动控排企业压减落后产能、实现绿色转型的积极性。同时，碳价与能源、气候、经济结构转型等紧密关联，其他领域的企业也存在碳风险敞口，同样可以利用碳排放权期货管理风险，提前锁定碳成本，安排节能技改或市场交易。三是有利于充分发挥市场在资源配置中的决定性作用。引入碳排放权期货市场，能够通过交易为运用节能减排技术、开发自愿减排项目的企业带来收益，替代部分国家财政补贴，形成市场化的激励约束机制，有效引导政府和社会资本对可再生能源、绿色制造业等低碳产业的投资，促进碳减排和经济清洁低碳转型。四是有利于政府相关部门利用期货市场的远期价格信号提前优化调整绿色低碳政策，提高宏观调控的科学性。期货价格凝聚了市场对长期

碳成本与减排路径的预期，可为政府动态调整配额分配、行业覆盖范围等政策参数提供依据；同时通过监测不同期限合约价差变化，及时识别政策执行效果，降低宏观调控的试错成本。五是扩大碳市场的边界和容量。碳排放权期货将碳排放权从实物形态转化为合约形态，使投资主体可以不直接持有现货，而是通过持有期货合约并不断向远月移仓的方式长期投资于碳市场，既满足了社会资本对碳资产的配置和交易需求，也不干扰控排企业正常使用碳排放权，还为碳证券、碳基金、碳期权等其他金融产品提供了更大的发展空间。

3. 碳金融衍生品

碳金融衍生品是碳市场发育到高级形式的产物，其规避风险功能及价格发现功能是碳金融衍生产品的具体化表现形式，基本类型有以下几种：

1）碳远期交易。碳远期交易双方约定在将来某个确定的时间以某个确定的价格购买或者出售一定数量的碳额度或碳单位。它的产生适应规避现货交易风险的需要，CDM 项目产生的 CER 通常采用碳远期的形式进行交易。通常，项目启动之前，由交易双方签订合约，规定碳额度或碳单位的未来交易价格、交易数量及交易时间。它为非标准化合约，基本不在交易所中进行，通过场外交易市场对产品的价格、时间及地点进行商讨。

2）碳期权交易。目前，全球最有代表性的碳期权产品包括欧洲气候交易所碳金融合约，该期货期权合约是在欧盟排放交易计划下的高级、低成本的金融担保工具；排放指标期货，该产品由交易所统一制定，实行集中买卖、公开竞价，规定在将来某一时间和地点交割一定质量和数量的 EUA 的标准化合约；经核证的减排量期货，欧洲气候交易所专门针对 CER 市场的需要，推出了经核证的减排量期货合约，以避免 CER 价格大幅度波动带来的风险；排放配额/指标期权，欧盟排放配额期权赋予持有方（买方）在期权到期日或者之前选择履行该合约的权利，对手方（卖方）则具有履行该合约的义务；经核证的减排量期权，其为依附于清洁能源发展机制产生的 CER，对获得的 CER 看涨或者看跌期权。

3）碳排放权套利交易和碳排放权互换交易。碳排放权套利交易是指在买入或卖出碳信用合约的同时，卖出或买入相关的另一种合约，通过合约之间的价差及变化来获利的一种金融活动。碳金融市场提供跨市场、跨商品和跨期交易三种投资套利方式，进行碳排放权套利交易的合约应当具有相同的认证标准，当合约标的物等量或数量相近时，由于价格、时期、地点等不同，价格预期不同，就创造出套利空间。碳排放权互换交易是指交易双方通过合约达成协议，在未来的一定时期内交换约定数量的不同内容或不同性质的碳排放权客体或债务。投资者利用不同市场或者不同类别的碳资产价格差别买卖，从而获取价差收益。可以说，互换的产生主要基于目标碳减排信用难以获得和发挥碳减排信用的抵减作用这两个原因。由此产生两种形式碳排放权互换交易制度安排：一是温室气体排放权互换交易制度，政府机构或私人部门通过资助国家减排项目获得相应的碳减排信用，该机制下碳排放权客体是由管理体系核准认证后颁布的，涉及市场内行为；二是债务与碳减排信用互换交易制度，债务国在债权国的许可下，将一定资金投入碳减排项目，其实质上是债务国和债权国之间的协议行为。

碳金融衍生品交易的主要特征如下：

一是交易标的虚拟性。碳金融衍生品是在碳基础产品的基本框架下衍生出来的，其交易对象是对基础碳排放权交易单位在未来不同条件下处置的权利和义务。其本身没有价值，只是作为一种合法的权利或义务的证书。其运行独立于碳基础工具交易机制，能够为产品的持有人带来一定收益，到期或者符合交割条件时，按照金融衍生品的价格计算收入或者损失。

二是与现货价格的联动性。虽然碳金融衍生品的运行独立于基础产品，但其价值及价格变动规律与原生品密切相关。通常，金融衍生品与基础产品之间的关系由合约内容决定，其联动关系既可以是线性的，也可以表达为复杂的非线性函数，甚至是分段函数。

三是高杠杆性与高风险性。碳衍生品交易通常采用保证金制度，即交易者只要缴付基础产品价值的某个百分比即可获得衍生品的经营权和管理权。保证金分为初始保证金和维持保证金，当保证金账户余额低于维持保证金时，持有人就会被要求追加保证金。待交易到期日时，对金融衍生品进行反向交易，对差价进行结算，或者进行实物交割，缴付一定数量的保证金，获得基础产品。碳衍生品交易以较少的资产获取较多的收益，是高杠杆性的突出表现。在保证金制度下，交易者对基础工具未来价格的预期和判断对其盈亏的影响将被放大。基础产品价格的波动对碳金融衍生品盈亏的不确定性影响，将由于杠杆性而诱发更高的不确定性。

四是产品设计的复杂性和灵活性。碳衍生品是将基础工具、指标、相关资产期限等通过一定的设定加以组合、复合和分解得出，其本身的构成复杂性来源于所属基础资产关联关系的多样性。除此之外，碳衍生品因其种类不同、针对客户群体不同，合约时间、金额、杠杆比例、价格等参数设计相对灵活，得以充分发挥其套期保值的作用。

五是交易目的多重性。碳衍生品在交易过程中可发挥避险和投资的功能。其市场参与主体通常有套期保值、套利及投机三个目的。套期保值的投资者通过进行市场间的反向操作，实现锁定价格、保证利润的目标；套利者通过在不同市场间不同品质标的间进行频繁操作，获取收益；投机者为追逐利润，买卖标准化的碳衍生品合约。总而言之，市场的参与者通过转移与该基础工具相关价值变化的风险获得经济利益。

7.4.4　碳基金

目前，全球范围内的碳投资载体共有三类：碳基金、碳机构和政府购买计划。后两者接近于广义的碳基金概念，本书统称为"碳基金"。碳基金（Carbon Funds）是指由政府、金融机构、企业或个人投资设立的专门基金，致力于在全球范围购买碳信用或投资于温室气体减排项目，经过一段时期后给予投资者回报，以帮助改善全球气候变暖。碳基金是碳市场环境下的金融创新，特别是在碳市场发展的早期阶段，碳基金的建立发展在引导控排企业履约、开发碳资产、推动民营企业参与碳排放权交易、推进低碳技术、促进低碳产业转型、推动城市低碳发展等方面都有较为深远的影响。

为落实《京都议定书》规定下的清洁发展机制和联合实施机制，世界银行于 2000 年率先成立碳基金，即由承担减排义务的发达国家企业出资购买发展中国家环保项目的减排额度。由于其中蕴含着巨大的商业机会，许多国家、地区、金融机构、企业、个人等相继出资成立了碳基金，在全球范围内开展减排或碳项目投资，购买或销售从项目中所产生的可计量的真实碳信用指标。

1. 国际碳基金

从股东结构及投资结构来看，国际碳基金从政府投资为主逐渐过渡到私人投资领域。国际碳基金的资金主要由政府、私营企业或两者共同出资。按投资者出资比例的不同，碳基金的股东结构主要有以下三种：公共基金、公私混合基金及私募基金。国际碳基金股东结构分类见表 7-3。

表 7-3　国际碳基金股东结构分类

基金分类	属性
公共基金	政府承担所有出资。代表基金有芬兰碳基金、英国碳基金、奥地利碳基金、瑞典 CDMJI 项目基金
公私混合基金	由政府和私营企业按比例共同出资，是国际上最为常见的碳基金资金募集方式。代表基金有世界银行参与设立的碳基金、意大利碳基金、德国 KFW、日本碳基金等
私募基金	私营企业承担所有出资。代表基金有 Merzbach 夹层碳基金、气候变化碳基金 I 和 II 等

碳基金成立之初的资金主要来源于政府，私有资本比例较少。但在近十年的发展中，私营企业出资或参与的基金数量的增幅和总数都大大超过政府出资组建的基金。原因在于，碳市场是由国际金融机构与政府共同主导并发展起来的。在碳市场发展的早期，由于市场风险和政策风险因素，私人资本不愿涉足，只能由政府或国际金融机构出资成立碳基金；随着政策制度的逐步完善，私人资本因其收益最大化的逐利性逐渐参与到这个新兴的领域；减排项目及碳信用指标交易利润丰厚，导致近年来私人资本组建的碳基金数目增长迅速。

2. 碳基金投资

当前国际碳基金的投资方式主要有以下三种：碳减排购买协议（ERPA）、直接融资（Direct Financing）和 N/A（Not Available）方式。碳减排购买协议方式是直接购买温室气体减排量，当前大部分的基金都采取这种投资方式。国际上发达国家内部、发达国家之间或者发达国家和发展中国家之间通过提供资金和技术的方式，在发展中国家实施具有温室气体减排效果的项目，该项目产生的温室气体减排量由碳基金收购。直接融资方式下，基金直接为相关项目提供融资支持，如股权投资、直接信贷支持等，通过这种投资方式，碳基金有可能以最低的价格获得碳信用指标，如 ERU 和 CER。N/A 方式是指碳基金并不在意投资项目的目标大小，此种投资方式较为灵活便利。

自碳基金成立以来，ERPA 是投资者所采用的主要投资方式。来自世行碳金融部门的数据表明：从基金总数来看，国际碳基金发展前期，全球 60% 的碳基金在碳市场从事碳信用指标的买卖；30% 的份额以直接融资的方式为相关项目提供资金支持，只有 10% 的碳基金采取 N/A 投资方式。近几年，直接融资的碳基金迅猛增长。从股东结构来看，私募基金更偏好于直接融资投资方式，而有政府出资背景的基金则偏向于 ERPA 的投资方式。

3. 碳基金运作

碳基金的运作模式是指运行和管理碳基金的管理结构及其运行机理，本质上是碳基金内部各项管理系统的内在联系、功能及运行原理，是决定碳基金运行管理效率的核心。从运作模式上来看，碳基金在基金的法律地位、管理结构和业务运营三个方面具有明显的特点：碳基金多以信托的方式在基金投资者和基金管理公司之间建立起托管人与受益人的关系；管理结构与有限责任公司或股份有限公司相似，同样具备权力机构、执行机构与监督机构三方特征；业务运营由基金托管人负责，通常设立专业性较强的碳金融团队，负责碳基金的业务管理。国际碳基金的管理模式如图 7-8 所示。

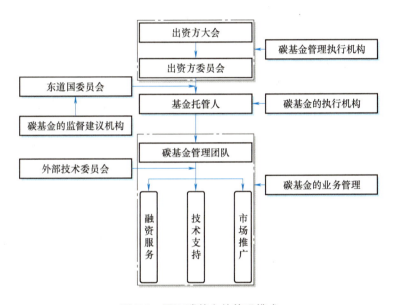

图 7-8　国际碳基金的管理模式

碳基金的投资机构和基金管理公司在法律形式上，多以有限公司、股份公司、合伙企业等常规形式出现，碳基金多通过信托的方式在基金投资者和基金管理公司之间建立起托管人与受益人之间的关系，而不是建立普通合伙、有限合伙、股份制企业、企业集团、寄托保管或其他除信托之外的任何形式的法律关系。碳基金的管理结构虽然和通常的有限责任公司或股份有限公司在名称上不同，但在实质上具有完善的管理结构，碳基金的管理结构同样具备权力机构、执行机构与监督机构。一般而言，碳基金设有出资方大会，由负责出资的政府或私营机构的代表组成。出资方大会为碳基金的权力机构，决定碳基金的重大事项。

4. 碳基金的管理

碳基金需要丰富筹集机制，以多元化的融资渠道形成多层次的基金体系。碳基金可以分为公益性和营利性两种类型。公益性基金主要是由政府或者世界经济组织设立发起的，资金主要投向于可以产生较大示范带动效应或较大贡献的减排项目，不以营利为目的，而主要是为促进节能减排技术的开发。营利性基金主要由企业建立，这类基金主要投资于前期或者中后期的碳减排项目，并出售从项目获得的碳减排量以获得预期利润。目前我国碳基金的资金来源渠道较为单一，仍是以政府投资为主，这不仅会影响基金的发展规模，还难以发挥碳基金作为金融工具的本质作用。所以，需要不断优化筹集机制，努力拓宽碳基金的融资渠道。

碳基金需要优化模式，以企业化管理提升基金运行效率。英国碳基金尽管是由政府出资发起成立的，但它是具有独立法人地位的公司，采用商业模式对基金进行管理和运作，力图通过严格的管理和制度保障使公共资金得到最有效的使用。这种运作方式有利于调动和协调政府、企业、行业协会、咨询公司、投资公司、科研机构和媒体等各方面的力量，同时碳基金提供的各种服务也受到企业用户的普遍欢迎。

碳基金需要强化风险控制，建立健全风险分摊与约束机制。碳基金的良性运营取决于基金生存的外部环境，包括世界各国应对气候变化的政策走势及国际碳排放权交易的市场状况，以及碳基金的投资领域和项目的运行情况，这决定了资金投入能否正常回收和取得预期收益。因此，需要加强对基金的风险控制，做到密切跟踪和把握国际气候谈判及国内外应对气候变化政策的新进展；在投资时需谨慎选择，尤其是对于早期企业，应该更多地关注企业的技术研发能力和核心价值，对于已资助的项目要建立健全风险分摊与约束机制等。

5. 我国碳基金投资

我国目前已经有较多与低碳有关的基金发起或运行，低碳基金早期大部分是专注于投资绿色低碳企业股权的私募股权基金，投资于国内碳市场的基金在 2014 年以后才开始逐渐地涌现出来。与欧美等发达国家相比，我国碳基金投资总体上还处于起步探索阶段。比较重要且具有代表性的低碳基金主要有以下几类：

（1）国家层面设立的碳基金

中国清洁发展机制基金，于 2006 年 8 月经国务院批准设立。2007 年 11 月，清洁基金正式启动运行。2010 年 9 月 14 日，财政部、国家发展和改革委员会等七部委联合颁布《中国清洁发展机制基金管理办法》，基金业务由此全面展开。该基金管理办法于 2017 年和 2022 年经两次修正。中国清洁发展机制基金是由国家批准设立的按照社会性基金模式管理的政策性基金。该基金在积极支持应对气候变化政策研究和能力建设的同时，重点支持新兴产业减排、技术减排、市场减排活动。该基金的资金来源包括通过 CDM 项目转让温室气体减排量所获得收入中属于国家所有的部分，基金运营收入，国内外机构、组织和个人捐赠等。据统计，自 2011 年开展有偿使用业务以来，中国清洁发展机制基金已审核通过 330 个项目，覆盖全国 28 个省（市、自治区），安排贷款资金累计达 1316.48 亿元，撬动社会资金 1016.23 亿元。

中国绿色碳汇基金，正式成立于 2010 年，由国家林业和草原局主管。该基金设在中国绿化基金会下，作为一个专户进行管理，是用于支持我国应对气候变化活动的专业造林减排、增加林业碳汇的专项基金，属全国性公募基金。基金先期由中国石油天然气集团公司出资 3 亿元人民币，用于开展吸收大气中的二氧化碳为目的的造林、森林管理及能源林基地建设等活动。目前，该基金已成为国内以造林增加碳汇、保护森林减少排放等措施开展碳补偿、碳中和的专业化基金。

（2）地方政府背景的碳基金

随着国家各项节能减排政策的推出，部分地方省市也开始尝试建立低碳基金。例如，广东省政府于 2009 年成立了广东绿色产业投资基金，总规模为 50 亿元，由 5000 万元的政府引导资金和 49.5 亿元的社会资金共同组成。此外，银行还配套 200 亿元资金支持。该基金主要投资方向是运用合同能源管理模式进行节能减排的项目、以该模式为经营手段的节能服务公司的项目股权，以及从事节能装备或新能源开发的高科技企业股权。江西省南昌市于 2010 年 2 月设立了低碳与城市发展基金——南昌开元城市发展基金，由南昌市与国开金融公司共同出资 50 亿元人民币，预计可拉动 200 亿元的相关投资。2021 年 7 月 16 日，湖北省武汉市人民政府、武昌区人民政府与各大参会金融机构、产业资本共同宣布共同成立总规模为 100 亿元的武汉碳达峰基金，这是国内首只市政府牵头组建的百亿级碳达峰基金。该基金立足武汉，面向全国，重点投资于"碳达峰碳中和"行动范畴内的优质企业、细分行业龙头企业；基金重点关注绿色低碳先进技术产业化项目，以成熟期投资为主。同日，由武汉知识产权交易所牵头，湖北汇智知识产权产业基金管理公司作为管理人，联合国家电力投资集团、盛隆电气、正邦集团成立的募资规模 100 亿元的湖北首个碳中和基金"碳中和——新能源"基金也完成了第一笔合作签约。

（3）市场化创投或外资背景的碳基金

市场化创投的碳基金的代表之一是浙商诺海低碳基金。该基金由浙商创投于 2010 年发起，是中国第一只低碳领域的私募股权投资基金，主要投资方向为低碳经济领域的节能、环保、新能源等行业中具有自主创新能力和自主知识产权的高成长性企业。基金首期募集规模为 2.2 亿元人民币。该基金的设立和运作标志着我国低碳领域的资本市场正在逐步走向活跃。外资背景的碳基金，如瑞士 ILB-Helios 集团和北京中清研信息技术研究院共同出资成立的新能源低碳基金。这是自国务院明确鼓励发展新能源和低碳经济后，获得国家发展和改革委员会批准的首个具有外资背景的低碳基金。2021 年 3 月，红杉中国和远景科技集团宣布成立总规模为 100 亿元人民币的碳中和技术基金，投资和培育全球碳中和领域的领先科技企业，构建零碳新工业体系。2022 年 1 月，IDG 资本联合香港中华煤气有限公司共同成立国内首只零碳科技投资基金，总规模为 100 亿元人民币，首期募资规模为 50 亿元人民币。该零碳基金是迄今国内第一只以"技术投资+场景赋能"为主题的零碳科技基金，更注重从源头去碳。2024 年 12 月，"建新星元绿色产业基金"由天合光能与国家绿色发展基金、建行集团共同成立，总规模为 16 亿元，它与国家绿色发展基金的直接投资形成联动效应，共同引领社会资本不断进入绿色投资领域，更有效地推动我国绿色产业的发展，推动区域经济绿色转型。

总之，设立和发展低碳基金为节能减排项目的开发提供资金支持，缓解企业前期资金压力，分担开发风险，更有利于促进节能减排技术的研发，加速各项技术的商业化推广进程，最终促进低碳经济的持续发展。

7.5 我国碳市场设计

7.5.1 我国碳市场面临的挑战

由于经济快速增长、贸易格局变化和产业结构调整等各种因素交织，我国的碳市场建设面临着相比于发达国家更为复杂的挑战，主要包括设定配额总量目标、保护行业竞争力、稳定碳价格、保障市场的流动性、实现协同效应，以及平衡地区差异性。

1. 设定配额总量目标

受限于经济发展阶段，在 2030 年碳达峰之前，我国只能设定相对的碳强度目标而非绝对的减排量目标。然而，在碳排放权交易体系设计中，碳排放强度目标必须转化为一个绝对的年度碳配额总量。在自下而上的配额分配体系中，这个问题会有所减弱，但是如果经济过热就会导致排放量较大幅度地上升，因此仍需设定年度配额总量。2022 年 5 月，浙江省首支以"碳中和、新能源"为主题的县级母基金——浙江碳中和新能源产业基金在浙江省永康市宣告落地，协助永康市打造包括锂电池、储能电池、光伏、氢能等的绿色低碳能源产业集群。2025 年 6 月，湖北省绿新领航股权投资基金正式落地武昌，基金总规模为 15 亿元，该基金对加速培育低碳产业、改善区域生态环境质量、突破"双碳"关键技术具有重大战略意义。

2. 保护行业竞争力

世界上实施碳约束的国家仍然属于少数，如果碳交易给行业施加了过重的成本约束，就可能使得这些行业在国际竞争中处于弱势地位，严重的会导致产业转移和碳泄漏，对我国的经济发展造成不利影响，增加就业压力。但是，保护行业竞争力面临两方面的挑战，一是确定保护的力度。保护竞争力并不意味着不需要减排，而是需要适度地减排，给行业转型的时间和空间。二是保障行业之间的公平性。在进行政策设计时，行业之间的公平性需要特别关注，否则就会导致一些行业的免费配额过多，重现欧盟碳市场配额供给过剩和碳价格长期低迷的情况。

3. 稳定碳价格

由于经济快速增长、产业结构和贸易格局经常发生巨大的变化，我国的碳配额的需求具有更大的波动性，从而导致碳价格比发达国家更具不确定性。如果碳价格长期低迷，就会使企业失去对低碳技术研发和投资的信心与意愿，从而使碳市场的价格信号作用失效。因此，必须建立碳价格的稳定机制，稳定市场参与者的预期。

4. 保障市场的流动性

尽管稳定机制可以把价格控制在一个合理的范围内，但是如果没有充足的交易量，或者交易量仅在履约期潮涌般出现，就会导致流动性不足，出现"有价无市"的尴尬局面，使得碳配额的变现能力大幅度下降，仍然无法为低碳技术研发和投资提供足够的激励。

5. 实现协同效应

我国的减排问题、环境问题和经济发展问题是交织在一起出现的，存在一定的相关性和协同性，必须坚持在实现可持续发展的前提下控制温室气体的排放，提升环境质量。因此，全国碳市场的设计，除了关注环境效益之外，还必须关注经济效益和社会效益，需要在三者之间实现协同效应。

6. 平衡地区差异性

碳市场作为一种市场化的手段，应该把效率作为追求的第一目标，但是也不能忽略我国地区发展不平衡对碳交易带来的挑战。在经济增长与碳排放尚未脱钩的情况下，碳排放权意味着地区的发展权。对于不发达地区，必须为经济的进一步发展留出空间，否则会加剧地区发展不平衡的局面。

7.5.2　我国碳市场设计的基本原则

我国碳市场的设计必须考虑其未来可能面临的挑战，坚持动态调整、行业差别化、统一规则与事后调整相结合、协同推进和分阶段建设等基本原则。

1. 动态调整原则

欧盟的碳交易政策在一个发展阶段内保持不变，而且数据存在较长的滞后性，导致政策不能反映低碳技术进步和全球贸易模式的变化，碳价格长期低迷。作为一种补救措施，欧盟碳市场推出市场稳定储备机制来稳定碳价格。我国目前处于产业结构快速转型期，所以无论是年度配额总量的确定，还是标杆值的设定都应该坚持动态调整原则，适时根据国民经济的发展状况、产业结构和能源结构等因素来综合确定，以此来保证控排企业有适度的减排压力和减排动力。

2. 行业差别化原则

由于不同行业的减排成本、减排潜力和市场竞争力等存在显著差异，碳市场对不同行业的影响也存在明显不同，因此必须基于行业视角设计差别化的减排政策，以减少行业间竞争力的扭曲，否则有可能在短期内对某些行业产生较大的负面影响。同时，对于经济发展所必需的高排放行业，要根据其与全球前沿技术的差距来核定初始免费配额或者设定标杆值，从而迫使落后行业逐步赶上世界先进水平或者逐步被淘汰。

3. 统一规则与事后调整相结合原则

我国地区差异广泛存在，这使得统一的碳市场可能会对某些地区的发展产生限制作用，因此需要在坚持效率优先的前提下，建立地区间的事后调整机制。例如，通过针对落后地区的转移支付，确保地区之间的发展不平衡不会因为碳市场的建设而进一步加剧。

4. 协同推进原则

和发达国家早期的发展经历不同，我国的节能降碳问题与环境问题处于同一个窗口期，且均由经济快速发展导致，因此必须采取协同推进原则，这样可以有效降低减排成本，使环境效益最大化，有效减少减排面临的阻力，更为重要的是可以促进产业结构和能源结构转型升级，实现可持续发展。

5. 分阶段建设原则

碳市场作为一种新的政策工具，在实施过程中仍面临诸多挑战，发达国家为此也采取了分阶段建设的路径。我国的发展情况更为复杂，需要通过"干中学"不断丰富理论基础和实践经验，采取分阶段建设原则，稳健推进相关工作。

7.5.3 我国碳市场设计的核心思路

1）初期的碳市场总体上是一个基于强度的碳市场，具有碳税和补贴两种政策激励。

在运行初期，我国的全国碳市场总体上是一个基于强度的碳市场。配额分配方法主要采用基于行业碳排放基准和产品实际产量的免费配额分配，即基准法，可用式（7-1）表示。

$$A = BQ \tag{7-1}$$

式中　A——排放企业或单位可获得的碳排放配额；

　　　B——排放企业所属行业的碳排放基准值；

　　　Q——排放企业的实际活动水平。

行业基准线的数量和基准值由国家碳交易市场管理部门统一制定。

从碳市场配额分配选择的方法看，全国碳市场实质上是多行业的可交易碳排放绩效标准。企业或单位的配额成本或收益可用式（7-2）表示。

$$C = (B-b)QP \tag{7-2}$$

式中　C——企业配额相关的净收入；

　　　b——企业碳排放强度；

　　　P——配额价格。

行业基准值的设置实际上达到了征税和补贴两种政策效果。碳排放强度高于行业基准值的排放者，将产生配额短缺，需要购买超过初始配额的等量配额以满足履约要求，此时 $C<0$，相当于对低于行业碳生产力水平要求的企业征税。而碳排放强度低于行业基准值的排放者，将产生配额盈余，可以通过出售配额的方式获得超额收入，此时 $C>0$，相当于对高于行业碳生产力水平要求的企业给予补贴。

2）采用"自下而上"与"自上而下"相结合的方法，将总量设定与行业碳排放基准确定有机结合起来。

在上述基准法下，简化假设各行业只设置一个碳排放基准值，全国碳市场的配额总量（即不考虑违约情况下的排放总量）可用式（7-3）表示。

$$CAP = \sum_{i=1}^{M} \sum_{j=1}^{N} B_j Q_{ij} \tag{7-3}$$

式中　B_j——行业 j 的基准值；

　　　Q_{ij}——行业 j 在 i 省的实际产出；

　　　M——碳市场覆盖的省市数量；

　　　N——碳市场覆盖的行业数量。

行业基准值在实际中的确定往往是根据行业中企业的碳排放强度数据分布情况确定的，

需考虑技术可行性和公平性。

另一方面，碳市场设计的首要任务是促进国家碳减排目标的完成，需要明确配额总量与减排目标的关系，理清总量设定的基本逻辑。"自上而下"的配额总量设定方程式可表示为式（7-4）。

$$CAP = Q^0(1+\alpha_{ets})(1-\beta_\gamma\delta\varepsilon)(1+\alpha_\gamma-\alpha_{ets}) \tag{7-4}$$

式中　Q^0——规划期初碳市场所覆盖行业的碳排放总量；

α_{ets} 和 α_γ——规划期内碳市场所覆盖行业综合平均经济增长率和整个经济体的经济增长率，γ 表示城市序号；

β_γ——规划期内全国碳排放强度下降目标；

δ——碳市场对实现减排目标的贡献率；

ε——规划期初碳市场所覆盖行业的碳排放总量与总排放量的比例关系，可以理解为代表碳市场覆盖范围的特征参数。

式（7-3）与式（7-4）从不同层面揭示了配额总量的内涵，体现了碳市场的政策目标（碳减排目标和碳市场的减排贡献）、特征要素（碳市场的覆盖范围和行业基准值）、经济指标（碳市场覆盖行业及整个经济体的经济情况、企业或单位的实际活动水平）的内在关联关系。

为了避免我国试点碳市场配额分配中出现的"重分配、轻总量"问题，同时吸取欧盟等碳市场在总量设定中偏离实际经济增长、总量设定过于宽松等教训，全国碳市场总体方案设计采用了"自下而上"与"自上而下"相结合的总量设定方法，将国家碳强度目标与配额总量设定和配额分配的行业碳排放基准值有机结合起来。

3）分阶段建设全国碳市场，在发展中不断改进和完善碳市场方案设计。

建立全国碳市场是我国应对气候变化政策与机制的重要创新，其主要目的是利用基于市场的手段，以尽可能低的经济成本，履行应对气候变化的国际承诺，促进经济绿色低碳转型。我国是一个发展中国家，高能耗产业比重高，协调经济增长和控制碳排放难度大，市场机制在电力等有些行业还不完善。在这样的背景条件下，全国碳市场建设所涉及的问题十分复杂，建设任务十分艰巨，这就决定着全国碳市场建设不可能一蹴而就，而是一个分阶段的和不断发展完善的长期工程。以下简要介绍 2015—2030 年的碳市场分阶段建设思路。

① 第一阶段（2015—2020 年）：碳市场准备阶段。此阶段的主要任务包括完成全国碳市场基本制度设计，包括 MRV 制度、配额总量设定与分配制度和配额交易制度；制定全国碳市场管理办法和配额总量设定与分配方案，明确全国碳市场的管理制度框架、基本属性和特征；出台一系列支撑碳市场运行的规章和技术规范。另外，此阶段开始注册登记系统、配额交易系统和结算系统等碳市场硬件工程建设。

② 第二阶段（2021—2025 年）：碳市场初期运行阶段。在此阶段，以发电行业为突破口，率先实现全国碳市场的交易运行，全国碳市场将成为全球最大的碳市场。到 2025 年，全国碳市场覆盖范围扩大到预先设定的 8 个高耗能工业行业，碳市场管理的碳排放量占全国碳排放总量的 60% 左右。

在此阶段，全国碳市场的基本属性总体上是一个基于强度的碳市场。根据"严控增量"的原则，设定全国碳市场的配额总量。配额分配以基于行业碳排放基准的免费配额分配方法为主，逐步提高行业碳基准的严格程度，在条件成熟的行业适时引入拍卖配额分配方法。

③ 第三阶段（2026—2030 年）：碳市场发展完善阶段。在此阶段，进一步提高碳市场覆盖行业参与程度和扩大参与企业数量，到 2030 年，碳市场管理的碳排放量在全国碳排放总量中的占比提高到 70% 左右。考虑到 2025 年后，我国的电力市场机制建设基本完成，对发电行业不断提高配额拍卖的比例。制造业行业配额分配以基于行业碳排放基准的免费配额分配方法为主，但要进一步提高行业碳基准的严格程度。对于不会造成明显碳泄漏的行业，适时引入拍卖配额分配方法。因此，在此阶段全国碳市场将发展成为混合型的碳市场，既有基于强度的属性，也具有基于总量的属性。

📝 **思考题**

1. 碳金融有哪些价值？
2. 碳金融的参与者有哪几种类型？请对各类型参与者进行举例。
3. 碳足迹的定义是什么？
4. 当前全球碳交易市场的现状是什么？请用自己的语言表述。
5. 我国碳交易市场设计应重视哪些方面？
6. 请简述我国碳市场设计的基本思路。

第 **8** 章

工程项目全过程低碳评价

📑 学习目标

　　掌握低碳项目的意义，了解低碳项目的历史发展；了解低碳项目的评价体系，掌握评价体系理论框架；了解工程项目低碳设计，掌握低碳设计的要点与原则；了解工程项目低碳施工，掌握低碳施工的要点与原则；熟悉工程低碳方案经济性分析方法。图 8-1 为本章思维导图。

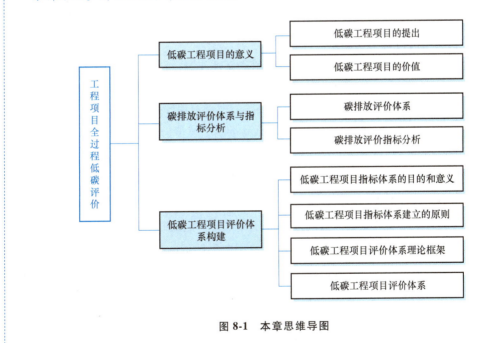

图 8-1　本章思维导图

8.1　低碳工程项目的意义

　　随着低碳经济概念的提出，世界逐步走入低碳经济时代。为应对过度的资源消耗及无节制的碳排放而引起的全球气候变化问题，"低碳经济"概念应运而生。低碳经济是一种强调以低能耗、低排放、低污染为基础的新兴经济发展模式，通过发展低碳能源或清洁能源、提高能效、调整经济结构，从根本上实现降低碳排放量的过程。

8.1.1 低碳工程项目的提出

随着城市化、工业化进程的快速推进，城市规模急剧扩张，导致城市生态环境的负荷日益加重，城市社会的发展越来越受到资源环境承载能力的硬性约束，城市进一步发展的空间受限且缺乏后劲。在这一背景下，如何不断增强城市生态环境效益和容量成为一个重要的亟待解决的命题。此时，以"低能耗、低排放、低污染"为重要特征的低碳工程建设成为推动城市持续发展的现实选择。在低碳工程项目建设过程中，以经济发展方式向低碳的战略性转移为契机，通过技术创新和制度创新引领实现"碳解锁"，逐步降低资源能源消耗和减少碳排放，日益摆脱对碳基能源形成的路径依赖，为保护和优化城市生态环境提供坚强的保障。资源环境持续承载能力的保障是可持续发展的基础和前提，因此，以城市生态化理念为指导，以节约资源能源、保护城市生态环境为目标的低碳工程项目建设成为推进城市可持续发展的重要内容。低碳城市建设与我国倡导的构建"资源节约型、环境友好型"社会具有共同的精神实质，是增强城市持续竞争能力的方法和手段。工程项目低碳建设是寻求、促进城市可持续发展的内在驱动因素。

低碳工程项目建设是我国城市发展模式的革命性变革，传统的城市发展是以"大量生产、大量消费和大量废弃"为重要特征的运行体系，这种外延增长式的城市发展模式致使城市的"高消耗、低效率和高排放"现象异常严重，造成"城市病"问题日益突显。在城市发展模式上需要重新定位来进一步增强城市发展的可持续能力，寻求城市发展的新空间。此时，低碳工程项目建设理念和运行机制为有效应对城市发展中面临的资源环境压力等不利因素及增强城市的抗灾害性提供了新机遇。面对经济发展与资源有限性的矛盾及我国人均资源占有量居世界后列等现实问题，低碳工程项目建设模式成为我国城市发展模式的转型方向，它是在我国快速发展的城市化大背景下实现城市价值最大化的有效模式。城市发展模式向低碳化建设转型不仅能控制温室气体排放、实现资源能源利用由粗放型向集约型的根本性转变，而且在城市发展理念、生产发展、消费方式、生态治理、管理制度等方面均实现了全方位的变革。低碳工程项目建设有助于促进低碳城市建设，从概念到行动与传统城市发展的"高碳"模式有实质性区别。低碳城市建设理论研究和实践探索是城市发展模式选择上的新的里程碑。

8.1.2 低碳工程项目的价值

作为一种先进的绿色经济发展模式，低碳经济对工程项目的影响很大，由于工程项目对自然生态的影响，对资源和能源的利用上与低碳经济目标有着密切的联系。对于数量众多、工程规模巨大的工程项目来说，通过提倡低能耗、低污染、低排放，以高效能、高效率、高效益为核心，以低碳为发展方向，以节能减排为发展方式，以碳中和技术为发展方法，将发展低碳经济的因素考虑到工程绩效中就成为一种必然趋势和需要。

我国正逐步推进低碳经济，不仅因为它是一种必然趋势，也是因为它与我国的可持续发展目标相一致。低碳经济倡导以较少的温室气体排放实现经济发展目标，强调经济发展与环境保护相协调，其在实质上是提高能源效率和清洁能源结构的问题，核心是能源技术创新和制度创新。这一技术经济特性与我国目前正在开展的节约资源、能源，提高效率，调整能源结构，转变经济增长方式，走新型工业化道路，降低污染排放等做法是一致的。我国政府在2009年8月的全国人大常委会上通过了应对气候变化决议，明确提出采取切实措施积极应对气候变化，要强化节能减排，努力控制温室气体排放，要增强适应气候变化能力，要充分发挥科学技术的支撑和引领作用，立足国情发展绿色经济、低碳经济，把积极应对气候变化作为实现可持续发展战略的长期任务，并纳入国民经济和社会发展规划。

在发展低碳经济的大环境下，作为数量众多、规模大的工程项目，将发展低碳经济的因素考虑到工程的绩效中是一种必然趋势。工程项目一般包括基础设施建设、房屋建筑或其他社会公益性工程项目，我国一直注重工程项目的建设，为了保持经济、社会、文化的发展，普遍加大了对工程项目的投资力度。2022年1~11月，中央企业加大能源电力和基础保障行业投资力度，持续提升社会供给和服务保障能力，累计完成固定资产投资3.6万亿元（含房地产投资），同比增长5.6%。目前我国工程项目的绩效评价已制定严格的绩效评价制度和较完备的绩效评价方案，但是大量的绩效评价指标都没有包含低碳评价，不能帮助项目在低碳绩效、低碳行为、低碳能力等方面得到提高，起不到绩效评价应有的作用。此外，工程项目评价主体单一，缺乏监督机制，不少绩效评价中涉及的考核内容主要由上级经理一人负责，未能有效地引入员工、相关客户、相关部门等的评价，造成评价主体滥用权力，评价结果失真，严重影响绩效评价的有效性。

工程项目的建设将对社会、经济、生态、自然环境等产生重大影响，而低碳经济正是着眼于低碳排放、对生态、自然环境的保护之上，因此应该对现存工程项目在生态、自然环境方面的绩效是否良好，是否符合低碳经济发展需求进行评价。低碳经济强调转变传统高能耗、高污染的经济增长方式，大力推进节能减排，发展以低能耗、低排放为标志的经济，实现可持续发展。工程项目在环境友好、能源利用及资源节约等指标的绩效评估，与低碳经济目标密切相关，更加说明对工程项目在低碳经济要求下的绩效评价考查是十分必要的。

8.2 碳排放评价体系与指标分析

8.2.1 碳排放评价体系

1. 碳减排指数

碳减排指数简称"孔氏碳指"，由"中国碳金融之父"孔英提出，它通过构建关于各行业减排比例的边际减排成本函数，用碳强度因子将成本积分，再用非线性规划模型最小化整体成本，以确定各行业的最优减排比例目标。碳减排指数通过成本平滑的方法确定各年度最优减排路径，用于计算成本最优的碳排放分配问题和基准的碳减排路径。这两个问题关系着我国低碳实践的未来走向。

欧美现行的低碳指数是以上市公司的数字为基础的，不具有政府的权威性。由中国自主研究的该"碳减排指数"与国家碳金融体系接轨，适合政府的大规模推广。碳减排指数模型是国内第一次用经济学成本最优的方法提出了碳排放权分配方案，使碳排放研究更加科学合理。该模型根植于国际流行气候经济学理论，能够利用现有的有限数据得出可行的分配方案，与国家碳金融体系接轨，简约而实用，适合政府的大规模推广。碳减排指数的提出为企业的节能减排提供了一个可以参考的计算标准，能够指导企业最优化产能，满足减排目标，从而促进循环经济的发展。

2. 上海交通大学提出碳系列指数

在蓝天保卫战与应对气候变化方面，降碳与减污之间可以产生很好的协同效应。上海交通大学作为依托单位，联合上海市环境监测中心、上海市环境保护信息中心共同建设了上海市环境保护环境大数据与智能决策重点实验室，实验室与瑞格智研联合研究团队应用大数据和人工智能技术，结合行业、企业的生产经营和污染物排放状况，创建了实时动态的碳污协同减排指数体系，分析得出了碳系列指数——碳排放指数、碳目标指数、碳经济指数。

具体而言，碳排放指数反映一段时间内城市碳排放总量的变化，碳目标指数反映碳减排目标下的碳排放期望水平。通过两者的比较，可以实时看到实际的碳排放水平与碳减排期望下的排放水平之间的差距。碳经济指数反映城市中单位企业过去一年累积碳排放的经济成本，通过经济杠杆机制，调节企业的碳排放额度，帮助企业进行碳资产管理，促进企业碳污协同减排。

目前国际相关的碳指数研究相对缺乏，时间分辨率通常只能到月。碳系列指数可以实现实时动态，时间分辨率可以精确到日甚至小时；此外，碳系列指数还可以体现同根同源的污染物的实时排放特征，更为精准地展示降碳与减污的协同效应。

3. 电力碳排放指数体系

电力碳排放指数体系由国网浙江省电力公司研发。2021年3月，浙江电网电力碳排放指数监测系统完成整月测试并正式上线。该系统部署于国网浙江省电力公司调度控制中心，用于动态展示浙江省电网的电力碳排放总量、碳排放强度和零碳电能占比等信息。

电力碳排放指数体系是通过对一定时间段（年、月、日和实时）内的全省发电量、含碳排放机组（煤电机组、燃气机组等）电量、零碳机组（水电、新能源和核电等）电量、含碳排放的外来电量及其相应的二氧化碳排放量进行统计计算，从而全面、直观地反映该时间段内全社会消耗电力的碳排放综合情况，实现电力碳排放可量化、可展示和可分析。

电力碳排放指数体系（PCEI）由电力碳排放总量指标（CEQ）、电力碳排放强度指标（CEI）和零碳电能占比指标（NCI）三个部分组成，三部分指标各有侧重，互相支撑。同时，该指数体系可从时域、地域和成分三个维度精准刻画浙江省全社会电力碳排放情况，其计算方法可适用于年、月、日和实时等不同时间尺度，除分析浙江省各个地市县、电网供区和场站的碳排放情况外，还能对煤电、燃气机组等碳排放电能成分进行专门分析。

4. 中国"双碳"大数据指数

中国"双碳"大数据指数是国内首个以城市作为被评价主体，运用大数据手段建立的碳达峰碳中和高质量发展效果评价指标体系。评价指标体系围绕碳达峰碳中和目标，综合考虑各个城市实现碳达峰碳中和目标过程中的发展导向、发展水平、发展进展和发展管理四大板块，采用了数十个细化指标建立发展评价体系对城市的"双碳"发展工作进行定性、定量分析评价，能够客观、动态地反映城市乃至区域的"双碳"发展工作情况，可广泛应用于各级地方政府制定碳达峰碳中和发展规划、专项政策设计和产业规划等业务场景。

中国"双碳"大数据指数的评价指标由四个领域共 20 个子领域构成，按照权重为不同领域打分。该指数评价的对象为中国城市，最终每个城市的得分是 0~100 分之间的加权综合得分。

四个领域分别为：①"双碳"发展水平，即城市"双碳"工作当年达成的成就；②"双碳"进展，即城市自身与去年相比，在"双碳"工作中取得的进展；③"双碳"发展导向，即城市"双碳"发展规划战略导向和"双碳"发展峰值目标的先进性；④"双碳"发展管理，即城市"双碳"发展相关管理体制和治理水平，具体构成见表 8-1。

表 8-1　中国"双碳"大数据指数评价指标

领域	评价描述	子领域
1. "双碳"发展水平	本年的"双碳"发展水平	1.1 单位 GDP 碳排放
		1.2 人均碳排放
		1.3 人均能耗
		1.4 年均 $PM_{2.5}$ 浓度
		1.5 绿色建筑发展水平
2. "双碳"发展进展	本年比上年的进步	2.1 服务业比重年增幅
		2.2 单位 GDP 能耗年降幅
		2.3 空气质量优良天数年增幅
3. "双碳"发展导向	低碳理念导向	3.1 碳达峰目标年份
		3.2 "双碳"发展规划战略导向作用
		3.3 碳达峰碳中和立法、地方性法规
		3.4 新能源建设发展导向
		3.5 公交建设发展导向
4. "双碳"发展管理	低碳策略和行动管理	4.1 创建"双碳"管理和发展策略
		4.2 建立"双碳"管理制度
		4.3 编制"双碳"操作管理规程
		4.4 建立碳排放权交易平台
		4.5 建立低碳与生态文明建设考评机制
		4.6 建立减碳金融鼓励机制
		4.7 创建碳中和示范工程

5. 中国低碳指数

北京环境交易所与清洁技术投资基金 Vantage Point Partner 在北京共同推出首个中国低碳指数。中国低碳指数有利于促进中国低碳产业定价机制完善，架设产业资本和金融资本的桥梁，促进资金技术资源向低碳领域汇聚，有力支持所属领域上市企业的长远发展。

该指数覆盖四个领域的多个部门，包括太阳能、风能、核能、水电、清洁煤、智能电网、电池、能效（包括 LED）、水处理和垃圾处理等。该指数采用修正市值权重法，对现有低碳部门分配加权综合权重，指数中的个股依其相应的部门及个股流通市值规模分配权重。

除此之外，通过提升我国低碳企业形象，中国低碳指数还将在促进国内外低碳产业长期发展方面做出重大贡献。中国低碳指数将继续推进低碳技术领域的金融变革，与此同时，低碳行业的金融变革又将促进低碳企业成本的降低、吸引国际人才并且为全球合作伙伴创造更多机遇。

8.2.2 碳排放评价指标分析

建筑碳排放评估体系是为从碳排放量化的角度评估建筑全生命周期内的活动对环境的影响而制定的标准的碳排放计算框架体系。它提出建筑全生命周期各个阶段的碳排放评价模型和指标，作为评价低碳建筑的基准。

1. 各个阶段的碳排放评价模型

为了对装配式建筑全生命周期各个阶段的碳排放进行对比研究，需要求出各个阶段碳排放在整个生命周期中所占的比重，计算公式如下：

$$\varphi_i = \frac{P_i}{P} \times 100\% \tag{8-1}$$

式中　φ_i——装配式建筑全生命周期各个阶段的碳排放比率（%）；

　　P_i——装配式建筑第 i 个阶段的碳排放量（tCO_2）；

　　i——装配式建筑全生命周期的某个阶段，$i=1，2，\cdots，6$；

　　P——装配式建筑全生命周期各个阶段碳排放总量（tCO_2）。

2. 单位造价碳排放强度

$$U_G = \frac{W}{G} \tag{8-2}$$

式中　U_G——装配式建筑单位造价碳排放强度（$kgCO_2$/万元）；

　　W——装配式建筑施工阶段碳排放总量（$kgCO_2$）；

　　G——装配式建筑总造价（万元）。

3. 单位面积碳排放强度

$$U_A = \frac{W}{A} \tag{8-3}$$

式中　U_A——装配式建筑单位面积碳排放强度（$kgCO_2$/m^2）；

W——装配式建筑施工阶段碳排放总量（$kgCO_2$）；

A——装配式建筑总面积（m^2）。

建立碳排放评价模型后需要根据各阶段碳排放在整个生命周期中所占的比重，加权计算碳排放强度。为比较不同建筑类型的碳排放，可以比较单位造价碳排放强度和单位面积碳排放强度计算结果，数值越大表明建筑全生命周期内的活动对环境的影响越大，相应需制定合理的处理方式。

8.3　低碳工程项目评价体系构建

低碳工程项目的评价体系主要是由其规划建设指标体系来表达的。本节将主要介绍建立低碳工程项目指标体系的目的与意义、原则，以及相关低碳工程项目指标体系。

8.3.1　低碳工程项目指标体系的目的和意义

低碳工程项目指标体系是由一系列从各个侧面和角度反映工程项目发展状况和发展水平的数量、质量规定性的指标形成的有机、综合评价系统。低碳工程项目指标体系的筛选和构建本身就是低碳工程项目研究中的一部分，它的定量化和可操作性可以使政府确定工程项目发展进程中应优先考虑的问题，同时是决策者和公众了解和认识工程项目发展进程的有效信息工具。

具体而言，建立低碳工程项目指标体系的目的与意义包括如下几个方面。

1. 现实状况的反映

通过建立低碳工程项目指标体系，构建评估信息系统，对项目目前的减碳降碳水平进行评价，以反映城市生态化过程中社会、经济、环境与人口之间的关系或者矛盾。

2. 低碳理论内涵在工程项目上的具体化

通过一系列行之有效且灵敏度较高的低碳工程项目指标体系，对低碳工程项目的理论内涵予以了较科学和全面的阐释。同时，低碳工程项目的指标体系具有将理论和实践有机结合的特殊功能，这一功能使低碳工程项目的发展和建设更具可操作性。例如，低碳工程项目指标体系作为衡量工程项目低碳生态建设水平的标尺，其确定的各项指标和指标参考值将决定低碳工程项目的建设水平和发展目标；通过对各指标进行具体分析，可以了解低碳工程项目建设过程中各子系统的具体发展情况，有助于制定方向性政策和措施。

3. 城市发展目标的具体化

利用低碳工程项目指标体系，可使政府对城市生态化发展的目标具体化和明确化，从而贯彻实施可持续发展和工程项目建设的思想，督促工程项目规划与建设的实施。

4. 多维比较与经验借鉴

通过建立低碳工程项目的指标体系，有利于进行城市历史纵向发展和演变的比较，有利于进行国际和地区间的比较，有利于明确城市发展的优势与劣势，更好地借鉴国际上生态型城市建设的先进思想和理念，与国际先进水平保持一致。

5. 低碳工程项目规划、建设和管理的依据

低碳工程项目指标体系是低碳工程项目规划时必须予以体现的，低碳工程项目的规划实际上是低碳工程项目指标体系的具体化。同时，低碳工程项目指标体系对于低碳工程项目的建设和管理具有重要的指导意义。综合而言，低碳工程项目指标体系是衡量城市生态规划、建设、管理成效的主要依据。

6. 宣传、推广低碳工程项目的重要手段

系统化的低碳工程项目指标使得低碳工程项目的理想状态具有了明确化、具体化的表征，对于宣传低碳工程项目的思想和内涵，推广低碳化、生态化的城市发展战略，以及对于建设节能减排、建设适宜工作和居住生活的低碳工程项目，具有重要的实践意义。

建立适合的低碳工程项目指标体系，要将低碳环保的理念融入工程项目规划与建设之中；要让低碳行动具有较强的可操作性，使居民在生活中能看得见、摸得着；更重要的是能够从多方面、多角度不断衡量工程项目逐步走向低碳工程项目的实现进程。

8.3.2　低碳工程项目指标体系建立的原则

结合工程项目建设的特点和工程项目低碳可持续发展的需求，应按照以下三个原则选取城市工程项目碳排放综合评价指标。

1. 科学性和简明性

指标体系的科学性体现在选取的指标建立在科学的基础上，能客观反映城市低碳工程项目的目标和方向，同时能客观反映各层次和各指标的相互关系。简明性即指标体系简明扼要，不重复、不遗漏。

2. 全面性和客观性

在指标体系的设定中，要全面考虑经济发展、工程项目规划和人的活动内在联系，客观、全面地反映出城市低碳工程项目发展的目标和重点。

3. 可操作性和针对性

选取的指标应尽量是可量化的指标，针对城市工程项目的特点，在设定了一定的时间和条件的状态下，能够通过实地调研，或者通过对现有的统计数据进行分析计算，得到客观反映城市工程项目实际状况的数据资料。

8.3.3　低碳工程项目评价体系理论框架

低碳工程项目评价既要关注低碳行为的过程，也要评价低碳行为的结果。工程项目的过程包括组织计划和服务计划两个方面，是指资源配置合理的项目与项目群体（即项目委托代理模式下的各利益相关方）目标的服务交易，项目结果则是更多地表现为直接的产出结果以及产生的影响，这些共同组成了项目绩效形成的过程和结果（也称为绩效形成机理或运作逻辑模型）。通过对工程项目绩效运作逻辑的分析，能够梳理项目建设过程中各活动的因果关系，找出影响项目绩效的关键影响因素，并能以此为依据设计绩效评价指标体系。

结合工程项目的绩效形成的因果关系链及项目绩效表现，选择五个维度：经济性、效率性、效果性、公平性及持续性，可将项目绩效形成过程分为以下四个模块。

1. 项目投入模块

工程项目建设周期长，投资巨大，影响广泛。项目投入运营将使原有经济系统的结构、状态和运行发生重大的变化，不仅对局部或区域有影响，而且对国民经济整体产生影响。它的实施需要获取大量的人力、财力、物力和信息等方面的资源，并将资源配置给需要的组织或个人。在公共项目投入的诸多要素中，公共财政投入一直是最被人们关注的投入资源，人们希望以最小成本实现既定的项目目标。只有在项目投入的环节就充分地考虑到低碳经济的考量因素，才会使得项目的低碳绩效评价呈现经济性和环保性的统一。

2. 项目过程模块

工程项目实施是由各类项目参与者（主要是指组织者、实施者、使用者）分别通过特定的活动，例如政治动员、项目宣传、项目管理、投资效用等，形成一定的输出。工程项目本身就是一个系统，从低碳经济的全局来看，它又是国民经济这个大系统中的一个子系统。一个子系统的产生与发展，对于原有的大系统内部结构和运行机制将会带来冲击。原来的大系统会由于工程项目的加入而改变原来的运行轨迹或运行规律。这就意味着整个工程项目的实施是组织者、实施者和使用者三大类主体在充分利用项目现有资源的基础上相互配合、共同实施的协调过程。这种协调过程使工程项目与低碳经济融为一体，或者使工程项目适当改变运作机制与流程，以适应低碳经济大系统的运行规律，但是如果使工程项目被排除在低碳经济大系统之外，就意味着工程项目的低碳绩效评价失败。为了保证工程项目的建设成功和低碳经济系统的稳定运行，对公共工程的过程绩效评价一定要从全局、低碳、环保和效益多维度的观点审视，在过程环节的方方面面体现项目的效率性和低碳性的统一。

3. 项目产出模块

工程项目实施都是为了实现特定目标，根据低碳绩效目标实现时间不同，可以分为短期低碳绩效目标、中期低碳绩效目标和长期低碳绩效目标三种。工程项目低碳绩效主要是表现为项目短期低碳绩效目标的实现程度。一方面，工程项目建成后，通过项目自身建设规模发挥效益，促进项目运营能力的增长，以及对各利益相关方而言，项目建成后，由于其产量巨大，可以通过投资拉动作用使各利益相关方满意；另一方面，工程项目由于在规划建设的过程中，越来越强调以人为本，追求人与环境的和谐统一，因而也有利于环境保护、生态改善的实现，项目建成后提供的产出物一般应具有低碳、高效、可持续发展的特点，这也为社会的可持续发展提供了有利的条件。此环节主要体现项目的低碳性及持续性。

4. 项目影响模块

工程项目施工周期长，影响的产业多，对区域乃至整个国民经济的作用十分巨大，往往关系到国计民生和国家长期发展战略实施的国家重大决策。因此，工程项目低碳绩效评价主要是关注项目中期低碳绩效目标和长期低碳绩效目标的实现程度。通过提供低碳经济发展急需的基础设施、能源、技术等，减轻乃至消除低碳经济发展中的"瓶颈"的制约作用。项目长期低碳绩效目标的实现，还有利于改变地区发展不平衡的现状，促进地区之间产业合理布局、协调发展，促进社会公平。因此，从低碳绩效维度来看，影响环节不仅体现了项目的经济效果，也体现出了项目的社会公平性及低碳的可持续性。

低碳经济的实质为"低能耗、低排放、低污染"，因此，基于低碳经济的工程项目绩效评价内容应围绕这几点进行，从这些内容中科学地选取绩效评价指标。

低能耗即降低能源消耗，衡量能源消耗主要从两个方面入手：能源强度和碳强度。能源强度是指单位 GDP 所耗费的能源用量，降低能源强度不能单纯地通过降低 GDP 来实现，而必须通过提高技术水平、运用技术创新，使尽可能少的能源消耗产出尽可能多的GDP。碳强度是指单位能源用量所排放的碳量，不同能源种类的碳强度差异很大，其中，煤炭、石油等化石能源最高，而可再生能源如风能、水能、太阳能等均是零碳能源，大力发展可再生能源是实现低碳经济的重要手段。因此对公共工程项目进行评价时，不但要注重考察项目中能源技术的创新与应用、项目贡献 GDP 的单位能耗、节能技术利用（如节能照明用具、节能设备等）的情况，还应该注重评价可再生能源、零碳能源等的利用。

低排放（即降低碳排放量）主要通过三种途径实现：

1）一是减排，实质与降低能源消耗一致。

2）二是多吸收，即对已排放的二氧化碳进行吸收，主要的解决途径是扩大碳汇和发展碳捕捉及固碳技术。碳汇是指自然界中碳的寄存体，森林植被是巨大的碳汇资源，因此要发展清洁机制，通过扩大绿化面积、植树造林来吸收二氧化碳。公共工程项目也应注重碳汇的作用，在考查绩效时应将项目的绿化情况列入指标中，督促扩大项目建设区内的绿化面积。

3）三是循环再利用，循环经济也是实现低碳经济的重要途径之一，它强调自然资源的循环利用和废弃物的低碳排放等，大力发展循环经济，对可能排放的二氧化碳、甲烷等物质进行循环利用以减少碳排放。公共工程项目建设中也应体现循环经济的思想，对工程资源的再利用，工程废物的回收利用，以及尽可能采用可循环利用的建造资源，通过这些途径达到再利用的目的。

低污染是指降低对环境的污染。研究表明，地区污染情况与气候变化、低碳减排紧密相关。环境污染问题如果能得到有效控制，将会产生全球温室气体减排的次生效应。有效控制如水体污染、大气污染、噪声污染等环境污染问题有利于实现气体减排，推动低碳经济的发展。因此无论是在工程项目建设中还是建设后都应注重对环境的保护，尽可能地减少对环境的影响程度，所以必须将对环境污染的考察列入指标体系中。

8.3.4 低碳工程项目评价体系

参考多篇低碳工程项目的学术研究论文，可初步提出能够对工程项目进行全面考核的35 个指标（见表 8-2）。

表 8-2　低碳工程项目评价指标

一级指标	二级指标	序号	三级指标
项目投入	低碳资金投入	1	低碳材料设备承诺金
		2	低碳知识培训费用比率
		3	低碳能源的成本比率
		4	环保支出比率
	低碳人才投入	5	低碳技术员工比率
		6	低碳项目建设经验次数
	低碳物资投入	7	低碳材料投入额
		8	环保设备投入比率
		9	节能测量设备投入量
项目过程	低碳综合管理	10	低碳目标明确程度
		11	碳排放管理平台
		12	低碳发展制度创新
	低碳技术利用	13	节能技术利用
		14	可再生能源技术利用
		15	智能建造程度
	绿色资源利用	16	使用材料中可再生成分比率
		17	废物回收利用率
		18	绿色建材利用率
项目产出	经济财务评价	19	内部报酬率
		20	投资回收期
		21	实际利润率
	质量管理评价	22	完工验收率
		23	返工损失率
	进度管理评价	24	建设周期
	环境效益评价	25	已完成工程的价值量
		26	项目碳排放强度
		27	施工过程中对原植被的保护类指标
	社会效益评价	28	政府满意度
		29	公众满意度
		30	媒体宣传情况
项目影响	社会层面	31	使用者低碳意识的提高
		32	地方劳动力的使用比率
	环境层面	33	空气质量指数
		34	环境噪声程度
		35	水污染程度

1. 项目投入

项目投入主要体现在低碳资金投入、低碳人才投入、低碳物资投入三个方面。低碳资金投入在工程项目碳管理中占主要部分，是低碳方案实行的基本保障力量，通常从合同角度考查低碳承诺金，从人力投入方面考查低碳知识培训费用，从材料投入角度考查低碳能源支出率，从措施费用方面考查环保支出率。低碳人才和低碳物资的投入就从具体的角度入手，选择具备低碳知识和经验的人才和低碳材料、设备来衡量。

2. 项目过程

项目过程包括低碳综合管理、低碳技术利用、绿色资源利用三个方面。低碳综合管理与碳排放息息相关，根据低碳目标明确程度、碳排放管理平台、低碳发展制度创新三个方面表征其是否达到低碳基本管理的要求。针对低碳化技术的应用，科学地利用技术和创新性地使用先进技术可以避免不必要的资源浪费，故从节能技术、再生能源利用技术、智能化设计技术三方面（对应表 8-1 中节能技术利用、可再生能源技术利用、智能建造程度）考查可以达到对项目低碳技术利用有效的评估。技术的使用和完备的管理手段需要绿色资源利用作配合，因此从使用材料中可再生成分比率、废物回收利用率和绿色建材利用率考查绿色资源利用情况。

3. 项目产出

在许多关于绿色建筑、低碳项目的研究和评价中，经济财务评价等都是考核的重要方面，它们也是一个商业项目的基本目的。质量管理评价是一个工程项目的重点考查对象，完工验收率和返工损失率从一定程度上可以反映出工程的合格水平。进度管理评价指标主要通过建设周期（总投资额/年度投资额）和已完成工程的价值量衡量，用以权衡采用低碳管理的项目工期改进。环境效益评价是低碳工程评价的关键，考察项目的碳排放强度和施工过程中对原植被的保护类指标能直观地了解低碳方案实施的有效性。社会效益评价主要是评价政府、居民满意度，媒体宣传情况，满意度越高，正面宣传量越多在一定程度上表明该项目的低碳程度越高。

4. 项目影响

项目影响主要反映该项目在社会层面和环境层面的影响力。在社会层面，如考察该项目是否提高当地居民的碳排放意识（对应表 8-1 中使用者低碳意识的提高），是否为当地居民带来了更好的劳动收入（对应表 8-1 中地方劳动力的使用比率）。在环境方面，通过考察当地空气质量指数、噪声污染和水污染程度，判断是否对其他项目或居民生活习惯形成影响力。

📝 **思考题**

1. 低碳工程项目存在哪些方面的价值？
2. 低碳工程项目评价体系理论框架由哪几个模块组成？
3. 工程项目低碳设计的原则有哪些？
4. 工程项目低碳施工中需要注意哪些要点？
5. 低碳房屋设计的研究有哪些？

第 **9** 章

工程项目碳政策与碳监管

📋 **学习目标**

了解碳交易政策及碳税制度，熟悉碳政策组合，理解碳边境税。掌握建筑领域碳政策；了解国外碳市场监管经验，掌握我国碳市场监管现状，熟悉相关建议。图 9-1 为本章思维导图。

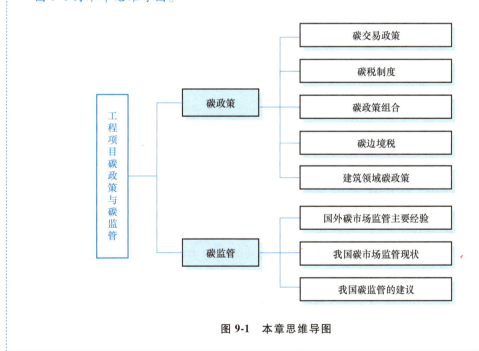

图 9-1 本章思维导图

9.1 碳政策

我国碳减排相关政策长期以来着力于节约能源和减少污染物排放，其主题从"节能减排"逐渐演变为"低碳"发展，并过渡到如今的"双碳"时代。40多年来我国"节能减排"政策体系不断进行改革和完善，在坚持节能优先的前提下，调整能源战略，并采取措施防治污染，从采取单一的行政命令控制手段到重视市场化调节机制的重要作用，在降低能耗、治理环境污染等方面取得了一定的成效。

2021年9月22日，《中共中央国务院关于完整准确全面贯彻新发展理念做好碳达峰碳中和工作的意见》（下文简称《碳达峰、碳中和工作意见》）发布，明确提出了碳达峰碳中和工作的原则和思路。这意味着碳总量控制将逐渐成为我国降碳工作的核心内容，同时碳达峰碳中和还须与新发展阶段经济社会高质量发展有机融合，坚定不移走生态优先、绿色低碳的高质量发展道路，这就对降碳政策体系提出了更高的要求，即降碳政策体系必须随之转型升级。

碳排放政策机制主要分为行政主导机制和市场主导机制。其中，行政主导机制又可分为两类，一类是指用行政权力直接管控的命令控制型政策，包括能源市场准入、能源价格管制、限制性使用及强制淘汰等；另一类是指政府用经济手段引导的各类政策，包括财政补贴、征税、减税、绿色信贷和能源价格特惠等。市场主导机制在执行过程中形成了市场交易型政策，主要包括碳排放权交易、节能量交易和用能权交易等。其中，市场激励型工具是应用和研究最为广泛的一种减排政策，主要以碳排放权交易为代表的数量型和以碳税为代表的价格型两类，本书将对其重点介绍。

除了国内降碳政策之外，国际层面上，为解决碳泄露问题，国与国之间的碳边境调节机制（也称"碳关税"）也是一项重要的应对气候变化政策，但该措施自提及以来一直饱受争议，本书也将有所探讨。

9.1.1 碳交易政策

碳交易政策作为排放二氧化碳的经济主体承担其社会成本的制度安排，理论基础为科斯的产权理论，其本质为把环境容量或排放权作为一种稀缺资源，通过基于配额的碳交易，实现资源配置合理化。

随着气候变化问题的严重性和紧迫性日益显现，1992年5月9日，《联合国气候变化框架公约》在国际社会针对气候变化制定相应政策的呼声中应运而生。1997年，旨在限制发达国家温室气体排放以遏制全球气候变暖的《京都议定书》也获得通过，这标志着全球各国对气候变化负有"共同而有区别的责任"已经成为共识。此后，全球碳交易市场和各国的碳交易市场逐步启动。全球碳交易市场制度体系的构建，为世界各国建立国家级碳交易市场制度体系奠定了基础。

1. 我国碳交易市场制度的发展

碳交易是以碳定价为基础，旨在减少碳排放的市场激励机制。《京都议定书》签署后，碳交易市场制度体系的构建成为发达国家实现碳减排的重要措施。十多年来，国际上以《京都议定书》为基础的全球碳交易市场、以欧盟排放交易体系（European Union Emission Trading Scheme，EU-ETS）为代表的国家级碳交易市场及我国碳交易试点城市等区域减排交易市场的发展，为我国碳交易市场制度体系的构建提供了大量可借鉴的经验。我国碳交易市场制度体系的建构，从各地区的试点，到全国碳交易市场的构建，在碳减排和区域环境目标的实现方面发挥了显著作用。

我国碳交易市场的发展是从地方试点探索到全国统一市场建设的渐进过程：2011 年 10 月，国家发展和改革委员会发布了《关于开展碳排放权交易试点工作的通知》，正式开启了碳交易试点项目。选定了北京市、天津市、上海市、重庆市、湖北省、广东省及深圳市 7 个地区作为试点（表 9-1），允许这些地方各自设立自己的碳排放权交易平台；随着试验项目取得成效，碳交易市场逐渐向更广泛的区域扩散，例如四川省、福建省等地区也建立了各自的碳排放权交易平台；2017 年 12 月 18 日，国家发展和改革委员会颁布了《全国碳排放权交易市场建设方案（发电行业）》，象征着全国性碳排放权市场交易机制的官方开启；2021 年 7 月 16 日，全国碳排放权交易市场正式启动交易，该市场一开启即成为全球最大的碳排放权交易市场。上线交易以来，全国碳排放权交易市场运行整体平稳，年均覆盖二氧化碳排放量约为 51 亿 t，占全国总排放量的比例超过 40%。截至 2023 年年底，全国碳排放权交易市场共纳入 2257 家发电企业，累计成交量约为 4.4 亿 t，成交额约为 249 亿元，2025 年 3 月，钢铁、水泥、铝冶炼行业正式纳入全国碳排放权交易市场，完成扩围后，新增重点排放单位约 1500 家，覆盖排放量增加约 30 亿 t，碳排放权交易的政策效应初步显现。

表 9-1　我国碳交易试点基本情况

试点省市	启动时间	覆盖行业	配额分配方法
深圳	2013 年 6 月	供电、供水、供气、公交行业、地铁行业、危废处理行业、污泥处理行业、污泥处理行业、平板显示行业、港口码头行业、港口码头行业	97%免费分配+3%有偿分配（以拍卖方式出售；其中供电、供水、供气、公交、地铁市政服务类行业暂不开展有偿分配）基准线法、历史强度法
北京	2013 年 11 月	电力生产与供应、热力生产和供应业、水泥制造业、数据中心、供水及排水、石化、其他工业、交通及服务业	免费分配基准线法、历史总量法和历史强度法
上海	2013 年 11 月	电力热力、工业企业、航空港口、水运、自来水生产、商场、宾馆、商务办公、机场建筑等	免费分配+有偿分配（将根据碳排放权交易市场运行情况，不定期竞价发放的形式）基准线法、历史总量法和历史强度法
广东	2013 年 12 月	水泥、钢铁、石化、造纸、航空	免费分配+有偿分配（钢铁、石化、水泥、造纸控排企业免费配额比例为96%，航空控排企业免费配额比例为100%，新建项目企业有偿配额比例为6%）标杆法、历史排放法、历史强度法
天津	2013 年 12 月	建材、造纸、钢铁、化工、石化、油气开采、航空、有色、矿山、食品饮料、医药制造、农副食品加工、机械设备制造、电子设备制造	免费分配历史排放法、历史强度法

（续）

试点省市	启动时间	覆盖行业	配额分配方法
湖北	2014年2月	水泥、热力生产和供应、造纸、玻璃及其他建材、水的生产和供应行业、设备制造、食品饮料、有色金属和其他金属制品医药、钢铁汽车制造、纺织、化工、陶瓷制造	免费分配 标杆法、历史排放法、历史强度法
重庆	2014年6月	工业	免费分配+有偿分配 历史排放法
福建	2016年9月	电力、钢铁、化工、石化、有色、民航、建材、造纸、陶瓷	免费分配 基准线法、历史强度法
全国	2021年7月	电力	免费分配 基准法

资料来源：中国网财经。

我国区域性碳交易市场试点制度的建立经历了五个重要节点，包括 2011 年发布《关于开展碳排放权交易试点工作的通知》，2012 年发布《温室气体自愿减排交易管理暂行办法》，2013 年党的十八届三中全会要求发展碳排放权交易制度，2016 年发布《关于构建绿色金融体系的指导意见》，以及 2019 年应对气候变化及减排职能由国家发展和改革委员会调整至生态环境部。

2023 年 4 月 10 日，中国人民银行等七部门发布《关于进一步强化金融支持绿色低碳发展的指导意见》，推进碳排放权交易市场建设。依据碳市场相关政策法规和技术规范，开展碳排放权登记、交易、结算活动，加强碳排放核算、报告与核查。研究丰富与碳排放权挂钩的金融产品及交易方式，逐步扩大适合我国碳市场发展的交易主体范围。合理控制碳排放权配额发放总量，科学分配初始碳排放权配额。增强碳市场流动性，优化碳市场定价机制。

2024 年 1 月 25 日，国务院颁布《碳排放权交易管理暂行条例》，自 2024 年 5 月 1 日起施行。它是我国气候变化领域的第一部法规，为全国碳市场的健康发展提供了强有力的法制保障，对我国"双碳"目标实现和推动全社会绿色低碳转型具有重要意义。

2. 我国碳交易市场制度体系的问题及建议

在 2023 年 1 月 3 日—2023 年 12 月 29 日期间，全国碳交易市场共计进行了 242 个交易日的活动。碳排放配额年度成交量 2.12 亿 t，年度成交额为 144.44 亿元，日均成交量为 87.58 万 t。其中，"碳排放配额 19—20"成交量为 4752.84 万 t，占全年成交量的 22.42%，成交额为 31.92 亿元；"碳排放配额 21"成交量为 4167.60 万 t，占全年成交量的 19.66%，成交额为 28.57 亿元；"碳排放配额 22"成交量约为 1.23 亿 t，占全年成交量的 57.91%，成交额为 83.95 亿元。截至 2023 年 12 月 29 日，全国碳交易市场的碳排放权累计交易量达到了 4.42 亿 t，总交易价值为 249.19 亿元人民币，日均综合成交价格范围为 41.46~81.67 元/t。

如今，全国碳交易顺利运行，地方试点项目持续进行创新尝试，促进了我国碳市场的迅速发展。然而，碳交易在运作和交易过程中仍面临诸多挑战，尤其是在交易机制和价格形成机制方面存在明显短板。具体表现为碳交易活跃度较低，潮汐现象明显；碳价涨跌波动剧烈，存在地区差异，且尚未形成有效统一的碳价及碳价预期机制。

造成这些问题的根本原因在于碳交易的交易管理机制存在不足。目前，全国碳市场主要涵盖的是电力行业，而对于钢铁、化工等其他高排放行业的覆盖不够广泛。地方性试点市场虽然尝试包含这些行业，但受限于不统一的交易规则和缺乏有效的互联互通机制，使得这些高排放企业只能在本地市场进行交易，导致了市场的分割和碳价的差异化。此外，"基准线+预发放"配额分配方式增加了企业的不确定性，导致企业倾向于在履约期临近时根据最终核定的配额进行交易。

基于此，就构建我国碳交易市场制度体系有以下建议：

1）重点关注碳交易市场制度体系中配额超额分配的风险。在碳配额分配制度建设中，应逐步增加拍卖方式分配的比重，降低免费配给的比重。在拍卖方式下，企业要获得碳配额，必须付出一定的成本，如果不是真实需求，就不会通过拍卖购买碳配额。这样企业对碳配额的真实需求可以通过市场竞价反映出来，有助于解决配额免费配给存在的信息不对称问题，稳定碳价格。

2）加速完善碳排放权交易相关立法，让碳交易市场发展有法可依。我国碳排放权交易市场试点开始于 2011 年，经过 10 年发展，关于碳交易市场的政策文件均为纲要、规划、指导意见、通知等，尚没有通过立法的形式来增强约束力。与国际上其他国家对比来看，很多国家的碳交易是由法律或法案支撑的，如英国的《气候变化法》、韩国的《低碳绿色增长基本法》和《温室气体排放配额分配与交易法》、新西兰的《零碳法案》等。因此，为进一步规范和发展国内碳交易市场，应加速我国应对气候变化及能源相关法律的制定，为碳交易提供法制基础。

3）发展多层次碳交易市场，通过区域协同实现减排目标，提升碳交易市场的活跃度。我国碳排放呈现排放量大、区域分散、排放源多的特点，单一类型的碳交易市场难以实现减排目标，且会导致碳交易市场活跃度不够的问题。因此，应积极鼓励社会力量加入减排领域，形成多层次、多元化的温室气体减排协同效应，提升市场活跃度。

4）创新碳金融工具，激励绿色项目投融资，以增强碳交易市场的流动性。金融的积极参与对我国碳交易市场建设至关重要。虽然试点地区和金融机构在国家政策鼓励和引导下，陆续推出了碳基金、碳债券、碳期权等碳金融产品，但由于目前碳金融市场体系的不完善，碳交易市场流动性不足，无法满足交易主体的需求。为此，建议通过财政支持和政策引导，激发碳金融市场的发展潜力，促进碳交易市场的金融化发展，通过放大碳排放权的金融属性，提高碳交易市场的流动性和市场活跃度。此外，要不断创新碳金融工具，以增强流动性，并建立价格控制机制，以保持碳价格稳定。

总的来说，在未来碳交易市场发展和制度体系建设中，应重点规避碳交易市场制度体系中配额超发分配的风险，加速完善碳排放权交易相关立法，发展多层次碳交易市场，不断创新碳金融工具。

3. 我国碳交易市场制度发展趋势

根据我国在碳交易市场制度的相关举措，可以从几个方面总结其发展趋势：政策方面，生态环境部协同其他部门发布国家层面的碳排放交易计划条例和生态环境部门自己的碳排放交易计划管理办法等相关具体政策；在纳入行业方面，将发电行业作为突破口，"十四五"期间将实现从单一行业到多行业纳入，包括石化、化工、建材、钢铁、有色、造纸、电力和民航八大行业；在配额分配方面，将根据试算结果确定配额分配；在监测、报告、核查方面，根据《碳排放权交易管理办法（试行）》，核查工作将不再面向所有重点排污单位，而是由省级主管部门随机抽取检查对象，随机选择检查机构或检查人员；在履行机制方面，国家将出台更严厉的处罚措施；在抵消机制方面，深化完善尽早将国家核证自愿减排量纳入全国碳交易市场。

9.1.2 碳税制度

碳税是根据化石燃料的碳含量或碳排放量，对石化燃料的生产及使用单位征收税款的一种调节税。它有双重的减排效果，一方面通过整体提高化石燃料的价格，直接抑制石化燃料的适用，另一方面通过促进石化燃料替代资源的开发，间接减少二氧化碳的排放量。

碳税与碳排放权制度的理论基础有本质不同，碳排放权制度是通过交易手段解决经济行为外部性问题（理论基础由科斯提出），而碳税的理论基础是以"收费-补贴"手段解决外部性问题（理论基础由庇古提出）。英国福利经济学家庇古认为，通过对负外部性的行为收费和对正外部性的行为补贴来弥补私人成本与社会成本、私人收益与社会收益之间的差异，可以解决外部性的问题。具体到温室气体减排和应对气候变化领域，企业消耗化石能源排放大量温室气体导致气候变化，但气候变化的恶果却由全社会共同承受而不反映于企业提供商品或劳务的价格之中，致使私人成本小于社会成本，企业放纵温室气体排放；反之，企业进行技术创新削减温室气体排放，积极应对气候变化，但气候变化减缓的益处由所有人共享而受益人却不必为此付费，企业不能从削减温室气体排放中获利，致使私人收益小于社会收益，企业缺乏减少温室气体排放的动力。

1. 碳税的发展历史

早在 20 世纪 90 年代，欧盟成员国开始引入环境税和碳税，芬兰、瑞典等北欧国家开始征收全国性碳税。因其实践不尽如人意，欧盟出台了欧盟排放交易系统（ETS）。

目前环境税已成为环境管制的重要手段，世界银行、联合国环境规划署、联合国开发计划署、经济合作与发展组织等国际机构也积极推动征收环境税，美国、加拿大、德国、英国、日本等国家征收碳税或气候变化税。英国从 2001 年开始征收气候变化税；美国科罗拉多州博尔德市从 2007 年开始对电力生产征收碳税；加拿大不列颠哥伦比亚省从 2008 年开始征收碳税，加拿大阿尔伯塔省从 2007 开始实施了在北美最早的二氧化碳规制即对大型产业用污染设施按照特定气体排放物法规收税（Specified Gas Emitter Regulation，SGER），征收 15 美元/t 的费用到 2015 年 6 月期满结束，阿尔伯塔省碳税政策与安大略省的排放权交易制度进行探讨，2015 年末最终确定从 2017 年 1 月开始全面实施碳税，把只适用于产业设施的二氧化碳规制从 2017 年 1 月开始扩大到整个州，2017 年征收 20 美元/t，2018 年提高到 30 美元/t，之后每年根据物价上升率等因素进行调整。日本从 2012 年开始征收气候变化减缓税。为了实现 2050 年 80% 的温室气体减排目标，目前正在探讨碳税征收问题。通过征收碳税或实施排放交易制度，使经济主体为温室气体支付费用的国家和地区已分别达到 39 个和 23 个，近 5 年实施此制度的地区数量约扩大 3 倍。

我国从 2006 年开始围绕碳税开征问题，包括其必要性和可能性、制度设计、对经济产生的影响等进行了大量的研究。《国务院 2012 年立法工作计划》把碳税包括进去，财政部、国家税务总局、环境保护部联合国务院法制办成立了相关领导小组和工作组，形成了上述送审稿，并送达中国煤炭工业协会、中国电力企业联合会等多个行业协会征求意见。2013 年，财政部完成了《中华人民共和国环境保护税法（送审稿）》。2015 年国务院法制办公室发布《中华人民共和国环境保护税法（征求意见稿）》，该法于 2018 年 1 月 1 日起正式实施，该税法所列大气污染物质中未含二氧化碳。2016 年 3 月，我国公布不单设碳税，把碳税安排在目前准备的环境税或资源税等税种里作为一个税款。同时，我国在开展 7 个省市碳排放权交易试点基础上，于 2017 年开始启动全国碳排放权交易市场。

2. 碳税面临的挑战

碳税是以价格为基础的环境规制手段，由政府确定排放价格，让市场自行决定总排放。理论上，以碳排放量为基准对企业征税，若碳排放量多，则收费多，若碳排放量少，则收费少，实现私人成本与社会成本相等，那么在逐利本性的驱使下，企业将有足够的经济动因采取措施减少碳排放。所征碳税可用于补贴企业进行低碳技术创新、减少温室气体排放的活动，使减排的外部收益内部化，实现私人收益与社会收益相等，从而解决外部性的问题。

虽然很多国家都承认实施碳税的必要性，但都非常谨慎。因为，大部分产业都依赖于石化燃料，因此碳税的征收会给国民经济带来负面影响。而且，通过税收手段有减少温室气体排放的可能性，但要实现减排目标，仍需依赖具体的有针对性的制度设计。各国学者已提出众多方案，这些方案具有共通之处，在部分规则安排上存在差异。

目前碳税还面临很多方面的争议，包括以下几点：

（1）征税对象

碳排放的征收对象是针对石化燃料的生产单位或进口单位征收还是针对利用单位。由于二氧化碳的排放与石化燃料的使用有关，若想管控二氧化碳的排放，应对利用单位征收。但征收单位非常分散，征收成本高。更重要的是征收碳税的理由为抑制气候变暖，但这不是一国的问题，而是全球性问题，要求国际合作及协调机制。

此外，碳税的征税对象在理论上应为消耗化石能源所产生的温室气体。但在实践中，化石能源包括原煤、原油、天然气、煤油、汽油、柴油等多种形式，温室气体也有二氧化碳、甲烷、氧化亚氮等多种类型，从制度效率的角度考虑，难以对使用所有形式化石能源产生的所有类型温室气体计征碳税，而是选取主要化石能源消耗所产生的主要温室气体征税。

（2）纳税主体

对于是否将居民个人为生活目的使用化石能源所产生的二氧化碳纳入碳税的征税对象存

在争议。有学者从降低居民税负的民生角度出发，对此持否定态度。考虑到居民生活消费和交通出行使用化石能源占比较大且增速明显，如果将居民生活所产生的二氧化碳排除在碳税的征税对象之外，可能严重影响碳税的减排效果。

在纳税主体方面，在理论上应为所有因生产和消费主要化石能源而排放二氧化碳的单位和个人。出于与其他温室气体减排制度相协调、便于实际操作等因素，碳税纳税主体的实然范围可能小于理论上的应然范围。例如，在碳税开征初期，为减少制度实施成本，可暂不对为数众多的个人征税，待到碳税征管运作比较成熟时再行征收。在计征依据方面，由于碳税的征税对象是使用主要化石能源产生的二氧化碳，故理论上应以二氧化碳的实际排放量为碳税计征依据。要确定二氧化碳实际排放量，须采用实测法在各排放源安装设备进行排放监测，考虑到碳税纳税主体的广泛多元，此举显然不具有经济合理性与可操作性。因此，在实践中多采用估算排放量作为碳税的计征依据，即根据化石能源碳含量与二氧化碳排放量之间的固定比值关系，结合化石能源消耗量进行估算以确定纳税主体的二氧化碳排放量。

（3）税率设定

在税率设定方面，碳税的税率设定应综合考虑经济承受力与温室气体减排的要求，在此二者之间寻求平衡，并视具体情况有所差别。设定碳税税率，不应仅着眼于碳税本身给企业增加的税负负担，还应同资源税、所得税等其他税种一起全盘考虑。在某种程度上，碳税税率越高，减排效果越优，企业税负越重；碳税税率越低，减排效果越劣，企业税负越轻。在企业经济承受力范围内寻求具有良好减排刺激效果的合理税率，一种可能的方法是先确定一个较低的碳税税率，然后逐年提高，直至温室气体减排的目标实现。

9.1.3　碳政策组合

理论和实践研究表明，不同的政策手段完全可以并行不悖、相互协调配合，进而提升减排效率。碳交易政策与其他惩罚性政府措施相比，更有效、更容易实施并能显著节省公共资源；碳税税率可以根据减排需要进行动态调整，提供相对稳定的价格信号，驱使企业调整生产，减少排放；补贴政策主要关注对低碳技术和低碳产品研发及企业绩效的影响。实际上，不同的低碳政策都存在各自缺陷，或是单纯依靠碳税会造成能源价格上涨，或是碳价受到政治谈判等因素影响从而造成价格信号不稳定等问题，而综合使用环保政策，可能会克服这些单一政策的自身缺陷。

1. 碳交易和碳税的结合

相对于命令控制型传统环境政策手段，基于市场原理的减排政策（如碳交易和碳税制度），因其减排效率高、成本低而被发达国家和地区广泛采用，以数量控制为特征的碳排放权交易机制和以价格控制为特征的碳税是两大重要组成部分。

欧盟是碳交易机制的先行者；荷兰、芬兰等国家是碳税政策的成功典范；瑞典、挪威等国在征收碳税的同时加入了欧盟碳排放交易体系。实践经验表明，实施碳税和碳交易并行的混合碳政策对控制温室气体排放具有良好的促进作用。我国于2017年启动了全国碳交易系统，取代欧盟成为全球最大的碳交易市场。同时，国家发展和改革委、财政部、税务总局等部门积极研究碳税政策，而当前"成品油消费税""欧美国家进口产品碳关税"已然在扮演碳税的角色。可以预见，碳税与碳交易并行的混合碳排放政策必将在碳减排实践中发挥重要的作用。

碳交易与碳税制度各有利弊，互为补充。碳排放权配额交易制度是环境管理的成本最低、收益最优的方式。第一，应从制度创新入手，建立和健全法律法规框架体系。我国已经发布了《碳排放权交易管理暂行条例》，只有在健全的法律框架基础上才能建立起强有力的和稳定的政策支持体系、技术创新体系和有效的约束激励机制。第二，研究并提示总量控制与碳排放权交易制度的基本发展方向，以此来诱导经济主体合理地进行事先准备和应对，提高政策的执行效率。第三，加强环境资源的调查与评估工作。第四，实施强制报告制度辅以自愿报告制度，以此来科学准确地把握污染的动态变化和发展趋势。这是该制度实施的基础工程，如果没有相关信息和长期资料积累，就难以实现环境质量改善目标，还会带来配额量的扭曲和市场的崩溃。第五，通过建立一定的数学模型计算出二氧化碳允许排放总量。第六，尽早设计和构建科学的运作体系。

碳交易制度与碳税的综合运用是实现我国减排目标，加快经济方式转型和能源结构调整的合理选择。这就需要明确两者的适用范围及兼容性。

2. 政府和市场的结合

碳中和目标下，控制碳排放不仅关系到国家经济发展模式的转变，更紧密关系到政府的战略和行动选择。面对日益活跃的国际气候合作，为提高在国际市场中的竞争力，也为了更好地优化国内产业结构和能源利用模式，我国必须积极参与国际碳合作包括碳金融、碳交易市场的合作。碳排放权交易市场作为一种有效的市场机制手段，为控制碳排放发挥着巨大作用。但毫无疑问，政府规划和政策选择在很大程度上影响着碳排放控制效果。在此过程中，碳交易市场尚不完善，政府应充分发挥作用，为市场发展保驾护航，构建实现"碳达峰碳中和"的制度保障和营商环境。

从政府与市场的关系来看，市场是有效的资源配置机制，市场机制被称为"无形之手"，经济实践证明，市场经济是迄今为止最有效率的经济形态。但市场不是万能的，外部性存在导致了环境的污染和破坏，就需要政府进行有效的监管，依靠公信力和强制力来解决市场经济运行中出现的问题，此时政府这只"有形之手"应该凸显。但与市场相比，政府不能总最有效率地配置资源，单纯的碳排放权交易监管会导致碳排放权交易的运行成本高、收益低。有为政府及干预是解决市场失灵的有效手段。

一般来说，市场失灵分为两种：一种是功能性失灵，包括常见的不完全市场、信息不完全和不对称、外部性等；另一种是市场机制不完善。后一种需要进一步改革完善市场机制，而前一种失灵需要政府的大力介入和干预，特别是在外部性问题上。在碳交易市场机制建设中，政府需要制定相应的法律法规理清产权，明确并保障产权。此外，政府还拥有税收和补贴两大有效手段，一方面，通过征收碳税或污染税提高重污染高耗能企业的生产成本，间接使其改变生产经营方式，促进其转变发展路径；另一方面，为新兴低耗能高效率企业提供补贴，减轻企业负担和研发投入压力，进而促进相关产业的升级和改造。碳排放权交易是运用市场经济手段解决环境问题，需要"有形之手"与"无形之手"的配合。也就是说，利用碳排放权交易进行节能减排、体现碳排放权的市场价值，需要政府的"有形之手"和市场机制的"无形之手"双重作用。

为推动中国碳排放权交易市场的完善，强化市场机制作用，实"碳达峰碳中和"目标，政府的政策选择必须是各种作为的有效组合，包括以下要点：

1）调整导向，完善法制。在依法治国的前提下，节能减排和环境问题最大的症结在于收益内部化、成本外部化。为此，政府要把资源消耗、环境损害、生态效益纳入经济社会发展评价体系，建立体现绿色低碳发展要求的目标体系、考核办法、奖惩机制，使收益与成本同向并且均衡。加强立法，将碳市场各方面内容法制化，同时在相关法律的框架下对市场交易活动进行合规监管，依照法定程序对政策目标和实施标准适时微调，以适应宏观政经环境的变化。

2）完善市场机制，消除非市场壁垒。建立起市场机制的监管架构，即在确立的框架下对碳排放配额市场交易活动的监管措施，包括交易主体、交易场所、交易产品的资格审核（备案），同时建立稳定碳价的平准机制（包括配额的储备、拍卖和回购政策，以及碳排放配额的抵消机制等）。政府应该清晰确定排放总量等政策目标和分配标准，如管制对象的范围、时间跨度、配额分配方法、违约处罚措施；建立起可测量、可报告与可核证的统计、监测与考核体系。

3）依法监管。碳排放权交易市场主体多元，交易环节多，碳产品多样且技术性强。碳排放权交易市场也可分为场外市场和场内市场，场内市场兼具金融市场、能源市场和产权市场等属性。碳排放权交易市场不会自发形成，既需要有可供交易的商品，又需要强有力的政策，最重要的是需要政府的监管。政府的监管有利于衡量碳排放权交易市场的绩效，保证碳排放权总量的限额不被突破，杜绝碳排放权交易市场的操纵和垄断现象。

4）支持创新。市场机制的高级形态就是规模化和金融化的交易形态，在欧盟排放交易体系之中，70%~80%是碳期货及期权交易，只有20%~30%是碳现货交易。当前我国金融创新明显不足，应该建立多层次、多渠道和多样化的市场形态，允许碳排放权交易等环境权益市场开展适度的金融创新，完善市场生态。在涉及碳边境税和国际合作方面，要坚持本国发展和利益诉求，也要本着人类命运共同体的原则支持创新，增加合作。而在一些市场失灵或无效领域，政府可以认真研究关键项目及关键人才储备，加大对创新项目的长期投入。

5）完善配套支持，优化营商环境。传统意义上的财税补贴等行政手段，也完全可以成为推动市场机制建立和有效运作的一种外在激励措施。英国碳排放交易的经验显示，碳税（气候变化税）和碳交易其实是可以互补的，前者所形成的约束力量，可以成为推动后者建立的一种外在激励手段。因此，政府在推出节能减排相关的政策时，完全可以与市场机制结合，实现更高层面的政策统筹与机制协同，取得更好的政策实施效果。积极优化营商环境，落实应对气候变化的各项措施，严禁和逐步淘汰高耗能、高排放项目，并通过税收减免、贷款担保及其他绿色金融工具与政策激励，塑造市场为低碳项目融资的方式，打造具有成本竞争力的低碳技术推向市场的良好环境。

9.1.4　碳边境税

碳边境税主要是为了应对碳泄漏（Carbon Leakage）现象。碳泄漏是指企业为了规避严格的碳减排措施和降低减排成本而将生产转移到碳排放管制较松或不存在管制的地区，最终导致本应在一个国家或地区被控制的温室气体在另一个国家或地区排放出去。

对碳泄漏，从短期效果来看，会使国内碳排放密集型产业在国际市场上丧失相应的市场份额；从长期效果来看，由于单边的减排行动使资本投入与产出的回报不同，企业将投资转向没有严格减排措施的国家或地区。无疑，碳泄漏现象将严重影响碳减排环境措施的实际效果，产业竞争力的下降和产业转移也将导致相关产业经济上的损失，这使实施碳减排措施的国家或地区考虑采取边境调整措施这一工具来避免或减轻负面影响。

为了完成新气候目标中制定的排放目标，同时帮助本土企业与不受气候规定束缚的外国对手竞争，欧盟在 2021 年 7 月 14 日推出全球首个碳边境税政策（即欧盟碳边境调整机制，简称 CBAM）。这项碳边境税政策对碳密集型进口产品，如铁、铝、水泥、化肥和电力等征收关税，该项税收从 2026 年开始分阶段实施，2023—2025 为过渡阶段。在此阶段，进口商需要监测并汇报其碳排放量。随着碳边境税政策的公布，预计一直到 2030 年，碳交易市场价都会不断走高。

欧盟推出碳边境税一是为了帮助欧盟完成新气候目标中制定的排放目标，二是为了保护本土企业更好地与不受气候规定束缚的外国对手竞争。例如，总部位于卢森堡的钢铁公司，为了尽可能减少碳排放，尝试在熔炉中用氢气替代化石燃料，而这样的改进会花费至少数十亿欧元的成本。这种情况下，与没有很严格的气候政策制约的企业相比，欧盟本土企业在竞争中往往处于不利地位。如何实施在碳边境税政策下，进口商需要根据进口的商品产生了多少碳排放量来购买相应数量的电子证书。每张电子证书的价格并不固定，主要由当周的欧盟碳交易市场价决定。不过，如果进口商可以证明，进口商品在整个生产过程中已经为碳排放支付了一定的价格，那么这部分花费可以从最终的碳税收中扣除。

1. 进口国实施碳边境税主要目的

在不对其要求碳减排的前提下，边境调整可以降低或消除未采取碳减排措施国家或地区产品的价格优势，从而降低或消除碳泄漏。此时，边境调整就能起到一种杠杆作用，引导这些国家或地区采用更严格的环境政策。边境调整还会导致未采取碳减排措施国家或地区因环境保护产生的收入（如征收碳税或碳交易的收入）转移到采取了严格碳减排措施的国家或地区。如此，边境税调整抵销了试图以较低碳排放成本吸引外国直接投资这一做法的激励效果。归纳起来，实施碳边境税对进口国有如下好处：

1）提高本国竞争力，维护国家经济利益。征收碳边境税不仅可以减少贸易赤字、增加财政收入，还能够影响产品进口价格，保持本国竞争力。各国纷纷寻求以绿色产业发展带动经济，美国、欧洲和日本等发达经济体拥有领先的减排技术，有望在严格碳排放标准下的新一轮全球竞争中抢占制高点。

2）树立国际形象，在全球气候谈判中争取有利地位。在净零排放目标下，围绕减排目标推进时间表和路线图，能够树立一国绿色发展、生态优先的国际形象，还能增加其在气候变化国际谈判中的筹码。

3）推动低碳产业发展，减少温室气体排放。绿色低碳正成为国际市场的准入标准和行业竞争的必要条件，在碳边境税相关激励约束机制的作用下，现代服务业等低能耗、低排放产业作为低碳经济的重要组成部分将获得长足发展，推动产业结构转型升级。

4）转嫁环境治理责任，降低本国减排成本。不同经济体发展水平存在差异，发展中经济体在经济发展过程中，碳减排难度相对较大、减排技术相对落后，碳边境税的征收实际是部分发达经济体向发展中经济体转嫁了环境治理责任，迫使发展中经济体承担了本应由发达经济体承担的减排费用。

2. 碳边境税存在的挑战

碳边境税的实施绝非易事，一是由于碳足迹的监测与核算异常复杂，很难准确计算外国生产商的碳排放量，加之一个产品的供应链可能涉及多个国家或地区，更难溯源产业链上游环节产生的排放量。二是碳边境税与世界贸易组织（WTO）的规则相悖，征收国可能面临在 WTO 被提起诉讼的风险，被征收国可能会采取相应的关税报复措施，提高相关产品的进口关税。三是碳边境税遭到新兴市场国家的集体抵制。欧美发达国家将大量高污染、高排放的行业转移到新兴市场国家，这些国家承担了环境成本，但尚未充分获得产业转移的红利，又遭遇绿色贸易壁垒，导致这些产业本就微弱的相对价格优势荡然无存，加剧了全球经济体系的不平等问题。我国气候变化事务特使解振华曾表示："我们不赞成碳边境调节机制……各方应在《联合国气候变化框架公约》及其《巴黎协定》的多边框架内解决气候变化问题，不应再采取额外的单边措施。"因此，碳边境税的实施还存在诸多挑战，但欧盟的这一举措还是于 2023 年 4 月通过，并于 2023 年 10 月 1 日正式施行。

3. 碳边境税政策的影响

碳边境税政策的适用国为没有对碳排放定价的国家，而这几乎涵盖了世界上大部分国家。预期受碳边境税政策影响最大的包括俄罗斯、土耳其、中国、英国和乌克兰等出口大量化肥、钢、铁、铝到欧盟的国家。联合国贸易发展组织发出警告，欧盟碳边界调整机制可能会改变贸易模式，有利于资源效率高、工业生产碳排放较低的国家，但对发展中国家的出口可能产生不利影响，与此同时，对缓解气候变化作用不大。贸发会议的报告称，欧盟几个出口碳密集型产品的贸易伙伴担心碳边境税会大幅削减其出口。报告显示，如果欧盟碳边境税以 44 美元/t 的价格实施，发展中国家碳密集型行业的出口将减少 1.4%，如果以 88 美元/t 的价格实施，出口将减少 2.4%。同时，发达国家的收入将增加 25 亿美元，而发展中国家的收入将减少 59 亿美元。

全球气候变化背景下，碳边境税将给中国带来哪些挑战，中国如何应对是一个不可回避的现实问题。

首先，碳边境税等对中国出口产品构成潜在的贸易壁垒。碳边境税的历史渊源可追溯到欧盟国家一体化进程。当时欧盟选择了"目的地原则"下的增值税来协调各国的税收。基于"目的地原则"下的增值税政策，最初的欧盟国家和后来加入的国家在边境对进口产品征收增值税而对出口产品退回增值税，从而形成了增值税的边境调整措施。由于美国在那时及现在一直没有增值税，美国的商业领域随即产生了一种观点，认为欧盟的增值税边境调整对美国的出口产品是一种贸易壁垒，因为美国的产品进入欧盟市场在边境会遭遇到税收壁垒，而欧盟产品出口却是免税的。之前学术界普遍认为增值税目的地原则导致的边境调整，对贸易、生产和消费没有真实影响，在这样的背景下，边境税调整工作组报告出台，明确了边境税调整不得征收反倾销税或反补贴税。因此，碳边境调整本身并不构成不正当的贸易壁垒。但是，碳边境税调整经过巧妙的设计后，仍有可能成为针对我国出口产品的不正当的贸易壁垒。

其次，多数学者认为碳边境税等边境调整将对我国的出口产生实质性打击。我国商务部在 2009 年就发表声明，认为对进口产品征收碳边境税违反世界贸易组织的规则，也与《京都议定书》确定的责任原则精神相悖。有学者通过建立模型分析碳边境调整对我国工业出口的影响，得出的结论是，我国工业出口产品中包含的过度能源消耗和二氧化碳意味着会对我国工业的出口产生实质性的打击。

4. 我国如何应对碳边境税

碳边境税的出现是国际气候变化协定框架（CCAF）《企业划型标准》（2019 年生效）实施后全球企业面临的新挑战。中国作为全球最大的制造业国家，其企业在全球供应链中扮演着重要角色。然而，跨国公司通过转移定价不公的行为，规避在高碳排放国家缴纳碳税，导致中国在应对碳边境税方面面临巨大挑战。中国政府意识到，只有通过加强监管和推动透明化，才能确保企业在高碳排放国家的转移定价符合当地环境和经济条件，避免企业通过转移定价规避碳税。此外，中国在全球气候治理中扮演着重要角色，但如何在全球范围内推动碳边境税的公平合理实施，是实现全球气候治理目标的关键。中国政府认识到，碳边境税的公平合理实施不仅有助于推动全球碳减排，也有助于促进国际贸易体系的公平性。

（1）政策框架的完善

2020 年，中国明确了企业通过带量减排和碳交易参与全球碳市场的发展路径，要求企业遵守国际气候协定框架（CCAF）的要求，确保企业在高碳排放国家的转移定价合理。

我国进一步细化了跨国公司转移定价监管的具体要求，企业根据当地环境和经济条件，制定合理的转移定价政策，并在高碳排放国家进行透明化披露。例如，企业在高碳排放国家的转移定价必须符合当地碳排放成本，避免通过转移定价规避碳税。

2022 年，我国政府进一步推动企业在高碳排放国家的转移定价合规性，要求企业在高碳排放国家进行带量减排，并通过碳交易或直接减排等方式减少碳排放。

2023 年，我国在世贸组织（WTO）贸易与环境委员会 2023 年度第三次会议上，提交了《关于碳边境调节机制有待多边讨论的政策问题》提案，聚焦碳边境调节机制相关政策问题。

2024 年，我国在应对碳边境税的国内政策建设上迈出关键步伐。2024 年国务院政府工作报告中明确强调提升碳排放统计核算核查能力，建立碳足迹管理体系，扩大全国碳市场行业覆盖范围，将碳足迹管理体系建设提升至国家战略层面。

（2）国际合作与透明化

我国企业在应对碳边境税方面，还需要加强国际合作，与国际社会共同推动透明化和监管机制的完善。例如，我国可以与欧盟、美国等主要经济体合作，推动跨国公司转移定价政策的透明化和合规性。

（3）实施路径与具体措施

1）企业划型标准的实施。企业划型标准要求企业根据当地环境和经济条件，制定合理的转移定价政策，并在高碳排放国家进行透明化披露。我国企业在实施过程中，需要遵守国际法和国内法规，确保转移定价政策的合理性和合规性。例如，我国企业可以在高碳排放国家设立透明化的披露文件，详细说明转移定价的依据和合理性。

2）带量减排计划的推进。带量减排计划要求企业在高碳排放国家进行带量减排，并通过碳交易或直接减排等方式减少碳排放。我国企业在实施过程中，需要制订详细的减排计划，并与当地企业合作，共同推动碳减排目标的实现。例如，我国企业可以在高碳排放国家建立碳中和目标，并与当地企业合作实现减排。

3）国际合作与透明化。我国企业在应对碳边境税方面，还需要加强国际合作，与国际社会共同推动透明化和监管机制的完善。通过加强国际交流与合作，我国可以更好地了解跨国公司转移定价政策的实施情况，并推动全球碳市场的健康发展。

（4）面临的挑战与应对策略

尽管我国政府在应对碳边境税方面采取了多项措施，但仍面临一些挑战。例如，跨国公司转移定价政策的实施往往涉及复杂的法律和经济问题，需要国际社会的共同参与。此外，高碳排放国家与低碳排放国家在环境条件、经济发展水平等方面存在差异，导致转移定价政策不合理。

1）加强监管与执法。我国政府可以加强监管与执法力度，确保企业在高碳排放国家的转移定价政策符合当地环境和经济条件。例如，可以通过建立跨境监管机构，加强对跨国公司转移定价政策的监督。

2）推动国际合作。我国可以通过与国际社会合作，推动跨国公司转移定价政策的透明化和合规性。例如，可以与欧盟、美国等主要经济体合作，推动跨国公司转移定价政策的透明化和合规性。

3）推动技术创新。我国可以通过推动技术创新，提高企业在高碳排放国家的转移定价政策的合理性。例如，可以通过研发新的环保技术和设备，降低企业在高碳排放国家的碳排放成本。

我国应对碳边境税的策略是通过完善政策框架、加强监管和推动透明化，确保企业在高碳排放国家的转移定价符合当地环境和经济条件，可以有效减少企业转移定价不公的问题，推动全球碳减排目标的实现。未来，我国还需要加强国际合作，与国际社会共同推动碳边境税的公平合理实施，为全球气候治理贡献中国智慧和中国方案。

9.1.5　建筑领域碳政策

　　早在 20 世纪 80 年代，我国就把建筑节能列为影响我国经济社会可持续发展的重要因素，制定了一系列推进开发与节能并重的政策。1986 年，国务院发布了《节约能源管理暂行条例》，有力促进了我国的节能工作。1998 年起施行的《中华人民共和国建筑法》和《中华人民共和国节约能源法》是推广建筑节能的最高法律依据，这标志着我国已将建筑节能作为一项基本国策列入国家法律范畴。2008 年起施行的《民用建筑节能条例》对建筑节能规划、节能管理、节能措施、节能监督与保障等环节都做了详细规定，进一步支持"四节一环保"（节能、节地、节水、节材和环境保护），为推广建筑节能政策制定了支持性条例。

　　"十一五"规划期间，国家把建筑节能、绿色建筑等作为提升能源利用效率的重点，明确提出单位生产总值能耗降低 20% 及建设节能型社会的目标。"十二五"规划期间，国家提出要建设环境优先型、资源友好型社会，加强对强制性节能标准执行的监管，完成既有建筑节能改造 $5.6 \times 10^8 \mathrm{m}^2$。

　　2015 年 12 月，住房和城乡建设部印发《被动式超低能耗绿色建筑技术导则（试行）（居住建筑)》，使得标准进一步提高。在更宏观的层面，《国家新型城镇化规划（2014—2020 年)》《关于进一步加强城市规划建设管理工作的若干意见》和《中华人民共和国国民经济和社会发展第十三个五年规划纲要》都提出加强政府应对气候变化和使得城市更加健康和宜居的责任。

　　2019 年 8 月 1 日，修订后的《绿色建筑评价标准》（GB/T 50378—2019）正式替代 GB/T 50378—2014 现行的《绿色建筑评价标准》为 2024 年版。

　　2020 年 7 月 25 日，住房和城乡建设部、国家发展和改革委员会等七部门发布《关于印发绿色建筑创建行动方案的通知》，决定开展绿色建筑创建行动，多省也随之出台了绿色建筑相关政策要求。例如，多地党政机关建筑屋顶，学校、医院、村委会等公共建筑屋顶，工商业厂房屋顶及农村居民屋顶总面积均要按要求安装光伏发电设备，加快了光伏发电在建筑上的应用。

　　在一系列的节能减排政策下，很多地区逐步实现了良好的减排效果。"十三五"以来，山东省淄博市新增节能建筑 3250.23 万 m^2，新建建筑节能工程执行节能标准率达到 100%。每年节约标准煤 56.5 万 t，减少二氧化碳排放 136 万 t。"十三五"期间，上海市提前一年完成 1000 万 m^2 既有公共建筑的节能改造工作，并将绿色建筑管理写入地方法规。上海市从多个方面精准施策，包括加快建立新建建筑能耗与碳排放限额设计监管体系、加快推进超低能耗建筑规模化发展、建立本市建筑碳排放智慧监管平台等。

　　可再生能源的利用也是目前业内研究的热点。住房和城乡建设部在《建筑节能与绿色建筑发展"十三五"规划》中，明确要求深入推进可再生能源的利用。

　　不仅如此，《民用建筑节能条例》《绿色建筑行动方案》《建筑碳排放计算标准》《绿色建筑评价标准》《绿色建筑创建行动方案》《超低能耗建筑评价标准》《绿色建筑被动式设计导则》《绿色建造技术导则（试行）》等文件先后出台，促进了建筑领域绿色低碳发展的飞速进步。

2021年7月27日，生态环境部发布《关于开展重点行业建设项目碳排放环境影响评价试点的通知》，开始实施碳排放环境影响评价试点制度。该通知明确了推动污染物和碳排放评价管理统筹融合是促进应对气候变化与环境治理协同增效，实现固定污染源减污降碳源头管控的重要抓手和有效途径。该通知还要求各试点单位加快实施积极应对气候变化国家战略，推动《关于统筹和加强应对气候变化与生态环境保护相关工作的指导意见》和《环境影响评价与排污许可领域协同推进碳减排工作方案》落地；该通知要求在2021年12月底前，试点地区发布建设项目碳排放环境影响评价相关文件，研究制定建设项目碳排放量核算方法和环境影响报告书编制规范，基本建立重点行业建设项目碳排放环境影响评价的工作机制。并且在2022年6月底前，基本摸清重点行业碳排放水平和减排潜力，探索形成建设项目污染物和碳排放协同管控评价技术方法，打通污染源与碳排放管理统筹融合路径，从源头实现减污降碳协同作用。

2021年10月，国务院办公厅先后印发《关于推动城乡建设绿色发展的意见》《关于完整准确全面贯彻新发展理念扎实做好碳达峰碳中和工作的意见》，其中指出，推动城乡建设绿色发展、大力发展节能低碳建筑、加快优化建筑用能结构成为实现绿色低碳发展与"双碳"目标的重要一环，并提及要建设高品质绿色建筑，大力推广超低能耗、近零能耗建筑，发展零碳建筑；实现工程建设全过程绿色建造。这是我国城乡建设领域出台的国家级顶层碳达峰碳中和工作意见，是城乡绿色发展工作开展的思路纲领。

2022年，各地在国家级顶层设计指引下，纷纷因地制宜，制定本地建筑领域碳达峰实施方案。进入2023年，政策进一步向提升建筑全生命周期绿色化程度倾斜。2024年堪称建筑领域节能降碳政策密集落地的一年。3月，国务院办公厅转发国家发展和改革委员会、住房和城乡建设部《加快推动建筑领域节能降碳工作方案》，为建筑领域节能降碳制定了清晰的时间表与路线图。该方案明确到2027年，超低能耗建筑实现规模化发展，既有建筑节能改造进一步推进，建筑用能结构更加优化，建成一批绿色低碳高品质建筑，建筑领域节能降碳取得显著成效。

总体来讲，在碳达峰和碳中和的目标上，建筑行业任重道远。提升建筑能效、降低建筑能源消耗成为建筑行业参与城市低碳转型发展的核心任务。未来需要进一步完善政策体系和管理制度，通过政策引导逐步推进建筑领域走向零排放。

9.2 碳监管

近年来，欧盟各国及美国、中国、韩国等国际上许多重要国家和地区均建立了碳排放权交易市场，碳排放权交易市场逐渐成为世界各国应对全球气候变暖的重要手段。然而，碳市场作为一个特殊的新兴市场，兼具环保市场、能源市场和金融市场的特点，这些特性导致碳市场在运行过程中极容易引发市场滥用、价格操纵、市场欺骗等一系列监管问题，因此，碳市场监管问题研究成为国内外学者研究的重要课题之一。

9.2.1　国外碳市场监管主要经验

国外碳市场发展至今，已积累了大量的碳市场的监管经验。EU ETS 作为全球最大的碳市场，通过总量控制，实现减少碳排放的目的。美国碳市场以区域性温室气体减排行动 RGGI 为代表。欧盟碳市场和美国碳市场分别是统一性和区域性碳市场的代表。澳大利亚碳市场起步早，至今已经有了很多碳市场监管方面的研究。由于澳大利能源结构与我国相似，所以其碳交易市场监管的思路和经验可为我国提供借鉴。

1. 欧盟碳市场监管

（1）监管机构

根据欧盟委员会 2010 年颁布的《加强欧盟碳交易计划市场监管的框架》，欧盟监管机构包括欧盟委员会、独立交易日志（后更名为欧盟交易志，EUTL）、金融监管机构及各成员国监管机构。其中包括：

1）欧盟委员会。欧盟委员会作为 EU ETS 的主要监管机构，制定碳市场监管的法律法规，监督 EU ETS 的运行状况，接收各成员国的履约及报告信息，并统一对注册登记簿进行管理。

2）欧盟交易志。负责对每笔配额交易进行检查以确保交易的合理性，同时可以对所有配额进行跟踪，以降低不正当交易发生的可能性。

3）金融监管机构。金融监管机构对碳市场交易过程中的金融交易行为和金融衍生品进行规范。

4）各国监管机构。在欧盟委员会的统一指导下，各成员国环保机构及其金融机构对碳市场进行监管。

（2）监管政策

欧盟排放权交易体系依据 2003 年出台的《欧盟排放交易体系规则》（Directive 2003/87/EC）（以下简称《2003/87/EC 规则》）成立，《2003/87/EC 规则》以法令形式对碳交易过程中的配额分配、监测与核查方法、惩罚力度做出了规定。同时，也对小型设备、航空活动和固定设施的碳交易进行了详细的部署。具体而言，欧盟碳市场监管政策可细分为以下两种：

1）欧盟层面统一性的法律规定。《2003/87/EC 规则》对碳市场进行总体部署，是欧盟委员会建立和运行 EU ETS 的依据。同时，欧盟层面还就拍卖规则、配额分配、市场稳定储备、核查指南、公众对碳市场的知情权等进行立法规定，保证监管工作有理有据。

2）金融方面的监管法律。《金融市场工具指令》《反市场滥用指令》及加强欧盟碳交易计划市场监管的框架和相关场外交易的规定都将碳市场纳入了金融监管领域，对现货市场的普通商品交易行为和金融交易行为进行分开监管，以提高交易过程的透明度。

（3）技术支持平台

由于 EU ETS 建立时间较早，发展历程较长，国际化链接程度较深，相应的技术平台开发也更加完备。经《2003/87/EC 规则》修订后的《2009/29/EC 规则》对登记簿做出了一些更改：欧盟注册登记簿（UR）取代各成员国原有的注册登记簿。欧盟注册登记簿（UR）只追踪配额和《京都议定书》规定减排单位的转移记录，不记录金融交易行为。同时，EUTL 取代了 CITL，实现每笔交易自动检查、记录，并授权每笔交易的实现。同时，构成技术平台体系的还有国际交易志（ITL），负责对《京都议定书》规定的减排单位进行记录和检查。

（4）具体监管内容

欧盟在监管具体内容上可分为以下几种：

1）系统风险防控。通过交易系统和登记制度的设计，降低交易过程中的不正当配额转移及"洗钱"现象发生的概率。

2）金融风险防控。由于碳市场建立初期，欧盟对碳排放权定义为"金融产品"，欧盟碳排放权交易中的期货、期权及远期产品由欧盟金融市场进行监管。在碳市场交易过程中，对内幕信息进行定义，并要求对碳价造成极大影响或有内幕交易行为的实体进行信息披露，同时将拍卖过程纳入了金融市场管理范围。

3）碳价调控。欧盟曾采取碳底价策略和价格储备配额制度来缓解碳价暴跌问题，并提出 2021 年建立市场稳定储备机制（若年度流动配额量的 12%大于或等于 1 亿 t，则这 12%配额量流入配额储备；若总流通量小于 4 亿 t 或者当前连续 6 个月比上两年均价高出 3 倍，则将自动释放配额，整个操作由登记簿自动发放和收回）解决配额过剩的问题。

2. 美国碳市场监管

（1）监管机构

由于美国尚未建立统一的碳市场，根据其区域碳市场发展的特征，美国碳市场监管机构大致可分为以下几种：

1）区域性主管机构。区域温室气体倡议（Regional Greenhouse Gas Initiative，RGGI）成立的非营利机构 RGGI. Inc，为成员州提供资讯及服务类援助。同时，RGGI. Inc 在发现异常情况时向各州环保机构和能源机构提出建议，但不具备执法和插手管理的权利。

2）州级监管机构。由各州环保部门或能源部门承担，各州可根据各自碳交易的现状单独立法规定配额分配、核查工作及对未完成履约企业进行的处罚。

3）第三方监管机构。Potomac Economics 作为电力行业专家咨询及市场监管性质的机构，负责监督和纠正 RGGI 运作过程中如价格操纵及核准指标交易中的违法行为等。

（2）监管政策

美国在碳市场监管政策层面，尚未出台联邦层面的法律。各区域（州）出台了针对该区域（州）的法律文件对碳市场进行监管。

1）区域层面监管政策。在 RGGI 统一规定排放量上限，由各成员州联合签署谅解备忘录和标准规则，分别对监管原则和监管程序做出了说明。

2）州级法律。由各成员州分别出台二氧化碳预算交易计划、拍卖程序及区域温室气体协议，在各州层面对碳市场运行进行监督。

（3）技术支持平台

RGGI 仅对电力行业开放，这为碳市场 MRV（Monitoring、Reporting、Verfication）制度中的数据获取提供了便利。根据《美国联邦法规》，纳入企业应当安装符合要求的监测系统，通过各个发电厂在线连续监测二氧化碳，实时提供最准确的排放数据，按季度向主管机构提交监测报告，并由美国环保局负责审核数据质量，实现碳排放量的实时监控。除此之外，RGGI 的二氧化碳配额追踪系统（COATS）记录追踪每个州的二氧化碳项目数据，并为公众提供数据和相关市场活动进行下载，为市场参与者数据获取提供了方便。

（4）具体监管内容

美国在具体的监管问题上，由于 RGGI 采取拍卖方式，一级市场主要是拍卖流程的运作，二级市场则是配额交易和抵消机制，所以在监管措施上主要侧重于以下内容：

1）排放量数据监管。由于采取了拍卖的方式进行配额分配，RGGI 要求每个纳入实体都要建立连续监测系统（CEMS）。

2）价格调控。采取成本控制储备的方法，是避免配额过高而采取的具体措施；在存储配额的同时可以预借配额，保持了一定的市场履约的灵活性。

3）交易监管。专门第三方监管机构对拍卖和交易行为中是否存在内幕交易和市场操纵进行监管，并出具相应的监管报告。

3. 澳大利亚碳市场监管

澳大利亚是世界上较早采取措施应对气候变化的国家之一，在世界温室气体减排的行动中扮演了举足轻重的角色，如今已建立整个澳洲的碳中心，在碳市场的管理上积累了丰富经验，为其他国家建立碳市场监管体系起到了示范作用。

澳大利亚与我国能源结构非常相近，也是以煤炭为主要一次能源的国家，发电量中的 80% 是煤电。澳大利亚政府非常重视气候变化的影响，并积极通过市场机制来进行碳减排，从 2003 年建立第一个地区的行业碳市场以来积攒了丰富的监管经验。澳大利亚的碳市场监管法律制度处于国际领先地位，研究澳大利亚碳市场监管体系，对于学习和借鉴其经验，推动我国统一碳市场的完善，参与应对气候变化的全球行动有着重要的理论和现实意义。

（1）监管机构

澳大利亚碳市场监管的机构设定与职权划分经历了从设立专门机构监管到细分为多个独立职能部门综合性监管的过程。最早的新南威尔士州温室气体减排计划（Green Gas Reduction Scheme，GGAS）设立了专门机构——独立价格监管仲裁庭（Independent Pricing and Regulatory Tribunal，IPART）进行监管，这个机构主要担任两个角色：作为市场监管者，负责审核碳排放源是否履行了减排义务；作为市场管理者，评估碳排放源的减排计划并对可行的计划进行授权、认证。澳大利亚于 2012 年 7 月开始实施的碳定价机制具有非常完备的管理体系，主要包括以下三大机构：

1）气候变化局。气候变化局是根据立法所成立的一个专门独立机构，为碳定价机制的关键环节和政府的气候变化减缓措施提供专家意见。

2）清洁能源监管局。清洁能源监管局是专门对碳定价体系进行监管的一个机构，在法定的范围内具有一定的自由裁量权。

3）生产力委员会。生产力委员会主要职责包括在其他主要经济领域中进行制定量化减排政策的工作，扩展国家行业和政策的评估，建立全面有序、真实可信的碳市场数据库等。

以上三大机构承担了整个澳大利亚碳市场的监管任务，具体来说，气候变化局以碳减排目标为基准，审核排污总量、追踪未来的排污足迹和碳价波动，给政府提供专家咨询和建议；清洁能源监管局将管理碳定价机制和碳农业计划的关键环节；生产力委员会将审查政府对相关项目和行业的援助及影响。三者互相配合，共同行使澳大利亚碳市场的监管权限。

（2）监管政策

澳大利亚在 2003 年建立了世界上第一个地区强制性的行业碳减排交易体系 GGAS。GGAS 以澳大利亚 1995 年的《电力供给法案》和 2001 年的《电力供给通则》为法律基础，以 2002 年《电力供给修正法案》为法律形式，目标定位于减少新南威尔士州电力消费产生的 CO_2 等温室气体的排放，由此形成了澳大利亚第一个区域和行业性较强的碳市场。

2012 年澳大利亚确定了 2020 年碳排放量比 2000 年减少 5% 的减排目标，并且开始实施碳价格政策。

（3）监管体系

澳大利亚政府在设置了专门的监管机构并进行了明确的职权划分后，又通过立法构建了四大监管制度，共同组成了完善的监管体系。

1）温室气体报告制度。2011 年，澳大利亚的《清洁能源法案》通过。该法案为碳排放配额设定了价格，并在 2015 年建立统一碳市场。澳大利亚国家温室气体和能源报告制度是企业上报其温室气体排放、能源生产和能源使用信息的制度。清洁能源监管局负责对企业的碳排放进行登记注册，接受企业提交的报告并进行监督，执行外部审计并发布和管理相关数据。

2）信息收集与记录保留制度。澳大利亚碳市场监管机构特别设定了信息收集与记录保留制度，该机构具有广泛的权力收集信息和资料，以监督排放实体遵守其减排义务的情况，调查可能的违规行为，并在必要的情况下采取执法行动。

3）信息公开机制。澳大利亚监管机构定期公布市场信息，将帮助参与者、金融市场和其他分析师识别和理解碳配额的供状况，从而实现高效的价格机制、高效的业务决策及贸易便利化。

4）检查专员制度。澳大利亚的检查专员制度规定，监管机构有权力进入运营排放设施的责任实体现场来监测它们在碳价机制下的工业活动并调查潜在违反法规的事项；监管机构可以委托检验专员进入场地实地监管。碳市场实施的经济性后果影响到众多相关者的利益，因此为了确保碳市场机制实效的发挥，制度设计者十分注重互补性制度的建设，检查专员制度就是与报告制度、信息公开制度等进行配合补充的重要监管制度。

9.2.2　我国碳市场监管现状

我国的碳市场监管法律制度可以分为三个发展阶段。

第一阶段是 2005—2012 年，即国际清洁发展机制（CDM）阶段。这一阶段相关监管主要集中于国家发展和改革委员会应对气候变化司对参与 CDM 的相关项目进行审核和方法学计算，从而便于对接国际特别是欧盟市场，因此，这一时段的市场监管主要是解决碳排放权的"信息不对称"问题，进行碳排放权的"质量检测"。

第二阶段是 2013—2020 年。自 2013 年开始，各试点碳市场陆续开始运营，市场监管制度因此开始涉及具体的二级市场交易制度，随之而来的是如何监管、谁来监管及监管什么等问题。在这一阶段，我国各试点在以地方政策性文件为基础的立法实践中总结了大量经验和一定的教训。

我国目前正处于第三阶段。此阶段建立了全国碳市场，并且将原有的地方碳市场全部并入全国碳交易体系之内。从监管体系而言，生态环境部以四部部门规章搭建了整体的监管框架，有效地促进了市场的全国化和一体化。从第一个履约期来看，目前已经形成基于各层级生态环境部门的碳配额分配、核查、清缴上的监督体系，保障了这一市场的"产品"生产与消费。

1. 地方性立法

我国自 2013 年开始，各试点碳市场陆续开始运营，相关制度为全国碳市场的建立提供了多层次参照和丰富经验。从市场监管的角度而言，地方性立法从监管主体、惩罚机制与市场干预机制上有着较明显的特色，多元化的地方法律制度显示出的是地方方法立法差异过大。

对于碳市场的监管主体，因为在试点地方立法时，中央层面应对气候变化职能是由国家发展和改革委员会下属部门承担，因此地方立法主要是以地方（省或者市）发展和改革委为主要监督管理部门。但是广东省率先改变了这一做法，将相关职能设置在生态环境部门之下，为之后的职能转隶提供了借鉴。同时，由于碳排放权交易的复杂性，大多数省份都采用了一部门主管，多部门在其管辖范围配合的方式。相对而言，相关规定比较粗糙，以广东省相关立法为例，仅原则性规定了诸如工业和信息化、财政、住房和城乡建设、交通运输、统计、市场监督管理、地方金融监督管理在碳排放权市场中应当根据自身的职能和权限依法履行责任，监督管理和服务碳市场，以及地方人民政府的指导支持责任。但是，在如此多的部门对应一个全新的领域情况下，这种简单的立法会导致权责不清。与之相反，深圳市的地方法规，例如《深圳市碳排放权交易管理办法》在这一方面有着优秀的借鉴意义。该办法在第四、五、八、九条中细化了不同部门的责任。使得各部门在这一领域分工明确，职能清晰。这些条文中较为详细的阐述和设计了市发展和改革委为主、住房和建设、交通运输、市场监督管理及各区政府和财政、金融等十余个政府职能部门的分工，同时明确了该领域的行业协会管理内容。

价格是碳排放权交易制度的核心，因此所有碳试点立法都对规定了政府对于对碳价的干预措施。最常见的措施为碳配额回购或出售，其中，深圳市碳市场规定了政府具体干预市场时可回购配额的比例上限，北京市、湖北省、福建省则是明确了当碳市场碳价出现何种波动时，政府可以进行干预。此外还有交易限制措施，即在碳价格发生大幅度波动时，直接限制市场交易。例如，北京市碳交易的涨跌幅限制为当日基准价的20%。以上措施都用来稳定碳市场。

在法律责任方面，除衔接民事、刑事责任外，对于市场主体的违法行为主要以罚款为主。例如，上海市和广东省的试点地区碳市场对不清缴相应的碳配额的行为进行相对固定的罚款，而其他碳试点的罚款则与碳价格有关。同时，一些试点地区创新性地提出从下一年度配额中双倍扣款的处罚方式。此外，北京市、上海市、广东省、天津市等地的碳市场也明确了未完全履约的企业将在补贴政策或奖励政策、信用记录等方面受到影响，从而形成较为系统的责任体系。

2. 全国性立法

在全国碳排放权交易机制构建和实践的过程中，生态环境部于2020年12月31日出台的《碳排放权交易管理办法（试行）》（以下简称《管理办法》）无疑是极为重要的，它作为我国现行有效的关于配额型的碳排放权交易管理和监督的部门规章，在相关上位法未曾生效之前，作为目前唯一的整体性文件构建了全国碳排放权交易的基础。

《管理办法》共43条，确定了碳排放权交易机制的基本原则、基本主体、配额交易的基本运作、排放数据报告核查的基本程序和要求、针对违法行为的法律责任等。

毫无疑问，生态环境部制定的这个部门规章，在吸收借鉴国家发展和改革委员会出台的原规章基础上，结合各个试点中比较相近的规定和做法，在全国层面上进行了一定程度上的统一，有利于全国碳排放权交易的运作和监管。该办法为全国碳排放权交易机制的建立提供了一定的法律依据和制度基础，是我国碳排放权交易法律制度的基础性文件。

从配额交易监督来看，该办法规定了中央、省、市三级的监管体系。中央由生态环境部为主，在承担配额分配、排放报告与核查的监督管理责任外，与其他相关部门共同承担交易监督等其他职能。省级生态环境部门负责配额分配和清缴、报告的核查等相关活动，并进行监督管理。对于配额的核查方面由省级主管部门进行，同时允许以购买服务方式进行核查。市级的环境部门负责具体的监督检查工作。同时，原则上规定以上市场监督主体和诸如登记机构、交易所机构等中介服务机构的行为要受到公众的监督。

然而，这个规章仍然有其自身的局限性。首先，从法律效力上看，《管理办法》属于部门规章，与碳排放权交易试点中制定的地方政府规章同属一个法律效力层级，相对于法律、行政法规和地方性法规来说，法律位阶较低、法律效力较弱。从作为基础性文件的角度来看，构建我国碳排放权交易法律制度，仍需要国务院在将来出台专门的行政法规。其次，从内容看，该规章的很多规定都比较抽象、模糊和笼统，缺乏明确性和可操作性。例如，针对碳排放配额交易的监管主体方面，规定生态环境部会同国务院其他有关部门对全国碳排放权交易及相关活动进行监督管理和指导，但是具体的部门未有明确规定，这可能会导致监管部门缺失或者交叉的现象。

2021年3月30日，生态环境部发布《关于公开征求〈碳排放权交易管理暂行条例（草案修改稿)〉意见的通知》(以下简称《暂行条例草案》)。《暂行条例草案》作为行政法规,将会成为直接指导我国碳排放权交易制度发展的顶层设计。

相较于上文所述的《管理办法》,《暂行条例草案》在市场监管方面的突出变化表现在以下几个方面:

首先,在主体上与《管理办法》相比,《暂行条例草案》明确了职责分工。形成了以生态环境部为主导机构,协同发展和改革、工业和信息化、能源市场监督管理部门、金融监管部门共同履行职能的体系。同时,县级以上生态环境部门参与到监督管理工作之中,授予其相应的处罚权,这符合了《行政处罚法》修改的趋势。

其次,明确了交易规则与风险防控规则。《暂行条例草案》明确设立了禁止交易规则,有效防止内幕交易等行为干预市场,同时将可能存在的操纵市场行为纳入规制范围,防止部分企业或者个人凭借市场中的垄断地位或者信息优势不正当竞争。在交易风险防控方面,通过参考证券市场的基本监管措施,设置了涨跌幅制度、最大持有量限制和大户报告制度、风险准备金制度和重大交易临时限制措施等市场监管措施。

最后,相比《管理办法》,《暂行条例草案》加大了监管与处罚力度。它不仅将核查机构纳入监管范围,同时强化了部分违法行为的处罚力度,增加了对于违规核查、交易、交易、抗拒监督检查等特殊情形进行追责的相关规定,还设计了信用惩戒制度,在一定程度上丰富了行政处罚的种类。

3. 法定监管措施

目前的碳排放权交易立法中对于监管措施较少,法律责任较轻,现行立法仍然无法满足对于市场进行合法监管的需求,突出表现为以下几个方面:

(1) 法定价格干预手段单一

我国目前的碳排放权交易立法,通过借鉴相似的证券期货市场,规定了部分价格干预机制。例如,碳市场的涨跌幅制度,重大交易临时限制措施等。但是相比较于外国的相关立法,我国全国性立法中的价格干预机制缺陷表现为手段单一且操作性差。目前,我国相关立法中规定生态环境部可以采取公开市场操作、调节国家核证自愿减排量使用方式等措施在一定情况下进行市场操作,调节市场,稳定价格波动。但是在相关具体立法中缺失对于如何进行市场操作的规定。虽然结合试点城市的有关操作与立法,公开市场操作包括储备价格调整配额与配额回购等方式,调节国家核证自愿减排量使用方式(表现为对于抵消比例的调整),却没有明确的法律予以授权。同时,上述机制的问题在于储备价格调整配额仅能影响价格过高的问题,但是从境外和试点来看,碳价格的主要问题在于价格过低。基于上述现实,我国碳价自开市以来处于高开低走的状况,并且即使在第一个履约期已经接近尾声时,碳价格也没有实现预测的当履约周期结束时的火爆程度。过低的价格一方面可以归结于现有市场的不成熟,但是另一方面也显示了我国现行价格干预机制的不健全。

(2) 违法法律责任较轻

碳排放权交易涉及分配、交易、核查、清缴等环节。清缴环节作为企业履行相应义务的最终环节,在整个交易制度中承担着重要的角色。从制度激励的角度分析,只有企业的违约成本大于守约成本，企业才会主动按照约定从市场买入相应的配额进行清缴，从而保障碳市场的需求平稳、真实，整个碳交易制度才会有效运行。但是从目前的立法就罚款数额而言，作为行政法规的《暂行条例草案》规定，违规清缴将被追责并处 10 万元以上到 50 万元以下的罚款。虽然这相比于原有的部门规章而言处罚力度加大，但是对比《暂行条例草案》第二十七条对违规交易追责"处 100 万元以上 1000 万元以下罚款"，处罚力度仍较小。碳交易的最根本的目的是应对气候变化，降低碳排放，因此企业的违规、不履约或者不清缴所带来的后果并无特别大的区别。其次，处罚手段较为单一。在我国试点过程中，各试点城市在罚款之外创新性地构建多种处罚方式，如加倍补缴配额、影响补贴政策等。同时，我国《行政处罚法》《证券法》中也规定了多种处罚方式可以予以采纳或者借鉴，但是在现行立法中仍然以罚款为主，虽然纳入了信用惩戒机制，但是未形成体系化、完备化的处罚管理措施。

（3）缺乏良好的信息保障机制

碳排放权交易市场作为环境要素交易市场，相比于传统交易市场，碳排放权的无形性致使信息不对称问题极为突出。因此，只有建立完善的信息保障机制才能够让交易具有真实性和可信赖性。但是，考查我国现有立法，对于信息保障机制的立法仍然表现为原则化。法律上的供给不足致使实践中存在披露主体覆盖范围较窄、激励机欠缺、责任机制缺乏等问题。特别是目前缺乏针对第三方机构的信息披露制度。例如，碳市场的第三方机构与其他环境领域的中介机构（如环评公司或者咨询公司）相比，并没有准入许可或者证书，或是查询平台。对于相关从业人员而言，也缺乏相关的资质证明。同时，与价格息息相关的配额储备信息、转让信息等，也没有类似于证券市场及其他金融市场一样的公布程序与制度要求。整体而言，该领域仍然不够完善，仅以部分行业自治机制运行。

（4）缺乏对监管者的监督

碳市场监管者也需要被制约和监管。但是，以目前的法律制度而言，相关制度并没有很好地实现这一目标。首先，在公众监督方面，信息公开和公众参与制度仅是原则性规定，无法达到真正的监督效果。虽然公众参与原则是我国目前碳排放权交易立法中普遍规定的基本原则，现行立法中都存在建立公众监督制度和"在社会上予以公开"的表述，但是并没有操作性。由于碳排放是否是大气污染物等争议和碳交易中多元主体的参与，我国现行环境立法与政府信息公开法律制度关于"环境信息公开"的一般性规定及配套细则不必然适用于碳市场信息公开。因此，该领域需要进一步优化相应的法律制度，为公众监督提供方便。以第一个履约期的政府信息实践操作为例，对于重点企业具体履约情况、行政处罚文书等重要的具体信息难以得知，即便是在生态环境部表示需要公布之后，部分省份也仅公布了辖区企业是否清缴及是否受处罚的信息，对于具体内容并未公开。其次，在司法监督方面，虽然最高人民法院在"双碳"目标提出后，积极主动地提出要以司法权保障"双碳"目标实现，并且在案由中将碳排放权诉讼纳入。但是现有的相关气候变化诉讼制度仅限于民事案件的审理，相关案由也仅设置在民事案由之下，对于如何在气候变化领域履行司法监督职责缺乏制度设计，应当履行监督职能的检察部门缺乏相应的相应，无法形成对监管者的制约。

9.2.3　我国碳监管的建议

我国的碳排放总量已经居世界第一，面对庞大的减排量和日益增加的国际减排压力，建立碳市场、实施碳交易是我国的必然选择，而建立统一的碳市场，碳交易的风险防控与监管是核心。我国的碳交易体系执法监管机制亟待建立和完善，借鉴国外较成熟的经验和做法，结合我国实际，应重点探究以下几方面问题。

1. 完善碳市场监管体系的法律基础

法律基础是保障碳市场规范运行的重要前提。我国统一碳市场的建立刚刚起步，目前主要靠行政手段和政府出台相关政策和相关措施来实施监管，监管的法律法规与碳交易的快速发展相比滞后，有待进一步建立和完善。澳大利亚通过一系列法案和立法形式，强制性地推动碳市场监管体系建立的经验值得我国学习。结合我国实践，将碳市场和传统商品市场严格区别开来，集中立法，专门设立一部独立的碳市场监管新法，将有利于加大碳市场执法监管的实效和严惩打击犯罪的力度。我国碳市场的监管缺少法律依据，传统的交易规则及监管制度不能适应碳市场监管的需要。要完善碳市场监管机制，就要建立一个以综合法为基础，以专项法为骨架，以其他相关指南、办法为支撑的法律体系。主要可以从以下几方面着手：

1）设立专门法律规制。建立专门的综合性碳市场监管法作为整个法律体系的基础和准则。

2）健全碳市场监管的专项法规。在综合性法规之下，涉及整个碳市场监管体系的各个环节方面可以使用专项法规，如碳市场公平竞争法、碳排放核查标准、碳交易登记办法等。

3）细化碳市场监管相关法规。在综合性法规指导下，可以采用指南、指令、方法等方式进一步细化。碳市场涉及面广、涉及领域多，比较复杂，这就客观要求法规涉及方方面面的违规行为，使监管部门的执法可以监管到每一种违规行为和每一个具体问题。

4）设立碳交易犯罪立法。碳市场的建立与相关法规可同步进行，而犯罪防治立法，应立法在先，不能滞后。至今，我国在这方面的研究还是空白。制定严密的监管法律法规体系监督市场的运作，这是澳大利亚碳市场的成功经验。我国在碳市场运作过程中，应该充分运用已有的相关法律法规来解决相同性质的法律问题，同时及时制定新的立法来应对全新的法律问题。

2. 完善碳市场监管机构的权限划分

澳大利亚设立专门的清洁能源局对碳市场进行监管，这一机构同时肩负监控企业碳排放与企业碳交易的双重职能，而与市场监管相关的其他政策性或者技术性职能则分配给其他已有的相关政府机构执行。这种创立新的机构专门对碳市场进行监管并承担绝大部分监管职能的澳大利亚模式，最大限度地明确了碳市场管理体系的职能归属，保障其健康高效运转；同时，多个既存独立职能部门与其相配合，最终形成非常完备的全国性碳市场监管体系。

从我国监管机构的现状来看，重新设立一个专门监管机构并不合适。生态环境部对企业的温室气体排放具有监管的职能，同时，国家发展和改革委员会关于气候变化事务和碳交易的相关职能也转移到生态环境部，这就意味着生态环境部既有完整的监管职能，又有一套完备的监管经验。我国可以根据自身实际情况，不单独创立独立的监管机构，而是将温室气体排放权体系的执法监管权利由生态环境部统一行使，而其他机构进行辅助。

1）生态环境部门实行统一监管。目前，我国温室气体排放的监测只能依靠污染控制的监管方式，因此，碳减排和碳交易的监管工作应该由具有完整职能、完备专业技术人员和设备及丰富经验的环保部门统一监管。2014年，国务院办公厅出台了《关于加强环境监管执法的通知》，提出推动环境监管执法全覆盖，加强环保部门严格环境执法监管的重要决定。在碳市场执法监管方面，生态环境的职责除了保留传统的对企业设备碳排放的监管外，还应有对减排项目的认可及对未达标项目的惩处；对违背国家碳减排政策和配额分配方法不公平的行为予以监督；对配额供给、履约目标实现和市场链接等各类风险给予及时关注和监管；对整个碳市场的流动性、透明度和市场发展现状提供第一手资料，引导促进和监管碳市场，使之有序运作和健康发展。

2）国家发展和改革委员会提供宏观指导。国家发展和改革委员会在2018年之前一直负责气候变化事务，我国碳交易市场建设初期也是以国家发展和改革委员会为主体，随着全国碳市场的统一，其与碳相关的职能就移交给生态环境部。国家发展和改革委员会的主要职责转变为对碳市场进行经济政策和市场管理方面的宏观指导，具体包括检测和分析气候变化情况，参与制定与碳排放有关的国家减排目标、协调各类关系；为碳价释放信号的准确性、公允性提供调节机制；分析主体风险、产品供给风险、流动性风险、信息不对称风险等，并帮助制定相应的避险政策工具等。

3）监管路径设置。我国采取的是由地方试点再向统一碳市场演进的模式，所以建议采取自下而上的监管机构设置方式，在碳试点区域允许区域碳市场获得更大的自主权限，包括与其他非试点区域的连接、与全国碳市场逐步连接等，区域碳市场的配额可自主分配，拍卖资金可灵活运用，通过中央与地方监管权的合理分配统一构建全国性监管体系，实现对碳交易市场的高效监督管理。

3. 建立碳市场监管体系的基本制度

碳排放权交易监管从内容上看，应当包括两个基本的监管子系统：一是对碳排放行为的监管；二是对碳排放配额交易的监管。两者分工明确，互相联系，相辅相成。2014年12月，国家发展和改革委员会发布《碳排放权交易管理暂行办法》作为部门规章确立了全国碳市场的总体框架。2016年，在《碳排放权交易管理暂行办法》基础上，国家发展和改革委员会组织专家对内容进一步提炼，力求突出实施碳排放权交易的核心问题，征求各方意见后形成《碳排放权交易管理条例》。2017年12月，国家发展和改革委员会发布《全国碳排放权交易市场建设方案（发电行业）》。这标志着全国碳市场终于完成了总体设计，以发电行业作为全国碳排放权交易首个应用的行业正式启动。2020年12月31日，生态环境部以行政法规的形式发布《碳排放权交易管理办法（试行）》，作为全国碳市场建设运行基础的法律框架。

我国目前在碳排放等市场监测的软硬件方面存在不足，需要配套制度来提高监测的效率，如建立碳排放强制报告制度、信息收集与记录保留制度、信息公开制度和检查专员制度，促使碳市场管理体系透明并公开，赋予整个碳市场非常强的公信力。

（1）建立碳排放强制报告制度

我国现已全面实现排污申报登记制度，单位按要求的规格形式，就其生产经营活动及污染物排放的相关情况，定期或不定期地向生态环境主管部门呈报排放数据。作为监管体系重要组成部分的碳排放强制报告制度，在我国仍是空白。2014 年国家发展和改革委员会已着手开展这方面工作，正式开展重点企（事）业单位温室气体排放报告工作，将国家发展和改革委员会公布的行业企业温室气体排放核算方法与报告内容指南作为碳核算依据。参考国际通行的做法，强制报告内容应包括被监测排放源的物理边界、监测的方法和计划、监测和报告的质量控制、核实的原则和方法、对低排放源的监测和报告要求等。碳排放设施的所有者或经营者要保证申报数据的真实完整，遵守有关记录与报告方面的义务。

（2）建立碳信息收集与披露制度

在 2021 年 10 月国务院发布的 2030 年前碳达峰行动方案中，明确提出相关上市公司和发债企业要按照环境信息依法披露要求，定期公布企业碳排放信息，并将这一点作为绿色低碳全民行动的一项举措。企业的碳信息披露工作要在以下几个方面进一步提升：一是信息的全面性，要用公共平台发布碳排放的信息，也要发布采取的有关举措，如目标规划、技术与资金投入、取得的成效，信息要求是完整的；二是信息的真实性，要尽可能客观准确，特别是涉及企业碳信息的相关的方法、技术规范；三是信息发布的及时性，除了在报告期、报告期末发布信息以外，对于一些重大情况应及时披露；四是信息的一致性，在报告的口径、使用的技术方法方面应该相对稳定，既可以横向比较，也可以纵向分析。

（3）建立检查巡视专员制度

目前我国多数企业缺乏相应的碳排放量监控体系，真正能够提交准确完备的碳排放数据的可谓寥寥无几，碳排放企业的内部源头监控将成为我国低碳经济发展之路的主要障碍之一。为加强执法监管能力，我国可以设立检查巡视专员制度，监管机构人员有权进入运营碳排放设施实体现场检测检查。国家发展和改革委员会、生态环境部门、财政部、审计部、国家能源局等监管人员可直接入企、入场检测并调查潜在违反法规事项，同时受法律保护。监管机构可以委托检验人员进入实地监管检查，检验人员要负责保留责任主体的相关数据和记录，也可以采取其他监控行为，在检查过程中具有特定的权利和义务。外派执法检查人员联动检查，可以是监管机构本身的工作人员或者其他人员，也可以雇用专业技术人员。任命一个专业技术检查人员，监管机构必须要保证其具有合适的资历和经验，能够行使检查员职能，并有良好的职业道德。专业技术人员在行使职权时，必须遵守监管部门的一系列指示、原则和方法，自身要有或掌握有关碳排放、碳交易和碳检测等技能知识，并能较详细地了解碳市场机制和有能力识别、分析、解释技术数据。监管部门内部应培养素质好、技术过硬的专业检查人员。

与国外相比，我国碳市场历史发展较短，无论是操作者和监管者的经验、能力都有限，碳市场相关监管人员特别是技术性监管人员严重缺乏。建立巡视专员制度，碳市场监管部门的技术监管人员既要熟悉国际通行的碳交易规则，也要了解我国具体的环保法律和碳市场相关法律法规，还要熟悉和掌握一系列检测、核实等专业技能。这些专业人员技能水平的提高，除了自身努力学习外，还需监管部门有计划、有安排地对本部门专业技术人员进行培训，政府要给予一定的资金投入，包括送到国外进行专业学习和实践，从而加速提高我国碳市场监管人才的能力和水平。综上，建立全国统一碳市场监管体系是一个长期复杂的系统工程，我国应学习国际经验，瞄准新高度，构建政府治理能力、法律法规威慑力、制度执行力的监管模式是碳市场执法监管的重要保障。

（4）提高层级配套细则

当前完善法律体系的重点：

首先是提高立法层级。目前我国碳市场处于摸索阶段，发展过程中暴露的积极性不高、普遍观望态度等问题，主要由于碳排放权交易顶层设计不够清晰，立法层级不高以及缺少完整的配套运行机制。尽管我国发布了《大气污染防治法》，但是其中对于减排及碳排放权交易仅做了概括性规定，另外由于碳排放权交易涉及交易、监管、金融等多方面，需要未来进一步提高立法层级，颁布碳排放权交易相关法律法规，从法律的层级对全国碳市场进行规制。

其次要完善配套细则。碳排放权交易制度，通过将碳排放权作为一种"商品"进行交换，鼓励企业通过创新技术、产业改造减少企业的碳排放量，以获得碳排放权配额剩余来进行出售，获得收益。反之，碳排放量超出配额的企业为避免受到惩罚，需在碳市场购买碳配额，这样一来增加了企业成本，降低了竞争力。长此以往，在整个行业内形成环境保护型的优胜劣汰，达到生态环境保护的目的。虽然直观来看是个商品交换过程，但是其中涉及碳排放权总量的设定和配额的初始分配制度、监管制度、信息披露制度、抵消机制、未履约的惩罚机制。

（5）完善法制内在逻辑

首先是实现碳排放权交易监管的复合目标。实施碳排放权交易机制是政府利用市场机制来实现减排目标的过程，碳排放权交易机制既是一种环境规制工具，也是一种市场经济手段。排放行为是否合法，排放数据是否真实有效，市场运行是否正常有序，直接决定着碳排放权交易能否促进和实现环境、经济的可持续发展。这要求监管主体既要关注现实环境目标的过程与结果，也要关注其市场运行的秩序与效果。作为一种为实现环境保护目标而由政府主动构建的政策市场，企业排放数据的真实性直接决定企业缴纳配额的数量，影响着配额交易的市场供求，并且会最终影响环境保护的实现水平。与此同时，作为一个配额交易市场，从其市场运行本身来看，其市场秩序是否良好、交易价格信号是否有效，直接影响碳市场自身是否健康、是否可持续发展，进而影响这种市场交易机制是否能够真正起到促进资源优化配置、实现减排成本效益最大化的作用。碳排放配额交易的监管重点在于保证价格信号有效、交易行为有序，从而发挥市场机制作用，确保市场自身正常发展。

其次，碳排放权交易的特殊性要求政府同时对碳排放配额交易和碳排放行为进行监管。碳排放配额交易虽然表现为配额的买卖活动，但因其交易对象、交易规则特殊，碳排放配额交易与碳排放行为密切联系，碳排放配额交易监管需要碳排放行为监管提供基础和保障。对碳排放权交易配额活动的监督和管理，还需要监管主体对排放单位的排放数据进行监管，从而为碳排放配额交易提供准确、切实的判断依据。

由此可见，碳排放许可监管可以使碳排放配额及碳排放权的来源具有合法性，并且可以与碳排放核查制度一起强化对排放单位碳排放行为的监督，从而为碳排放配额交易提供真实、有效的排放数据，保障碳排放权交易机制的有序运行。另一方面，在对碳排放配额交易进行市场监管中，通过对排放配额交易市场秩序的监管和价格调控可以促进碳排放配额交易活动合法、合理地开展，对排放单位释放出合理的价格信号，引导、促进排放单位依法遵守碳排放监管规则、积极地采取碳减排行为。两者互相影响、有机联系，共同保障碳排放权交易活动的正常开展并促进其目标实现。

再次，需要满足碳排放权交易一级市场、二级市场监管要求。从碳排放权交易市场的层次来看，碳排放权交易市场可以被划分为一级市场与二级市场，碳排放配额交易的市场监管属于二级市场的监管内容，而一级市场的监管活动要求对碳排放行为进行监管。

碳排放权交易的一级市场主要是指政府向排放单位初始分配碳排放权时形成的"市场"，特别是当政府采用拍卖等有偿分配方式给企业分配配额时，会形成政府与企业之间买卖配额的市场活动。但这并非真正的交易市场，只是碳排放权产生或被确认的初始分配市场，它包括国家行政主管机关依法通过许可、承认、核准等方式授予特定主体排放权的环节，使国家拥有的部分环境容量资源所有权转化为排放单位拥有的环境容量使用权，并为碳排放权进入流通领域奠定基础。与一级市场不同，碳排放权交易的二级市场是真正意义的碳排放配额交易市场，排放单位等市场活动主体在二级市场中以平等主体的身份，自主参与碳排放配额交易活动并展开公平竞争。

4. 消除非市场壁垒

（1）规范各行业减排技术标准

我国碳交易市场构建与运行需要各减排行业强有力的支撑与推动。碳市场运行涉及能耗监测技术、温室气体检测技术、总排放目标设定技术、各行业排放监测技术、可再生能源开发利用技术、新技术和新工艺等众多领域技术，整个支撑技术体系实质上是由减排行业诸多技术汇总而成的，具有多行业特征且需要相互协调。应该结合碳市场支撑技术的复杂性，构建科学的研究平台，通过科研成果的研发与推广，形成"科研院所+重点排放行业""政府+重点排放行业""第三方技术研发与推广"等产研结合技术支撑体系，加大科研成果转化率，然后通过科技推广部门对碳交易市场参与者加强相关技术培训，从根本上提高支撑碳交易活动的各项技术水平，促进碳交易市场的效率。

基于碳交易技术支撑体系，以政府为主导结合各重点排放行业出台相关行业碳减排技术的标准化规程，以确保碳市场运行的支撑技术可量化、便于监督和管理，最为关键的是要以国际减排技术标准为依据，加快开发系列方法学和标准，设计满足国际市场要求的减排行业技术标准，并加以推广，使我国碳交易市场从构建之初就是站在全球市场技术水平高度并规范运行。

（2）构建碳排放核查体系

在国际减排方法学和技术支撑前提下，结合我国重点排放行业的特点，构建全国性碳排放技术支撑体系的同时，针对碳交易所开展的核查技术体系构建，是碳交易正常运行不可或缺的环节。碳排放核查技术不仅需要保障碳排放的准确性，还涉及核查的经济性，其最终目标是为可测量、可报告、可核查的碳排放 MRV 体系服务，形成碳核查管理技术规范。我国目前可基于国家所确定的电力、钢铁、建材、化工等减排行业，结合风能、水能、森林资源等参与国际 CDM 交易的较为成熟的清洁能源核查技术，循序渐进地形成技术监管体系。随着碳交易市场的深入开展，再增补其他减排行业碳核查技术管理规范，最终形成"全国碳减排监测技术体系+具体行业技术规范"的运行机制，也可通过第三方核查机构来开展监测技术体系构建，提供相关支撑技术。

📝 思考题

1. 请总结我国碳市场制度体系的问题，给出建议。
2. 当前碳税面临哪些挑战？
3. 碳政策组合包括哪些方面？
4. 请总结国外碳市场的监管经验，思考有哪些可以应用在国内。

参 考 文 献

［1］陈美球，蔡海生. 低碳经济学［M］. 北京：清华大学出版社，2015.

［2］邵颖红. 工程经济学概论［M］. 4版. 北京：电子工业出版社，2023.

［3］张仕廉. 建设工程经济学［M］. 北京：科学出版社，2014.

［4］江亿，胡姗. 中国建筑部门实现碳中和的路径［J］. 暖通空调，2021，51（5）：1-13.

［5］吴刚，欧晓星，李德智，等. 建筑碳排放计算［M］. 北京：中国建筑工业出版社，2022.

［6］袁妙彧. 低碳社区建设方案及评价指标体系［M］. 武汉：湖北人民出版社，2015.

［7］李林. 低碳经济下公共工程项目绩效评价研究［M］. 长沙：湖南大学出版社，2015.

［8］郭万达，刘宇，刘艺娉. 无悔减排与低碳城市发展［M］. 北京：中国经济出版社，2011.

［9］洪竞科. 工程项目环境管理［M］. 北京：中国建筑工业出版社，2021.

［10］易兰，鲁瑶，李朝鹏. 中国试点碳市场监管机制研究与国际经验借鉴［J］. 中国人口·资源与环境，
2016，26（12）：77-86.

［11］朴英爱，杨志宇. 碳交易与碳税：有效的温室气体减排政策组合［J］. 东北师大学报（哲学社会科学
版），2016（4）：117-122.

［12］张友国. 中国降碳政策体系的转型升级［J］. 天津社会科学，2022（3）：90-99.

［13］蓝虹，陈雅函. 碳交易市场发展及其制度体系的构建［J］. 改革，2022（1）：57-67.

［14］樊威. 澳大利亚碳市场执法监管体系对我国的启示［J］. 科技管理研究，2020，40（8）：267-274.

［15］王垒，王苗，蔺康康. 不同复合碳政策组合对异质性供应链决策的影响分析［J］. 工业工程与管理，
2020，25（1）：60-68.

［16］杨本研. 碳排放权交易市场监管法律制度研究［D］. 上海：上海师范大学，2022.

［17］刘海英，王钰. 用能权与碳排放权可交易政策组合下的经济红利效应［J］. 中国人口·资源与环境，
2019，29（5）：1-10.

［18］王广宇. 零碳金融：碳中和的发展转型［M］. 北京：中译出版社，2021.

［19］杨成玉. 欧盟绿色复苏对中欧经贸关系的影响［J］. 国际贸易，2020（9）：54-60.

［20］潘和平，黄嘉伟. 基于模糊综合评价的建筑节能政策分析［J］. 安阳工学院学报，2021，20（6）：
57-61.